Wolfgang Zängl

Rasen im Treibhaus
Warum Deutschland ein Tempolimit braucht

Dr. Wolfgang Zängl
Während seines angefangen Maschinenbaustudiums und seines abgeschlossenen Soziologie- und Politikstudiums lag der Autor des Öfteren unter diversen alten Fahrzeugen und schraubte und schweißte. Gründungsmitglied der *Gesellschaft für ökologische Forschung* (GÖF) in München (1977). Kreierte später mit Kollegen nur zu gern die Ausstellung *Alptraum Auto* (1986), weil die neuen Automobile schon damals zu viel und zu schnell, zu stark und zu aggressiv wurden. Ist nach wie vor kein Freund der Raserei. Fährt in der Stadt meist mit öffentlichen Verkehrsmitteln. Hat sich trotzdem ein Faible für museale Oldtimer erhalten. Mag Zugfahrten. Fährt auch Auto. Zu Reisezwecken dient ein kleinerer Kombi, in dem der französische Hirtenhund gern hinten mitfährt und hinausschauen kann.
Veröffentlichungen:
Mitautor von Ausstellungen und Büchern der GÖF: Grün kaputt (1983); Alptraum Auto (1986): Sein oder Nichtsein (1990); Kein schöner Wald (1993); Schöne neue Alpen (1998); Gletscher im Treibhaus (2004).

Weitere Veröffentlichungen: Niemandsland und Niemandszeit (1978); Fabriklandschaften (1984); Deutschlands Strom – Die Politik der Elektrifizierung von 1866 bis heute (1989); Elektro-Auto: Nein Danke! (1992); ICE – Die Geisterbahn (1993); Der Telematik-Trick (1995); Mit Hochgeschwindigkeit in die Bahnpleite – Dokumentation zum Bau der ICE-Strecke Nürnberg–Ingolstadt–München (2001); zahlreiche weitere Artikel und Publikationen

Hauptarbeitsgebiete: Theoretische Ökologie, Energie, Verkehr, Technikkritik

Impressum
Rasen im Treibhaus – Warum Deutschland ein Tempolimit braucht
Wolfgang Zängl. – München: Gesellschaft für ökologische Forschung 2007
1. Auflage 2007

Frohschammerstr. 14, 80807 München
ISBN 13: 978-3-922491-10-1
Gesamtherstellung: Mediengruppe Universal, München
Umschlaggestaltung: York von Wittern, München
Gedruckt auf Umweltpapier

Inhaltsverzeichnis

Prolog: In einer Zeit wie dieser

In einer Zeit: in der 2005 das wärmste Jahr seit Beginn der Temperaturaufzeichnungen war und die elf wärmsten Jahre seit 1850, dem Beginn der Klimaaufzeichnungen, in den Zeitraum von 1994 bis 2006 fallen; in der die Alpengletscher (Sylvia Hamberger und ich haben dies dokumentiert in Ausstellung und Buch *Gletscher im Treibhaus)* und weltweit die allermeisten anderen Gletscher in ungeahnter Geschwindigkeit abschmelzen und Permafrostzonen auftauen; in der jedes Jahr über 200 Kubikkilometer der Grönland-Gletscher und 150 Kubikkilometer Eis der Antarktis ins Meer fließen; in der mit dem sommerlichen Abschmelzen des arktischen Nordpolarmeeres in der Mitte des 21. Jahrhunderts gerechnet werden muss; in der Eisbären schon jetzt ertrinken und verhungern, weil sie kein Eis mehr erreichen ...

In einer Zeit: in der in den Ozeanen eine Erwärmung noch in dreitausend Meter Tiefe messbar ist; in der die Korallenriffe flächig im erwärmten Meerwasser absterben; in der mit dem Ansteigen des Meeresspiegels und der Überflutung von ganzen Inselgruppen gerechnet wird; in der Wirbelstürme mit bislang ungekannter Stärke und Häufigkeit ganze Landstriche vernichten; in der im 4. Bericht des IPCC vom Februar 2007 mit dem Ansteigen der globalen Temperatur bis zum Ende des 21. Jahrhunderts im pessimistischen Fall von 2,4 bis 6,4 ° Celsius gerechnet wird[1] ...

In einer Zeit: in der das Erdöl absehbar knapp und ein Ölpreis von 200 Dollar realistisch wird; in der der globale Verkehr 70 Prozent der Erdölförderung verbraucht, in der Kriege um Erdöl schon Alltag sind und künftige Verteilungskämpfe sich konkretisieren; in der die ökologischen Einschläge näher kommen, diese Zeit aber im Vergleich zu den kommenden Zeiten noch vergleichsweise moderat ist...

In dieser Zeit: baut die deutsche Autoindustrie neue Modelle mit 200, 300, 400, 500, ja sogar 1000 PS, als ob nichts von Klimakatastrophen und endlichen Erdölvorräten bekannt wäre. Diese Fahrzeuge werden auf eine Menschheit losgelassen, die zum Leben und zum Überleben wahrlich anderes benötigen würde. Diese Fahrzeuge schädigen durch den unnötig hohen Energieverbrauch zusätzlich das Klima und führen zu einem noch schnelleren Verbrauch der Erdölvorräte. Sie verschärfen mit ihren irrsinnig erhöhten PS-Zahlen die Aggression der Menschen untereinander und sorgen außerdem in unverantwortlicher Weise für Tote und Verletzte. Diese Fahrzeuge und die dahinter stehende Geisteshaltung werden millionenfach exportiert. Diese Fahrzeuge verhindern ein „Downsizing“: eine Entwicklung von sparsamen, effizienten und sozialverträglichen Automobilen, eine sinnvolle Mobilität und einen verantwortungsbewussten Umgang mit Zukunft.

Diese Fahrzeuge können nur deshalb ihre destruktive Wirkung entfalten, weil es in Deutschland kein Tempolimit gibt. Eine Trendwende ist dringend notwendig und nötiger denn je, da sonst auch eine ökonomische Krise droht: Der Absatz der Sprit fressenden Modelle wird in Europa wie jetzt schon in Amerika in Zukunft stark sinken.

1. Klimaerwärmung: Vom Kalten zum heißen Krieg

Jared Diamond nennt in seinem Buch *Kollaps – Warum Gesellschaften überleben oder untergehen* vier Faktoren, warum Gruppen fehlerhafte Entscheidungen treffen:

„Erstens sieht eine Gruppe ein Problem unter Umständen nicht voraus, bevor es tatsächlich da ist. Zweitens nimmt die Gruppe das Problem unter Umständen nicht wahr, wenn es bereits eingetreten ist. Nachdem sie es dann wahrgenommen hat, versucht sie drittens unter Umständen nicht einmal eine Lösung zu finden. Und wenn sie es schließlich zu lösen versucht, gelingt dies unter Umständen nicht."[2]

Unser Blauer Planet ist ein sehr fragiles Gebilde, und seine Atmosphäre ist nicht unermesslich groß. Seinen natürlichen Treibhauseffekt verdankt er den 0,04 Prozent an Treibhausgasen, deren Anteil durch die Industrialisierung erschreckend erhöht wurde: Seit Beginn der Industriellen Revolution Mitte des 19. Jahrhunderts hat die CO_2-Konzentration in der Atmosphäre um mehr als 35 Prozent zugenommen. Sie stieg von 280 ppm (parts per mil-

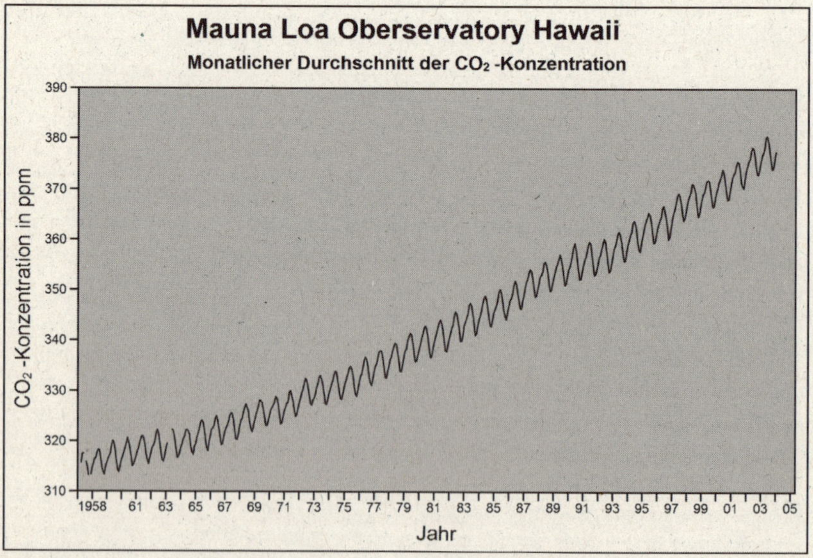

Quelle: Carbon Dioxide Information Analysis Center (CDIAC); Keeling, C.D., Whorf, T.P. 2005
Grafik: Greenpeace Deutschland

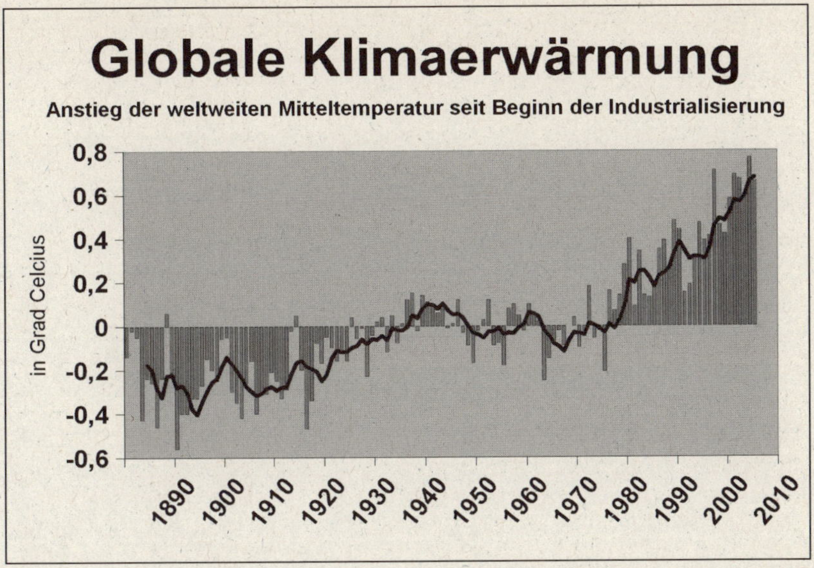

Quelle: Dr. James Hansen, Goddard Institute for Space Studies (GISS), New York 2006
Grafik: Greenpeace Deutschland

lion) im Jahr 1850 auf 381 ppm im Jahr 2006, Tendenz stark ansteigend. Derzeit werden jährlich 7,2 Milliarden Tonnen fossiler Brennstoffe verbrannt, die über 27 Milliarden Tonnen CO_2 erzeugen – mit fatalen Folgen. Im Jahr 2003 wurden insgesamt 865 Millionen Tonnen CO_2 in Deutschland emittiert, davon entfielen 170 Millionen auf den Verkehrsbereich.[3]

Wir verlieren mit jedem nicht genutzten Monat wichtige Zeit gegen die Klimaerwärmung, und mit jedem verlorenen Jahr oder gar Jahrzehnt werden die Handlungsspielräume und Lösungsmöglichkeiten für die kommenden Generationen geringer.

Die CO_2-Vereinbarung bis 2008

1998 bot der Verband der europäischen Autoindustrie (ACEA) im Rahmen einer „Selbstverpflichtung" an, dass ab 2008 nur maximal 140 g CO_2 pro gefahrenen Kilometer emittiert werden. Die Selbstverpflichtung ist bereits jetzt, im Jahr 2007, für die deutschen Hersteller nicht mehr einzuhalten. Audi bietet von 204 Modellen gerade acht an; von 266 BMW-Modellen erfüllt nicht ein einziges dieses Limit; bei Ford sind es zehn von 87, bei Mercedes zwei von 272, bei Opel immerhin 18 von 145, bei Porsche von 69 kein einziges, bei Volkswagen 20 von 268.

PS-Anteil deutscher Autohersteller, Jahrgang 2007

	über 150 kW/204 PS:	über 200 kW/272 PS
Audi	36 Prozent	12 Prozent
BMW	38 Prozent	14 Prozent
Mercedes	55 Prozent	33 Prozent
Porsche	100 Prozent	58 Prozent
VW	12 Prozent	7 Prozent

Es geht auch anders: Ford hat nur 4 Prozent der Modelle über 150 kW und kein Modell über 200 kW; bei Opel lautet die Relation 11 Prozent und 2 Prozent.

Die CO_2-Bilanz der neuen noch stärkeren Modelle ist weiter steigend und eine Änderung nicht in Sicht. Deshalb überrascht die schlechte Platzierung der deutschen Autohersteller bei den CO_2-Emissionen nicht.

Durchschnittliche CO_2-Emissionen der in Europa neu verkauften Autos (2006) nach Herstellern

Smart	**116 g/km**
Fiat	140 g/km
Citroën	145 g/km
Renault	149 g/km
Skoda	153 g/km
Ford	153 g/km
Peugeot	154 g/km
Opel	**157 g/km**
VW	**161 g/km**
Toyota	163 g/km
Audi	**179 g/km**
Mercedes-Benz	**186 g/km**
BMW	**192 g/km**
Volvo	192 g/km
Jaguar	208 g/km
Chrysler	241 g/km
Porsche	**297 g/km**
Durchschnitt	***161 g/km***

Quelle: B&D-Forecast, *Die Zeit*, 18.1.2007; deutsche Hersteller hervorgehoben.

Warum ist das wichtig? Weil die gesamten CO_2-Emissionen in Europa seit 1990 zurückgingen, im Verkehrsbereich aber um ein Viertel zunahmen. Weil die durchschnittliche Motorleistung deutscher Pkw von 49 kW (66 PS) im Jahr 1977 auf 61 kW (82 PS) 1992 und 74 kW (100 PS) im Jahr 2005 stieg – pro Jahr um fast 1 kW. Und weil die Gesamtfahrleistung von 80 Mrd. km im Jahr 1991 auf 186 Mrd. km im Jahr 2005 sich mehr als verdoppelt hat.[4]

Aber es ist auch wichtig, weil die deutsche Autoindustrie im Januar 2007 plötzlich von der freiwilligen Selbstverpflichtung nichts mehr wissen wollte und sich der deutsche EU-Industriekommissar Günter Verheugen (SPD) und Bundeskanzlerin Angela Merkel (CDU) auf ihre Seite schlugen. Damit macht sich die deutsche Autoindustrie, aber auch die deutsche Politik bewusst mitschuldig an der Klimakatastrophe.

Erdöl ist endlich

Die ‚Global Climate Coalition', eine Interessengruppe, die unter anderem von Chevron, Chrysler, Exxon, Ford, General Motors, Mobil, Shell und Texaco finanziert wurde, gab etwa 13 Millionen Dollar für eine Werbekampagne gegen das Kyoto-Protokoll aus. Elisabeth Kolbert[5]

Colin Campbell, ein Geologe, der lange Jahre für die Ölgesellschaften Texaco, Amoco und BP gearbeitet hat, stellt fest, dass das Fördermaximum für konventionelles Erdöl um das Jahr 2008 erreicht sein wird. Gleichzeitig schätzt die Internationale Energieagentur (IEA), dass die weltweite Energieproduktion bis 2030 um 60 Prozent steigen wird, ein Shell-Szenario rechnet mit 100 Prozent bis zum Jahr 2050. Szenarien gehen von heftigen Verteilungskämpfen aus. Die Börse feiert im Jahr 2006 das Rekordergebnis des Exxon-Konzerns mit 377,6 Milliarden Dollar Umsatz und 39,5 Milliarden Dollar Reingewinn. Aber wenn die Ausbeutung von Energie nur ein Geschäft wie jedes andere ist, kosten solche Gewinne einen hohen Preis: die Zukunft des Planeten.

Matthew Simmons, der Autor des Buches *Wenn der Wüste das Öl ausgeht*, hält einen künftigen Ölpreis von 200 Dollar pro Barrel für realistisch, da der größte Öllieferant Saudi-Arabien seine Kapazitäten kaum noch ausweiten kann. Er sagte in einem Interview Ende 2006: „70 Prozent des Ölverbrauchs fallen allein durch den Verkehr an. Wenn wir es schaffen, diesen Verbrauch um ein Drittel bis auf 50 Prozent zurückzufahren, könnten wir uns damit ein bis zu 50 Jahre längeres Ölzeitalter erkaufen – Zeit, um an alternativen Energielösungen zu arbeiten."[6]

Der deutsche Kraftstoffverbrauch der Pkw lag im Jahr 2005 bei 32,52 Mrd. Liter Benzin und 12,74 Mrd. Liter Diesel.[7] Wie noch gezeigt werden wird: Allein von Tempo 120 km/h auf 160 km/h steigt der Kraftstoffverbrauch um etwa 50 Prozent an.

Leben und Sterben im Verkehr

Die Zahl der Pkw, die über 200 km/h fahren, stieg im Bestand von 6,6 Prozent im Jahr 1993 auf 17,2 Prozent im Jahr 2005, bei den Neuzulassungen von 11,7 auf 30,3 Prozent. „Zu schnelles Fahren" steht seit Jahren an erster Stelle der Unfallursachen (im Jahr 2005 mit 14,5 Prozent), „Zu dichtes Auffahren" an vierter Stelle (2005 mit 10,1 Prozent).[8] Eine Untersuchung der Bundesanstalt für Straßenwesen (BASt) aus dem Jahr 2003 ergab interessante Aspekte zum Zusammenhang von Geschwindigkeit und Aggression:

> „Je leistungsfähiger und teurer der gefahrene Wagen ist, desto wahrscheinlicher ist die Verwicklung in eine Anzeige als Beschuldigter … Im Vergleich zum Bedrängten hat der fast ausschließlich männliche Drängler ein eher höher motorisiertes Oberklassefahrzeug, das häufig ein Geschäftswagen ist … Die Entwicklung immer schnellerer Fahrzeuge ist dann kritisch zu sehen, wenn die höhere Leistungsfähigkeit des Wagens beim Fahrer zu höheren Wunschgeschwindigkeiten führt … Ist der Fahrer aufgrund Termindrucks oder seiner selbst gesetzten Ziele nicht fähig, diese Unvereinbarkeit aufzulösen, steigt seine Frustration und in der Folge sein Ärger an und entlädt sich in kritischen Situationen."[9]

Statistiken zeigen, dass vor allem das Unfallrisiko junger Autofahrer beträchtlich ist. Im Jahr 2005 starb in Deutschland alle acht Stunden ein Mann oder eine Frau im Alter zwischen 18 und 24 Jahren an den Folgen eines Verkehrsunfalls. Insgesamt wurden 1076 Menschen dieser Altersgruppe getötet. Die häufigste Unfallursache war dabei „nicht angepasstes Tempo". Die übermotorisierten Fahrzeuge kommen irgendwann in die Hände junger Fahrer, die damit – ohne Tempolimit – nicht umgehen können.

Die Kapazität von Autobahnen

Tempolimits erhöhen die Kapazitäten von Autobahnen. Diese inzwischen fast unbeachtete und nicht zufällig in Vergessenheit geratene Tatsache wurde bereits 1959 von dem Verkehrswissenschaftler Professor Gerhard Schramm thematisiert:

> „Die Leistung einer auf allen Fahrspuren stark belasteten Schnellverkehrsstraße (z. B. Autobahn) sinkt bei Geschwindigkeiten über 60 km/h merklich … Und bei sorgfältiger Erwägung aller Umstände dürfte für stark belastete Autobahnen die oberste Grenze von 120 km/h richtig sein. Auch hier ergibt sich wieder die angenehme Begleiterscheinung, dass der Verkehr sich glatter abwickelt (weniger Überholungen) und dass die Anzahl und die Schwere der Unfälle geringer werden. Es ist eigenartig, dass man

sich in Deutschland bisher immer noch nicht hat entschließen können, aus der Erkenntnis der Beziehung zwischen Straßenleistung und Geschwindigkeit diese nahe liegende Folgerung zu ziehen. In anderen Ländern – besonders in den USA – hat man es dagegen längst getan."[10]

Ein Tempolimit ermöglicht zudem bei Autobahnen kleinere Kurvenradien, einen geringeren Flächenverbrauch und verursacht geringere Kosten. Im Gegensatz dazu stehen die von der Autolobby favorisierten flexiblen Verkehrsleitsysteme.

Verkehrsleitsysteme lösen jedoch keine Verkehrsprobleme, sondern verschärfen sie; sie lösen keine Umweltprobleme, sondern erzeugen neue. Verkehrsleitsysteme wecken Mobilitätshoffnungen. Sie sind Verkehrs-Umverteilsysteme. Sie schaden dem öffentlichen Verkehr und lösen keine Probleme des Schwerlastverkehrs. Verkehrsleitsysteme werden als Waffe gegen ein generelles Tempolimit eingesetzt. Verkehrsleitsysteme sind unbezahlbar.[11]

Sie verursachen Investitionskosten in Höhe von 150 000 bis 500 000 Euro pro Kilometer. Schon 1994 bezifferte ein Sprecher des Verbands der Automobilindustrie VDA das europäische Marktvolumen künftiger Verkehrsleitsysteme auf rund 200 Mrd. DM (102 Mrd. Euro) bis zum Jahr 2010.[12] Tempolimits dagegen kosten nichts und verursachen für die Allgemeinheit keine Folgelasten: möglicherweise ein gravierender Nachteil, da Bauwirtschaft, Elektronikkonzerne usw. nichts verdienen. Sollten wir das heute, in Zeiten leerer Staatskassen, nicht anders sehen?

Die Politik der Bundesverkehrsminister

Im Lauf dieser Arbeit hat der Autor Respekt bekommen vor den Bundesverkehrsministern Hans-Christoph Seebohm (DP/CDU, 1949–1966) und Georg Leber (SPD, 1966–1972), Lauritz Lauritzen (SPD, 1972–1974) und Volker Hauff (SPD, 1980–1982), die sich, wenn auch nicht immer erfolgreich, um ein Tempolimit bemühten und sich human den Mitmenschen verpflichtet fühlten. Kurt Gscheidle (SPD, 1974–1980) blieb relativ farblos. Gegenteilige Gefühle erweckten die Bundesverkehrsminister Werner Dollinger (CSU, 1982–1987), Jürgen Warnke (CSU, 1987–1989), Friedrich Zimmermann (CSU, 1989–1991), Günther Krause (CDU, 1991–1993), Matthias Wissmann (CDU, 1993–1998), Franz Müntefering (SPD, 1998–1999), Reinhard Klimmt (SPD, 1999–2000), Kurt Bodewig (SPD, 2000–2002), Manfred Stolpe (SPD, 2002–2005) und der heutige Amtsinhaber Wolfgang Tiefensee (SPD, seit 2005). Diese zehn Minister benutzten in fünfundzwanzig Jahren im Wesentlichen fünf identische Standardargumente gegen ein Tempolimit:

1. Autobahnen sind unsere sichersten Straßen: *eine Binsenweisheit, da diese Straßen ohne Kreuzungen, Ampeln, Gegenverkehr, Fußgänger oder*

Radfahrer auskommen, dafür mit Beschleunigungsspuren, Standstreifen etc. ausgestattet sind.

2. Nur auf 1 bis 2 Prozent des gesamten Straßennetzes gibt es kein Tempolimit: *Auf denen rollt aber etwa ein Drittel des gesamten Verkehrs.*

3. Ein Tempolimit bringt nur minimale Entlastungen an Schadstoffemissionen: *Über die damit zusammenhängenden entsprechenden Rechentricks ist im Folgenden ausführlich zu berichten.*

4. Ein Tempolimit ist für die Unfallbilanz unerheblich oder gar schädlich. *Das ist nun eine besonders menschenverachtende Argumentation aus Deutschland, wie weltweite Beispiele zum Rückgang der Unfallzahlen durch ein Tempolimit zeigen.*

5. Ein Tempolimit schädigt die deutsche Autoindustrie. *Diese schädigt sich durch ihre energieverschwendenden Autos im Zeitalter der Klimaerwärmung und der hohen Spritpreise selbst: Ein Tempolimit ist im Gegenteil hilfreich für das dringend nötige Downsizing der Modelle.*

Die alten Redenschreiber von Werner Dollinger und Friedrich Zimmermann sind längst in Pension oder verstorben, aber ihre Satzbausteine haben bis Wolfgang Tiefensee überlebt. Fachwissen, so scheint es, war und ist eher hinderlich bei der Besetzung des hohen Amtes. Es gibt vermutlich seit Dollinger nur eine notwendige Bedingung: Der Bundesverkehrsminister muss *gegen* ein Tempolimit sein.

Wer ist Ideologe?

> ***Ideologie**, System von Überzeugungen und Begriffen, das der Durchsetzung von Machtinteressen in der Gesellschaft dient und, um dieser Funktion zu dienen, die soziale Realität teilweise verzerrt wiedergibt.*
>
> Lexikon zur Soziologie

Befürworter des Tempolimits, die für einen verantwortungsvollen Umgang mit Mensch und Natur, mit Klima und Energie eintreten, wurden und werden oft von der Autolobby mit dem Etikett „Ideologen" versehen. Aber der Ideologievorwurf trifft exakt auf die Autoindustrie und die sie unterstützende Autolobby und Politik zu: Sie vertreten die oben erwähnten Machtinteressen und verzerren die soziale Realität, sie ruinieren Ökonomie und Ökologie und befürworten bewusst Raserei und Aggression, sie verhalten sich verantwortungslos gegenüber den Klimaproblemen und den zur Neige gehenden Erdölvorräten und sorgen sich nicht um die nachkommenden Generationen. Immer wenn die Vertreter des Tempolimits von den Anhängern des Rasens in die ideologische Ecke gestellt werden, habe ich die Textstelle mit einem Ausrufezeichen versehen.

2. Der Tanz um das Goldene Kalb

Mark Twain schrieb einmal über Ruderer im Nebel: *Als sie das Ziel aus den Augen verloren hatten, verdoppelten sie ihre Anstrengungen.* Als die deutsche Autoindustrie das Ziel aus den Augen verloren hatte, verdoppelte sie die PS-Zahl ihrer Motoren. Bereits 1985 war in dem Buch *Autoverkehr 2000 – Wege zu einem ökologisch und sozial verträglichen Straßenverkehr* zu lesen: „Für den praktischen Gebrauch sind die meisten der heute produzierten Pkw maßlos übermotorisiert."[13] Was würden die Autoren erst heute schreiben, wo der schwächste Audi 75 kW (102 PS) hat, BMW 85 kW (115 PS) und die Mercedes A-Klasse bei 60 kW (81 PS) beginnt.

Und warum interessiert das Folgende in unserem Zusammenhang? Weil es zu verhängnisvollen ökologischen und sozialen Entwicklungen nicht gekommen wäre, wenn es ein Tempolimit gegeben hätte. Weil die deutsche Autoindustrie sich nicht zum *Aggressions*-Exportweltmeister entwickelt hätte – mit ansteckendem Effekt im Ausland. Weil die deutsche Autoindustrie bei einem Tempolimit seit Längerem ein sinnvolles „Downsizing" der Autos betrieben hätte. Weil sie jetzt zukunftsweisende Automodelle im Programm hätte – und keine automobilen Dinosaurier.

Neues vom Auto-Saloon

Auto-Aggression im Angebot: das Modelljahr 2007

Die deutsche Aufrüstung macht nicht einmal vor den Kleinwagen halt. Der Seat Leon vom VW-Konzern kann mit 177 kW (240 PS) geliefert werden. Den Audi A 3 gibt es als S 3 mit 195 kW (265 PS), den VW Polo mit bis zu 132 kW (179 PS); den Golf R 32 kann man mit 184 kW (250 PS) haben. Der 1er BMW hat bis zu 195 kW (265 PS). Die Mercedes A-Klasse ist mit bis zu 142 kW (193 PS) lieferbar. Selbst den Mini gibt es mit bis zu 154 kW (211 PS).

Da heutige Kleinwagen oft schon an die 200 km/h und mehr fahren, wiegen durch die dadurch nötige technische Aufrüstung selbst der Mini oder der VW Polo schon weit über 1000 Kilogramm: Dieses Gewicht verbraucht auch entsprechend Kraftstoff.

Eine kleine Auswahl des deutschen Auto-Saloons soll hier kurz vorgestellt werden, dabei wurden die Sportversionen weggelassen! (Die CO_2-Angaben pro Kilometer aus dem VDA-Leitfaden sind aufgrund der unrealistischen Fahrzyklen weitaus zu niedrig angesetzt, dazu weiter unten mehr.) Audi wird später separat vorgestellt.

Der stärkste 3er BMW hat 190 kW (258 PS, 216 g CO_2). Der 5er BMW kann mit bis zu 270 kW (367 PS, 326 g CO_2) bestellt werden. Den 7er gibt es bis 327 kW (444 PS, 325 g CO_2). Der neue Geländewagen BMW X5 ist eher ein geländegängiger Lkw und noch höher, noch breiter, noch länger; mit 5,4-l-Motor 265 kW (360 PS, 324 g CO_2).

Die Mercedes E-Klasse gibt es serienmäßig mit bis zu 285 kW (387 PS, 300 g CO_2), die S-Klasse bis zu 380 kW (517 PS, 340 g CO_2). Das Mercedes CL 600 (Coupé der S-Klasse) gibt es mit einem 5,5-l-Zwölfzylinder mit 380 kW (517 PS, 324 g CO_2).Den Geländewagen der M-Klasse kann man mit 375 kW (510 PS, 392 g CO_2) erwerben.

Den Porsche Carrera gibt es zwischen 239 und 355 kW (325 bis 482 PS, 266 bis 345 g CO_2). Der Porsche-Geländewagen Cayenne hat in der „Basisversion“ 184 kW (290 PS, 320 g CO_2). Der Cayenne S Turbo wird mit 368 kW (500 PS, 378 g CO_2) ausgeliefert: Der 4,5-l-V8-Motor beschleunigt die 2,4 Tonnen von 0 auf 100 km/h in 5,2 Sekunden und auf 275 km/h.

Den VW Passat kann man mit bis zu 184 kW (250 PS, 233 g CO_2), den VW Phaeton mit bis zu 331 kW (450 PS, 348 g CO_2) bestellen, ebenso wie den Geländewagen Touareg (382 g CO_2). Selbst der VW-Bus ist mit 173 kW (235 PS, 322 g CO_2) zu haben.

Die manische motorische Handschrift des ehemaligen VW-Vorstandsvorsitzenden und jetzigen VW-Aufsichtsratsvorsitzenden Ferdinand Piëch ist bei den zugekauften Marken Lamborghini und Bugatti gut ablesbar. Die (zu VW gehörende) Marke Bugatti liefert den Veyron mit 16-Zylinder-Motor und 1001 PS aus. Er beschleunigt in 2,5 Sekunden von 0 auf 100 km/h; die Spitzengeschwindigkeit soll bei 370 km/h liegen.

Der realistische Kraftstoffverbrauch

Alle angegebenen Werte der Autoindustrie im VDA-Leitfaden sind über den Neuen Europäischen Fahrzyklus (NEFZ) ermittelt worden, der nur bis Tempo 120 km/h geht und nicht dem realistischen Verbrauch entspricht. Die Werte sind schon vom Durchschnittsfahrer nicht einzuhalten. Hinzu kommt, dass Klimaanlagen, elektrische Verbraucher etc. plus deren zusätzliches Gewicht nicht in die normierte Kraftstoffmessung eingehen, d.h. zum Verbrauch müssen zusätzlich noch einmal etwa drei Liter hinzuaddiert werden. Auch die starken Dieselmotoren lernten das Spritschlucken. Für den Sisyphos im Stau und den Helden der Autobahn spielt der Kraftstoffverbrauch meist keine Rolle, da er in der Regel steuerlich absetzbar ist.

Im Frühjahr 2006 erschien in *AutoBild* der Artikel „Was kostet Vollgas?“ Die Autotester fuhren auf dem ATP-Testgelände (Automotive Testing Papenburg) mit verschiedenen Modellen Tempo 80, 100, 130, 150, 180, 200, 220 und 250 km/h und notierten den Verbrauch gemäß „der mittlerweile recht präzisen Bordcomputer“, die allerdings oft frühzeitig das Messen aufhören, wie beim Porsche Cayenne Turbo S: „Bei Dauervollgas soff der 270-km-SUV sagenhafte 66,7 Liter Super plus. Der Bordcomputer verriet das nicht, er stoppt schamhaft bei ‚29,9'. Den wahren Verbrauch haben wir beim Nachtanken ermittelt: fast 67 Liter auf 100 Kilometer!"[14] Eine Tankfüllung des Cayenne Turbo S (100 Liter) reicht bei Vollgas gerade einmal für 150 Kilometer!

Für den Anstieg des Kraftstoffverbrauchs ergeben sich abhängig vom Typ folgende ungefähre Relationen:

von 80 km/h auf 130 km/h: plus 50 Prozent
von 100 km/h auf 150 km/h: plus 50 Prozent
von 130 km/h auf 180 km/h: plus 50 Prozent
von 150 km/h auf 200 km/h: plus 50 Prozent
von 100 km/h auf 200 km/h: plus 100 Prozent

Ausgewählte Ergebnisse der Testfahrten, Verbrauch in Litern/100 km

Geschwindigkeiten	80	100	130	150	180	200	220	250 km/h	
VW Touareg V10TDI	9,1	11,3	12,9	16,4	20,1	25,5		31,2/225 km/h	
Cayenne TurboS:	11,3	13,2	14,8	17,1	21,0	26,4	35,4	50,4	66,7/270km/h
Porsche Carrera S	8,6	9,4	12,2	12,8	15,2	17,6	20,1	24,3	37,0/293 km/h
BMW 530: Touring	8,2	9,3	11,7	14,0	17,5	20,1	24,3	33,7	
BMW 535d Touring	6,9	7,6	8,9	10,1	12,6	14,6	17,0	20,3	
VW Golf GT 1,4 TSI	5,3	6,5	8,7	10,6	13,9	16,4	20,5		
Opel Zafira 1.9 CDTI	4,3	5,3	7,0	8,9	11,8	15,5/202 km/h			
Peugeot 407 SW 140	5,6	7,6	10,1	13,0	18,7	22,4/209 km/h			
Merc. C 180 Kompr.	7,4	7,7	8,2	8,8	10,0	12,7	18,1/223 km/h		
Mercedes SLK 200	8,2	8,6	9,2	9,7	11,2	14,7	22,0/226 km/h		
Toyota Prius	4,9	6,4	8,0	9,8	11,5/170 km/h				
VW Multivan 2.5 Tdi	6,6	7,4	10,1	13,0	19,6/188 km/h				

Quelle: Auto Bild 19/2006

Der realistische Kraftstoffverbrauch

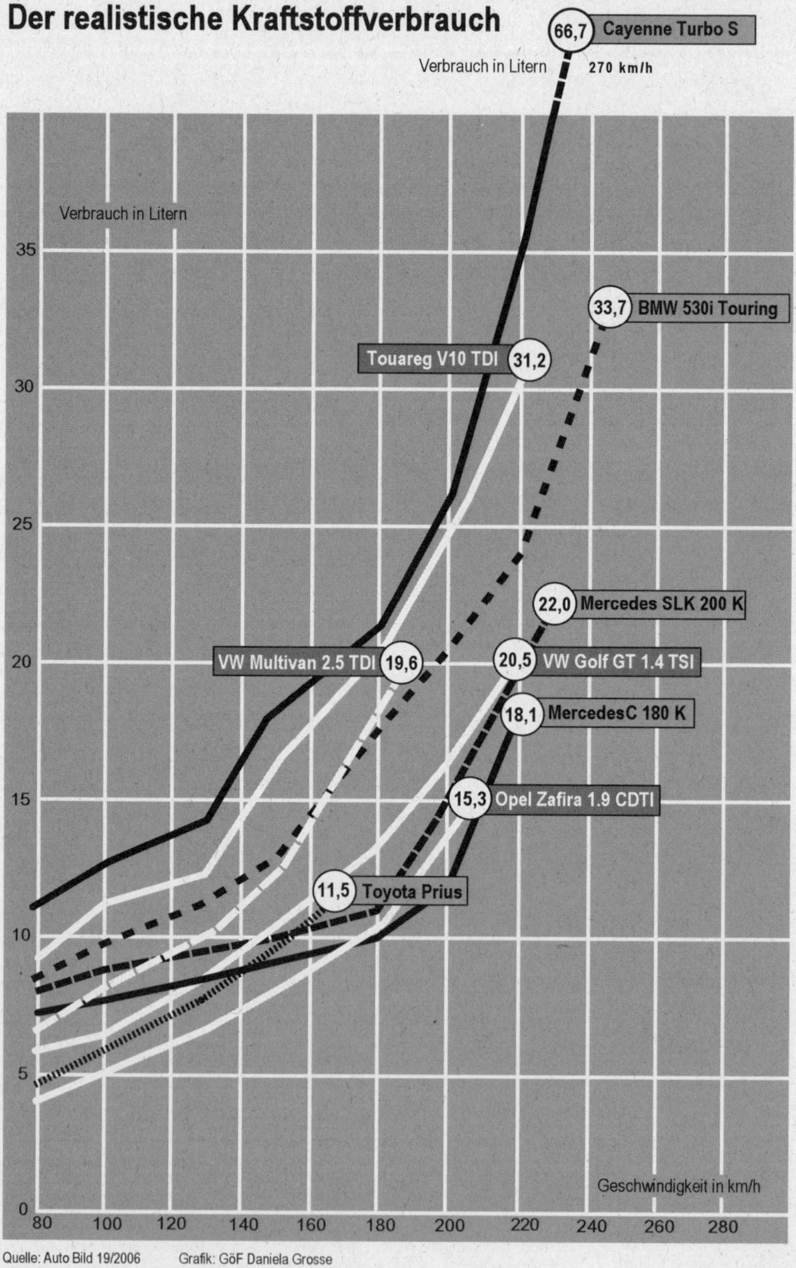

Quelle: Auto Bild 19/2006 Grafik: GöF Daniela Grosse

Die Werbung am Beispiel Audi
Der Audi A 4 wird als RS 4 mit 309 kW (420 PS, 322 g CO_2 pro Kilometer) geliefert. Der Audi S 6 kann mit einem 5,2-Liter-V-10-Motor und 320 kW (450 PS, 319 g CO_2), der Audi S 8 mit bis zu 331 kW (450 PS, 353 g CO_2) gekauft werden. Der Audi Geländewagen Q 7 wird auch angeboten mit einem V12 TDI 6-Liter-Zwölfzylinder, 500 PS und einem Drehmoment von 1000 Nm; er braucht von 0 auf 100 km/h 5,5 Sekunden und ist 270 km/h schnell. *Spiegelonline* schrieb im September 2006: „Audi bringt eine Version seines SUV-Modells Q 7 an den Start, die nach Angaben eines Insiders genügend Kraft haben soll, um buchstäblich den Asphalt aufzureißen." Da Audi wohl die derzeit aggressivsten Modellvarianten entwickelt, soll auch deren Werbung aus Anzeigen und Prospekten hier beispielhaft vorgestellt werden, in der sich diese Aggressivität widerspiegelt.

Audi-Prospekt S 3: „Sekunde 0: Gurt. Zündung. Adrenalin!" (195 kW/265 PS, 250 km/h abgeregelt; 0 – 100 km/h: 5,7 sec.)

Audi-Prospekt RS 4: „Gibt es einen besseren Ort als den Fahrersitz eines Rennwagens? Das Gefühl, unglaubliche Kräfte zu kontrollieren. Die enorme Beschleunigung, die in den Magen drückt. Das Kribbeln im Nacken bei Höchstgeschwindigkeit. Die Lust, sich mit anderen zu messen … Unter der Motorhaube warten 309 kW (420 PS) und 430 Nm Drehmoment. Ungeheure Kraft, die Sie gleich loslassen können … Kein Blick für die Umgebung. Farben und Konturen fliegen rechts und links vorbei. Ihre ganze Aufmerksamkeit gilt der Straße voraus."

„Die Herausforderung: Kurven wie Geraden fahren. Die Technik: Quattro mit der Kraft eines 5,2-Liter-V10-Motors kombinieren. Der Audi S 6 mit 320 kW (435 PS)."

„Die Herausforderung: An zwei Orten gleichzeitig sein. Die Technik: Mit einem V10-Aggregat die Kraft aus 5,2 Liter Hubraum freisetzen. Der Audi S 8 mit 331 kW (450 PS)."

„Jedes Audi S-Modell ist dafür geschaffen, mehr als die üblichen Herausforderungen der Straße zu meistern und sportlich dynamisches Fahren neu zu definieren … Aber ganz gleich, in welches Audi S-Modell Sie einsteigen, jedes ist bereit, sich sportlichen Herausforderungen der besonderen Art zu stellen. Vorausgesetzt, der Fahrer ist bereit, sie anzunehmen."

Also Fahrer: Drückt das Gaspedal durch! Am Steuer ist der Mann eben noch etwas wert …

Claqueure: Die „Motorjournalisten"

Die Geschwindigkeit ruft die Leere hervor, die Leere treibt zur Eile ... Paul Virilio, *Rasender Stillstand*

Es gibt viele vernünftige Journalisten, die über Automobile sachlich und kritisch berichten. Manche aber sind leider absolut unempfänglich für ökologische und humane Überlegungen. Es kann vermutet werden, dass sie ihr Berufsbild falsch verstanden haben: Schneller ist geiler ist moderner ist besser. Die folgenden Zitate sind vorwiegend der seriösen *Süddeutschen Zeitung* entnommen – in anderen Blättern wüten die Motorjournalisten noch ganz anders!

Wie man den Klimawandel salonfähig macht

Grundsätzlich fallen die euphemistischen Untertöne der Wortwahl auf: Männer-Faszinationen, Motorfantasien. Die stärksten PS-Modelle mit irrsinnigem Spritverbrauch sollen harmlos erscheinen, weil ihre volle Motorkraft ja nur in „homöopathischen Dosen" eingesetzt wird; außerdem verteilt der Preis dieses Angebot gerecht. Geschwindigkeit an sich ist schließlich nichts Schlechtes, wird argumentiert, sondern zeugt von Leistungsfähigkeit und Sportlichkeit. Selbst ein kleines Auto kann gar nicht stark genug sein. So heißt es über den Peugeot 207: „Auch mit 110 kW (150 PS) ist der Zweitürer ab sofort zu haben … und ist damit gut, wenngleich keinesfalls übermotorisiert …" (23. 9. 2006)

Wieso hat eigentlich Rasen den Nimbus des Sportlichen? Ein Beispiel ist hier der Bericht über den Bugatti Veyron, 1001 PS, 407 km/h:

„0–100 km/h in 2,5 Sekunden, aus dem Stand auf 200 km/h vergehen wie nichts 7,3 Sekunden, und auf 300 km/h sind es auch nur 16,7. ‚Bei 370 fährt man trotz 1001 PS in eine aerodynamische Mauer', bedauert Ferdinand Piëch. So galaktisch wie die Fahrleistungen ist der Verbrauch. Bugatti nennt 40,4 Liter in der Spitze und 24,1 Liter im Mittel. Unser Testwagen konsumierte 30,5 Liter. Das klingt unverantwortlich, vor allem in diesen Zeiten, doch sämtliche Veyron dieser Welt schädigen die Ozondecke weit weniger als eine einzige schlecht eingestellte Hochhaus-Heizanlage … Kaum sind wir auf der Autostrada, bettelt das Energiebündel aber schon darum, explodieren zu dürfen … Nicht die Geschwindigkeit an sich bringt Menschen in Gefahr – sondern nur der verantwortungslose Umgang damit." (15. 10. 2005)

Über den Lamborghini Gallardo Spyder: „Der Gallardo-Motor, der bei 8000 Touren 382 kW (520 PS) freisetzt – 20 PS als bisher –, wandelt zwischen Geräuschbelästigung und Gänsehaut … Eine Klasse für sich sind die Bremsen, die bis tief in die Rutschzone ein beruhigendes Gefühl der Unverwundbarkeit vermitteln … Klar, der Verbrauch ist mit 17 Liter ein Affront gegen die Umwelt …“ (28. 1. 2006)

Über den Porsche Cayenne Turbo S: „Mit einem realen Durchschnittsverbrauch weit jenseits von 20 Litern – Porsche gibt virtuell 15,7 an – ist das neue Topmodell der Baureihe kein Kostverächter.“ (25. 2. 2006) Die konkreten Verbrauchswerte lieferte wie erwähnt *AutoBild*.

Es wird gern die Wir-Form verwendet, der sogenannte *pluralis autostatis*: „Derweil sind wir 250 km/h schnell“; „die 11,4 Liter Superbenzin, die wir im Durchschnitt in die Brennräume strömen ließen“ etc. Dazu wird das Auto oft humanisiert: „Zwei kleine Lader … beatmen jeweils drei Zylinder“, „der 4,4-Liter-V8 wird von einem Radialverdichter beatmet“; „in dem das Herz des M 3 schlägt“ etc. Das liest sich beim neuen Porsche GT3 zum Beispiel so: „Der 3,6-Liter-Sechszylinder, der jetzt bis 8400/min dreht, besitzt eine dreiflutige Sauganlage. Die erste Lunge atmet bis 5400 Touren in langen, tiefen Zügen. Zwischen 5400 und 6350/min macht die zweite Kammer auf und produziert mit prallem Brustkorb einen Extraschub Drehmoment. Ab 6350/min bläst der 24-Ventiler zum Endspurt, in dem sich Durchzugskraft und Leistung zu einer überwältigenden Macht paaren.“ (1. 4. 2006)

Über den neuen Audi S 6: „Im Zusammenspiel mit der modifizierten Tiptronic schnalzt der S 6 trotz seiner fast zwei Tonnen in lediglich 5,2 Sekunden aus dem Stand auf Tempo 100, ist nur wenige Sekunden später auch schon – abgeregelte – 250 km/h schnell … Wer will, Spaß und den Platz hat, kann es natürlich auch richtig fliegen lassen. Und wie.“ (15. 4. 2006)

Über den Audi Q 7: „Der rund 2,5 Tonnen schwere Geländewagen legt sogar oberhalb von Tempo 200 noch unangestrengt zu und ergibt sich erst bei knapp 270 km/h dem Gegenwind … Aus sechs Litern Hubraum schöpft er 500 PS und wuchtet unglaubliche 1000 Newtonmeter Drehmoment auf die Kurbelwelle.“ (23. 9. 2006)

Über den Mercedes S65 AMG: „… der mit 450 kW (612 PS) den Freude-durch-Kraft-Vogel abschießt“. (14. 1. 2006)

Über das BMW 335i Coupé mit 306 PS und 400 Nm: „Rein nominell also ein Hammermotor ... Mit einem Leistungsgewicht von 6,8 Kilogramm pro PS prügelt die neue Maschine den 335i in 5,5 Sekunden von Null auf 100 km/h.“ (8. 7. 2006)

Über den Audi RS 4: „Und trotzdem kondensiert mit einem 420-PS-V8 im Motorraum das Wesentliche weit diesseits des Offensichtlichen: Die gewalttätige Maschine verschiebt den Fokus weg von den Alltagsqualitäten, dem Einsatzzweck, dem Lifestyle- und Image-Angebot, hinein in pure Dynamik ... Der heiser knurrende Motor darf nun auch gleich noch mal lauter, noch autoritärer ausatmen ... Mit aktiviertem S-Modus explodiert der Achtzylinder aber regelrecht. Peitscht mit einem überwältigenden Schlag vorwärts ... Normales Autofahren kommt einem hier immer entsetzlich langsam vor.“ (29.7.2006)

Wie die automobile Aufrüstung funktioniert
Indem man eine Marke mit einer anderen in Konkurrenz bringt und eine absurde Leistung mit einer noch absurderen vergleicht.

Über den Audi R 8: „Porschefahrer aufgepasst: Im Rückspiegel taucht ein neuer Gegner auf.“ (*Spiegelonline* 18. 1. 2007)

Über den Jaguar XK 4.2L V8 „Zu seinen direkten Konkurrenten zählen aus Sicht der Briten Cadillac XLR, BMW Sechser, die Maserati-Modelle Coupé und Spyder und natürlich der Mercedes SL. Den Porsche hat man nicht im Visier – doch das könnte sich schon zum Ende des Jahres ändern, wenn sich mit dem Jaguar XKR die verschärfte 420-PS-Version vorstellt.“ (4. 2. 2006)

Über den Audi RS 4: „Der 4,2-Liter-V8 nutzt den gesamten Anstieg bis zum Drehmoment-Gipfelkreuz bei 5500 Touren, um Endorphine freizusetzen und dabei nicht nur den BMW M3 und den Mercedes C55 AMG zu verblasen, sondern auch veritable Sportwagen wie den Porsche 911 ... Er dürfte sich schwer tun, wenn BMW beim M3 die V8-Karte zieht und Mercedes den C63 AMG nachschiebt.“ (4. 6. 2005)

Noch einmal über den Audi RS 4: „Wer aber auf selektiven Landstraßen einen Porsche 911 vor sich hertreibt und dann innerlich bettelt: ‚Bitte, wehr Dich, tu mir den Gefallen ...‘ – der ist reif für den RS 4.“ (29. 7. 2006)

Man kann diese Kostproben der „lackierten Kampfhunde“ (Norbert Kostede) wohl mit großer Berechtigung auch als „Auto-Pornografie“ bezeichnen.

Wie die freiwillige Selbstabregelung weggeschrieben wird
Im Herbst 1986 beschlossen die deutschen Autokonzerne die „freiwillige Abregelung“ beim unverantwortlich hohen Tempo 250 km/h. Der Audi Q7 Geländewagen (Leergewicht 2240 kg) mit dem V12 TDI 6-Liter-Zwölfzylinder und 500 PS fährt 270 km/h, dito Porsche Cayenne Turbo S, der Audi R 8 mit 420 PS erreicht 301 km/h, der neue BMW M 3 (nun auch mit 420 PS) erreicht ungedrosselt mehr als 300 km/h. Aber nicht nur die Autoindustrie weicht die freiwillige 250-km/h-Begrenzung auf; auch für einige Motorjournalisten reicht sie nicht mehr und soll weggeschrieben werden. Bereits 1996 schrieb Wolfgang Peters in einem Fahrbericht über den BMW M3 in der *Frankfurter Allgemeinen Zeitung*:

„… und nach insgesamt 22 Sekunden wird die 200-km/h-Marke überquert. Dann dauert es wenige Augenblicke, ehe man … bei 250 km/h gegen die elektronische Begrenzung rennt. Mitunter ist das ein durchaus ärgerlicher Vorgang, zum Beispiel auf einer verlassen daliegenden A 7.“

2005 liest sich das in einem Bericht über die neue Mercedes S-Klasse so: „Auf der Autobahn erschrickt man regelrecht über das sanft stotternde Veto des Begrenzers bei 250 …“ (24. 9. 2005)

Über den BMW M 6: „Viel zu schnell nagelt das Auto in den Tempobegrenzer bei 250 km/h. Offen würde der M6 deutlich über 300 km/h gehen. Wer darauf Wert legt, darf die BMW M GmbH um unbegrenzten Speed bitten, quasi unter dem Ladentisch gibt es dann die unlimitierte Motorsteuerung.“ (30. 4. 2005)

Über den Audi RS 4: „309 kW (420 PS) lassen den eben noch still stehenden RS 4 nach nur 4,8 Sekunden durch die 100-km/h-Mauer wettern – und kurz darauf mit wehenden Fahnen am Begrenzer bei 250 km/h enden. Das selbst auferlegte Tempolimit der deutschen Autohersteller mag in einer realen Autobahn-Situation mit bestenfalls 116,3-km/h-Kolonnenfahrt noch ziemlich weise und verantwortungsvoll wirken (welche Logik! W. Z.), für sich betrachtet kommt einem die kastrierte Höchstgeschwindigkeit in einem derartigen Leistungstier aber beinahe albern vor. Ohne das elektronische Verhüterli würde der Audi RS 4 garantiert in Richtung 300 km/h vordringen und einem serienmäßig unbeschränkt laufenden Porsche 911 unwiderstehlich zeigen, wo Bartel den Most holt.“ (24. 9. 2005)

Die Situation bei Audi und VW, dem größten europäischen Autokonzern, wird sich durch den Einstieg von Porsche und die weiter dominante Stellung von Ferdinand Piëch nicht verbessern, im Gegenteil. Piëch gehört nicht nur als Miteigentümer von Porsche, sondern auch als ehemaliger Vorstandsvorsitzender (und jetziger Aufsichtsratsvorsitzender) von Volkswagen zu den Befürwortern der extremsten Automodelle; er war für das Bugatti- und Lamborghini-Programm und die Aufrüstung der 300- bis 500-PS-Motoren bei Audi und VW verantwortlich. „Benzin im Blut" wird Ferdinand Piëch nachgesagt. Wenn dem so wäre, dann gelangt dieser Stoff wohl auch ins Gehirn: nicht gut für die Ökologie und die Mitmenschen. Alte Männer von gestern ruinieren das Klima von morgen.

3. Der Kampf gegen das Tempolimit: eine Chronologie

Vorbemerkung

Der Autor benützt gern die bequemen öffentlichen Verkehrsmittel der Stadt München, fährt aber auch selbst Auto (ohne zu rasen) und hat ein Faible für museale Oldtimer. Er ist kein Fanatiker und hält das Automobil in speziellen Bereichen und zu spezifischen Zwecken für eine respektable Entwicklung, die sinnvoll und nützlich sein kann. Eine Industriegesellschaft ohne Automobile ist kaum vorstellbar: ohne die meisten *dieser* hier angeführten deutschen Modelle aber sehr wohl! Denn die deutsche Autoindustrie weigert sich konsequent, wirklich neue Technologien für zukunftsweisende Pkw zu entwickeln und anzubieten. Sie konzentriert sich lieber auf eine immer stärkere Motorisierung, mit hohem Verbrauch und CO_2-Ausstoß, wie die folgende Chronologie über die jahrzehntelange Verhinderung des Tempolimits in Deutschland zeigen wird.

Manche meinen heute, die Diskussion um das Tempolimit sei ein alter Hut, nur weil sie 1984/1985 unter der Regierung Kohl mit dem weiter unten geschilderten „Großversuch" gewaltsam abgewürgt wurde. Dass wir als einziges Industrieland der Welt kein Tempolimit haben, ist in der Tat ein alter Hut: Rasen ohne Tempolimit ist Steinzeit pur. Der Rest der Welt hat es längst kapiert.

Seit Jahrzehnten bekämpfen automobile Kreise in Deutschland ein Tempolimit wie der Teufel das Weihwasser. Und noch ist keine Wende in Sicht. Die deutsche Autoindustrie hat durch das von ihr selbst mit größtem Einsatz und allen Mitteln verhinderte Tempolimit eine völlig falsche technische Entwicklung eingeschlagen. Sie hat auch die Selbstverpflichtung der europäischen Autoindustrie aus dem Jahr 1998 über die Begrenzung des CO_2 auf 140 Gramm pro Kilometer nicht zur Umkehr genutzt.

Natürlich könnte man mit gleicher Berechtigung eine ähnliche Chronologie auch über die Flugzeugindustrie schreiben oder über die Kraftwerksbetreiber oder über den Rüstungssektor: über alles, was die ökologische Zukunft des Planeten Erde gefährdet. Angesichts der Forschungserkenntnisse über die drohende Klimakatastrophe, des Wissens um die Endlichkeit der Erdölvorräte, der Freisetzung von weltweit jährlich 27 Milliarden Tonnen erzeugtem Kohlendioxid und anderer Klimagase durch das Verbrennen von 7 Milliarden Tonnen fossiler Brennstoffe war und ist die Automobilindustrie aber besonders lernunwillig. Das fehlende und mit aller Macht von Industrie, Lobbyverbänden und Politik verhinderte Tempolimit hat über Jahrzehnte bis heute ungeheure zusätzliche Opferzahlen verursacht: Tausende von Toten, Hunderttausende von Schwerverletzten, unzählige Langzeitverletzte und Traumatisierte. Hinzu kommt noch das Leid der Hinterbliebenen.

Man mag es kaum glauben: Bis heute leugnen Autoindustrie und Autolobby und die mit ihnen liierten Politiker, dass ein Tempolimit sofort die Zahl der Toten und Verletzten senkt, dass weniger Kraftstoff verbraucht wird und weniger Aggressionen entstehen, der Lärmpegel abgesenkt wird, sich die Kapazitäten der Straßen quasi kostenlos erhöhen und den Ingenieuren Möglichkeiten zum „Downsizing" der Modelle statt weiterer Aufrüstung gegeben werden.

Eine immer manischer anmutende deutsche Autoproduktion erinnert an archaische Gesellschaften, die sich ihres bevorstehenden Untergangs nicht bewusst waren. Darf ein einzelner Industriezweig wie die deutsche Autoindustrie so eminent gegen die ökologischen Notwendigkeiten angesichts Klimaerwärmung, schmelzender Gletscher und sich abzeichnender Verteilungskämpfe um Energie agieren? Das ist auch gegenüber der Bevölkerung anderer europäischer Staaten eine ignorante Unverschämtheit und sollte als Straftatbestand gelten. Das Weltklima, die Nutzung der globalen Energievorräte, das soziale Verhalten der Menschen sind für alle wichtig: Deshalb darf die Gestaltung des deutschen Autoverkehrs nicht länger allein der deutschen Autoindustrie überlassen werden.

Der Weg in die Klimakatastrophe war und ist ein ganz alltäglicher, gewöhnlicher, vertrauter. Fast jeder Mensch ist in unterschiedlicher Weise Beteiligter, Mitverursacher und damit mitschuldig. Deswegen sind die Bausteine dieses Weges auch so schwer abzuräumen. Aber gerade im Autoverkehr kann mit geringen Mitteln ein großes Sparpotenzial aktiviert werden. Deshalb sollte umgehend ein europaweit geltendes Tempolimit eingeführt werden mit einer technisch einfachen Kontrolle: Wie heute schon beim Nichtanlegen des Gurtes könnte zum Beispiel ab Tempo 120 km/h ein nicht abschaltbares akustisches Warnsignal ertönen, das eine polizeiliche Kontrolle des Tempolimits überflüssig macht.

Zur Methode

Die Chronologie schildert die Ursprünge der Tempolimit-Diskussion seit Beginn der Automobilisierung und die verschiedenen Regelungen im Lauf der Jahrzehnte, die Einführung eines Tempolimits innerorts und auf Landstraßen nach dem Zweiten Weltkrieg. Sie zeichnet die jahrzehntelangen Bestrebungen nach, ein Tempolimit auf deutschen Autobahnen zu erreichen – und die ebenso langen und bis heute erfolgreichen Kämpfe, ein solches zu verhindern. Der Kampf der etablierten Politik, der Autoindustrie und Autolobby und eines Teils der Autofahrer gegen ein Tempolimit auf deutschen

Autobahnen ermöglichte bis heute das Ausleben grenzenlosen Rasens und gezielter Aggressionen.

Ausgewertet wurden unter anderem das große Archiv des Autors, das bis in die Siebzigerjahre zurückreicht, und die umfangreiche Fachliteratur, die seit der Ausstellung „Alptraum Auto“ im Jahr 1986 in unserer Gesellschaft für ökologische Forschung gesammelt wurde. Einige benachbarte Themen konnten nur am Rand gestreift werden: die Einführung der Gurtpflicht, Waldsterben und Luftverschmutzung, die Problematik der Rußpartikel im Dieselabgas, die Einführung von bleifreiem Benzin im Zusammenhang mit der Einführung des Katalysators, das gespaltene Tempolimit für Kat- und Nichtkat-Fahrzeuge, Tempo 30 in Wohngebieten etc. Auch das Problem Katalysatoren unter Volllast konnte nicht behandelt werden. Aus Gründen des Umfangs und der Übersichtlichkeit kann dieses Buch keine Bestandsaufnahme der Themen Mobilität und Automobil sein. Dafür muss ich um Verständnis bitten.

Im Übrigen fällt auf, dass staatliche Stellen mit exakten statistischen Angaben über die Unfallhäufigkeit in Abhängigkeit von der Geschwindigkeit etc. ausgesprochen sparsam umgehen. So teilte zum Beispiel die Bundesanstalt für Straßenwesen im Januar 2007 dem Autor auf die Frage nach dem derzeitigen Erkenntnisstand über die durchschnittlichen Autobahngeschwindigkeiten mit: „Zurzeit stehen uns keine aktuellen Informationen zu durchschnittlichen Geschwindigkeiten auf Autobahnen zur Verfügung.“ Auch die Bitte über aktuelle Beiträge zum Tempolimit endete mit Material aus dem Jahr 1999. Der Gesamtverband der Deutschen Versicherungswirtschaft e.V. (GDV) konnte oder mochte zum Zusammenhang zwischen Unfallhäufigkeit und Geschwindigkeit sowie Motorleistung der Fahrzeuge ebenso wenig beitragen wie der TÜV.

Diese Chronologie will die seit den Achtzigerjahren bis heute immer wieder verwendeten falschen Argumente gegen ein Tempolimit aufzeigen. Sie bietet einen guten Überblick über die immer gleichen Widerstände, die über Jahrzehnte stereotyp wiederholten Behauptungen und die ideologischen Unterstellungen der Gegner des Tempolimits. Die im Lauf der Jahrzehnte gesammelten Argumente für ein Tempolimit finden sich im Kapitel 4. Das Lager des Widerstands gegen ein Tempolimit blieb angesichts der verschiedenen Problemlagen (wie der ungeheuer hohen Zahl der Verkehrstoten und -verletzten, der Energiekrise der Siebzigerjahre, dem drohenden Waldsterben und der Klimakatastrophe, der Einführung des Katalysators, dem Spritverbrauch) bis zu den heutigen absurden PS-Zahlen fest geschlossen. Abweichler wurden umgehend geächtet. Es kommen nur zwei Frauen vor – bei dem Autothema kein Zufall.

In dieser Chronologie gibt es viele Zeugnisse vom willkürlichen Handeln wider jede Vernunft, vom Leugnen wissenschaftlich gesicherter Erkenntnisse über den Klimawandel. Ein Tempolimit allein kann natürlich nicht vor der drohenden Klimakatastrophe schützen. Es ist eine notwendige, keine hinreichende Bedingung, nicht mehr und nicht weniger! Aber wenn man nicht einmal diese einfache, kostenlose und lebensbejahende Maßnahme ergreift, was soll dann noch geschehen? Oder eben nicht geschehen?

1900 bis 1945: Vorgeschichte

Als Erste erlässt die Heimatstadt von Karl Benz, die Stadt Mannheim, im Jahr 1894 ein Tempolimit mit 12 km/h außerorts und 6 km/h innerorts. 1909 begrenzt der Bundesrat mit der „Verordnung über den Verkehr mit Kraftfahrzeugen" die Geschwindigkeit innerhalb geschlossener Ortschaften auf 15 km/h. 1923 wird das Limit innerorts auf 30 km/h heraufgesetzt; außerhalb der Ortschaften sind für Pkw keine Beschränkungen vorgesehen.[15]

Erst im Nationalsozialismus wird dem Automobil die unbeschränkte Geschwindigkeit eingeräumt. Die „Reichs-Straßenverkehrs-Ordnung" vom 28. 5. 1934 tritt am 1. 10. 1934 in Kraft; in ihr findet sich nichts mehr über Höchstgeschwindigkeiten. Die Geschwindigkeit wird vielmehr völlig frei gegeben, denn: „Die Förderung des Kraftfahrzeuges ist das vom Reichskanzler und Führer gewiesene Ziel, dem auch diese Ordnung dienen soll."[16] Im Erlass des Reichsministers des Innern vom 12. Oktober 1934 steht folgerichtig: „Schematische Geschwindigkeitskontrollen haben schon im Hinblick auf den Fortfall allgemeiner Geschwindigkeitsbeschränkungen in der Reichs-Straßenverkehrs-Ordnung zu unterbleiben." Die Reichsautobahnen sind im Übrigen schon für Geschwindigkeiten zwischen 150 und 180 km/h berechnet.[17] Der Nazi-Propagandist H. Gülde feiert 1935 diese Entwicklung: „Das deutsche Straßenverkehrsrecht, befreit von den Atavismen einer überlebten Zeit, stellt der Verkehrsentwicklung nicht mehr ein hemmendes Nein entgegen, sondern wird ein einziges Ja-Sagen zum organischen Fortschritt des Straßenverkehrs …"[18]

Unter dem Eindruck von jährlich rund 8000 Verkehrstoten und 174 000 Verletzten Ende der Dreißigerjahre besteht schließlich doch Handlungsbedarf. Mit der Verordnung vom 3. Mai 1939 wird innerhalb geschlossener Ortschaften eine Höchstgeschwindigkeit für Pkw und Krafträder von 60 km/h und für Lkw und Omnibusse von 40 km/h eingeführt. Zum ersten Mal werden auch für das Fahren außerorts Höchstgeschwindigkeiten festgesetzt: außerhalb geschlossener Ortschaften und auf den Reichsautobahnen 100 km/h für Pkw und Motorräder und 70 km/h für Lkw und Omnibusse.

Am 3. Oktober 1939 werden die Höchstgeschwindigkeiten noch einmal reduziert: für Kraftfahrzeuge aller Art innerorts auf 40 km/h und auf Reichsautobahnen für Pkw und Motorräder auf 80 km/h und für Lkw und Omnibusse und alle anderen auf 60 km/h. Der Zweite Weltkrieg fordert auch auf diesem Gebiet seinen Tribut.

1945 bis 1970: wieder ohne Tempolimit

Völlige Freigabe der Geschwindigkeit

Kaum ist der Krieg vorbei, geht die Raserei wieder los. Mit dem „Gesetz zur Sicherung des Straßenverkehrs" vom 19. 12. 1952 wird der Bundesminister für Verkehr für das deutsche Straßenwesen zuständig. Im § 4 dieses Gesetzes heißt es für den Bereich der StVO lapidar: „§ 9 Abs. 1 der Straßenverkehrs-Ordnung … in der Fassung vom 3. Oktober 1939 … gilt nicht für Personenkraftfahrzeuge." Damit waren für Pkw und Motorräder die festen Geschwindigkeitsgrenzen innerorts und außerorts entfallen.[19] So einfach ist es, 1952 wieder zum „einzigen Ja-Sagen zum organischen Fortschritt des Straßenverkehrs" des Nazi-Propagandisten Gülde zurückzukehren.
Wolfgang Sachs, Autor des Buches *Die Liebe zum Automobil* (1984), fragt sich:

> „Warum gerade die Deutschen? Wieso ist gerade hierzulande ein Tabu über die unbegrenzte Autobahngeschwindigkeit errichtet worden? Weil in kaum einem anderen Land der Welt das Automobil so mit persönlichem Freiheitsbegehren und nationaler Aufbruchsstimmung aufgeladen wurde wie bei uns. Man erinnere sich: 1950, der dunklen Zeit entronnen, die Entbehrungen noch frisch in der Erinnerung, da fasste ein ganzes Volk den inneren Entschluss: vorbei das Gestern, jetzt wieder leben!"[20]

Für eine steigende Zahl von Bürgern endet mit der freien Fahrt allerdings das Leben. 1953 werden rund 6500 Personen bei innerörtlichen Verkehrsunfällen getötet, 1954 sind es bereits 7000 und 1956 über 7600. Der damalige Bundesverkehrsminister Hans Christoph Seebohm tritt deshalb – erfolglos – für Tempo 100 km/h auf Autobahnen ein. Der Verkehrssicherheitsrat fordert schließlich die Bundesregierung auf, wieder Geschwindigkeitsbeschränkungen einzuführen, und empfiehlt, die Höchstgeschwindigkeit für Personenwagen innerhalb der Ortschaften auf 50 bis 60, auf Bundes- und Landstraßen auf 80 km/h zu beschränken. Eine Begrenzung der Geschwindigkeit für Personenwagen auf den Autobahnen wird dagegen abgelehnt.

Praxenthaler stellt fest: „Der Ruf nach Maßnahmen verstärkt sich, Entscheidungsträger und Verfechter des Status quo geraten mehr und mehr unter Druck."[21] Deshalb kommt es zu einer Änderung der Straßen-Verkehrsordnung (StVO) am 25. 7. 1957: Innerhalb geschlossener Ortschaften gilt nunmehr 50 km/h; Ausnahmeregelungen können erlassen werden. Auch Dietmar Klenke, Autor des Buches *Freier Stau für freie Bürger* (1995), stellt fest, dass sich die Wiedereinführung eines innerörtlichen Tempolimits von 50 km/h im Jahr 1957 wegen der hochschnellenden Unfallzahlen nicht mehr verhindern ließ:

„Immerhin erlitten 1956 bereits ca. 150 000 Unfallopfer schwere Verletzungen. 1957 rangen sich dann schließlich die verantwortlichen Bundesorgane durch, der zügellosen Raserei entgegenzutreten und ein allgemeines Tempolimit wiedereinzuführen, nunmehr 50 km/h innerorts anstelle der 1952 aufgehobenen Geschwindigkeitsbeschränkung von 40 km/h. Obwohl diese Auflage nur für den Verkehr innerhalb geschlossener Ortschaften galt, sträubten sich die Automobil-Interessenten selbst gegen dieses eingeschränkte Tempolimit. In dramatisierender Diktion sprachen sie von ‚neuem Kadavergehorsam' und von ‚erschütternden' Angriffen auf die Freiheit des Pkw-Fahrers und auf die demokratische Grundordnung. Ihnen schien ganz und gar abwegig, dass es möglicherweise einen ursächlichen Zusammenhang zwischen der Aufhebung des allgemeinen Pkw-Tempolimits im Jahr 1952 und der wachsenden Unsicherheit auf den Straßen gebe … Nach Wiedereinführung des innerörtlichen Tempolimits gingen die Unfallzahlen innerorts zurück, während sie außerorts weiter anstiegen."[22]

Als Verkehrsminister Seebohm 1960 erneut einen Vorstoß zur Wiedereinführung eines außerörtlichen Tempolimits unternimmt, schreibt *auto, motor und sport* von „kalter Diktatur". 1968 beginnen Straßenbauexperten Kritik an der Geschwindigkeitspolitik des Bundes zu üben, weil mit steigender Geschwindigkeit die Abstände zwischen den Fahrzeugen überproportional zunehmen und die Aufnahmefähigkeit der Autobahnen sinkt. So muss bei gegebenen Kapazitätsvorgaben eine Autobahntrasse umso aufwendiger gestaltet werden, je höher das zulässige Geschwindigkeitsniveau ist.

Seit 1966 ist Georg Leber Bundesminister für Verkehr, der 1970 feststellt: „Im vergangenen Jahr hatten wir fast 17 000 Tote und fast eine halbe Million Verletzte zu beklagen, dieses Jahr werden die Verluste leider höher sein. Ich hoffe dabei, dass diejenigen, die von 20 000 Toten sprechen, nicht recht behalten." 1970 sind es dann 19 193 Getötete im Straßenverkehr.[23] Neben der einschlägigen Presse prügelt auch der *Spiegel* am 20. 9. 1971 mit der Titelgeschichte „Verkehrsminister Leber: Mit Tempo 100 aufs Abstellgleis" auf Leber ein. Dieser schreibt 1979 über diese Zeit: „Ich war von vielen Seiten gewarnt worden und hatte den wohlmeinenden Rat erhalten, die Finger von einer Begrenzung der Geschwindigkeit zu lassen. Das sei ein Spiel, bei dem ein Minister Kopf und Kragen riskiere …"[24]

Am 16. 3. 1972 tritt die Verordnung über die versuchsweise Beschränkung der zulässigen Höchstgeschwindigkeit von Kraftfahrzeugen außerhalb geschlossener Ortschaften in Kraft. Dazu bemerkt Klenke:

„Erst 1972 vermochte die Bundesregierung den Autofahrern ein außerörtliches Tempolimit von 100 km/h abzutrotzen, als ungefähr 19 000 Unfalltote und über 500 000 Verletzte zu beklagen waren. Allerdings blieben die Autobahnen von der Beschränkung ausgenommen. Sie verkörperten als architektonisch eindrucksvolle Monumente auch weiterhin das Ideal der dynamischen Wirtschafts- und Wohlstandsmoderne, der keine Geschwindigkeitsfesseln angelegt werden durften." – „Durchsetzen ließ sich das Tempolimit für Landstraßen allerdings nur deshalb, weil von vornherein feststand, dass das seit den Sechzigerjahren zu imposanten Größenordnungen anwachsende Autobahnnetz ausgespart bleiben würde."[25]

Siebzigerjahre: Energie- und andere Krisen

Richtgeschwindigkeit auf Autobahnen

Seit Juli 1972 ist Lauritz Lauritzen (SPD) Bundesminister für Verkehr. Am 26. November 1973 setzt er erstmalig eine mit der Ölkrise und dem Sparen von Energie begründete Tempogrenze von 100 km/h auf Autobahnen und 80 km/h auf Landstraßen durch, die nach dem Boykott arabischer Erdölländer Benzin sparen hilft und bei Ende der Ölkrise wieder fallengelassen werden sollte. Sogleich fragt die Bundestagsopposition am 12. 12. 1973 an, ob an die Einführung einer generellen Geschwindigkeitsbegrenzung gedacht sei, die auch nach der Energiekrise gelten solle. Die Antwort des Parlamentarischen Staatssekretärs beim Bundesministerium für Verkehr (BMV) lautet: „Es bestehen keine Pläne, die aus Anlass der Energieeinsparung eingeführte generelle Geschwindigkeitsbeschränkung aus anderen als diesen Gründen über den vorgesehenen Zeitraum hinaus zu verlängern."

Vorsichtshalber richtet der ADAC schon einmal im Februar 1974 an alle Bundestagsabgeordneten einen Appell, „gegen eine dauernde Geschwindigkeitsbeschränkung vorzugehen". Außerdem werden eine Million Aufkleber mit dem berühmt-berüchtigten Slogan gedruckt: „Freie Fahrt für freie Bürger". Dazu gibt sich der Präsident des Deutschen Verkehrssicherheitsrates (DVR) als Gegner des Tempolimits zu erkennen.

Im BMV wird dann doch ein Verordnungsentwurf erarbeitet, um auf Autobahnen und autobahnähnlichen Straßen eine allgemeine Geschwindigkeitsbeschränkung von 130 km/h einzuführen. Als statistische Grundlage dient der Rückgang der Unfallzahlen während der Beschränkungen im Gefolge der Ölkrise 1973/1974. Im Vergleich Dezember 1973 zu Dezember 1972 gab es 40 Prozent weniger Getötete und 42 Prozent weniger Verletzte;

im Vergleich Januar 1974 zu Januar 1973 war die Zahl der Getöteten und der Verletzten um 61 Prozent gesunken.

Bereits am 22. 2. 1974 einigt sich das Bundeskabinett unter Willy Brandt (SPD) mehrheitlich auf den Entwurf einer Autobahn-Höchstgeschwindigkeits-Verordnung des BMV mit 130 km/h. Noch am selben Tag fordert die CDU die Rücknahme der Fahrverbote und Geschwindigkeitsbegrenzungen im Gefolge der Energiekrise. Der Verkehrsausschuss des Bundesrates stimmt am 28. 2. 1974 für einen Versuch mit 130 km/h, der Innenausschuss am 1. 3. 1974 für einen solchen mit 140 km/h Höchstgeschwindigkeit. Am 8. 3. 1974 beschließt der Bundesrat schließlich: kein Tempolimit, sondern die unverbindliche Richtgeschwindigkeit von 130 km/h.[26]

Am 15. März 1974 wird die Geschwindigkeitsbegrenzung von 100 km/h auf Autobahnen wieder aufgehoben; auch auf Landstraßen dürfen wieder 100 km/h statt 80 km/h gefahren werden. Das Tempolimit war 111 Tage in Kraft gewesen. „Vom 15. März 1974 an herrschte wieder freie Fahrt auf deutschen Autobahnen. Und auch 1979, als die SPD in der zweiten Ölkrise einen erneuten Versuch zur Temporegelung machte, kam sie nicht durch."[27]

Praxenthaler analysiert in seiner Schrift die Hintergründe dieser Entscheidung. Der diese Sitzung leitende Ministerpräsident Gerhard Stoltenberg (CDU) aus Schleswig-Holstein erweist sich als „herausragender Träger des Widerstandes" gegen ein Tempolimit. Er argumentiert für Schleswig-Holstein, „dass wir etwa 1000 Polizisten täglich auf die Autobahn stellen müssten, ... wenn wir ein Tempolimit mit 130 km/h ... überprüfen wollen".[28] Schließlich lehnt der Bundesrat mit einer Stimme Mehrheit ein starres Tempolimit ab und spricht sich für die Richtgeschwindigkeit aus, deren unverbindliche Formulierung (bis heute) lautet: „Den Führern von Personenkraftwagen ... wird empfohlen, auch bei günstigen Straßen-, Verkehrs-, Sicht- und Wetterverhältnissen ... nicht schneller als 130 km/h zu fahren."

Dafür bleibt es beim Tempo 100 km/h auf Landstraßen: Die Vorher-Nachher-Analyse ergab je nach Verkehrsbelastung einen Rückgang bei Getöteten und Schwerverletzten von 25 bis 35 Prozent. Somit wird die versuchsweise Regelung für Landstraßen mit 100 km/h 1975 in die geltende StVO übernommen. Gleichzeitig wird im Rahmen eines Forschungsansatzes zu den Autobahngeschwindigkeiten bei verschiedenen Autobahnstrecken für etwa ein Jahr die Höchstgeschwindigkeit Tempo 130 angeordnet und für andere die Richtgeschwindigkeit 130 km/h; danach werden die Streckenbegrenzungen ausgetauscht und schließlich die Unfallzahlen verglichen. „Bei der Bewertung des Unfallgeschehens ergab sich für die Höchstgeschwindigkeitsregelung ein Rückgang von 11 % bei allen Unfällen, von 23 % bei den Schwerverletzten und Getöteten."[29]

Eine Stellungnahme der Automobilindustrie relativiert zynisch den Rückgang der Opferzahlen: „Das Tempolimit bringt … unter sicherheits- und energiepolitischen Aspekten keine nennenswerten Vorteile. Schwerwiegende Nachteile sind im wirtschaftlichen Bereich zu erwarten“ und nennt „die Gefährdung von 60 000 Arbeitsplätzen“.[30]

Gurtpflicht

Das deutsche Autobahnnetz wächst von 1970 bis 1990 auf das Doppelte, die Kilometerleistung hat sich im gleichen Zeitraum vervierfacht. Trotzdem geht die Zahl der Unfälle zurück. „Die Verfechter der Richtgeschwindigkeit sehen sich durch den Rückgang des Risikos schwerer Unfälle bestätigt, die Verfechter des Tempolimits verweisen auf ein noch vorhandenes Potenzial, das es zu erschließen gelte“, schreibt Praxenthaler und zählt die Gründe für den Rückgang auf: die Einführung der Gurtpflicht, verbunden mit Bußgeldern, die Entwicklung der aufwendigen Unfallrettung und andere Maßnahmen. Dazu kommen technische Fortschritte beim Unfallaufprall, der Seitenaufprallschutz, später die Einführung von Airbags, ABS, EPS usw.

1984 gibt die Bundesregierung – makaber genug – den volkswirtschaftlichen Schaden durch den Tod eines Verkehrsteilnehmers mit 725 000 Mark an. Zwischen 1953 und 1982 werden fast eine halbe Million Menschen durch den Autoverkehr getötet und weit über vier Millionen Menschen schwer verletzt. Für das Jahr 1982 werden die durch Unfälle verursachten Kosten etwa auf 27 Milliarden Mark geschätzt.[31] Die ständig steigende Zahl der Verkehrsopfer führt schließlich zur Einführung des Sicherheitsgurtes – wiederum gegen den erklärten Widerstand von Automobilverbänden und Autoindustrie. Man könnte den Eindruck gewinnen, dass der Autoverkehr die Fortsetzung des Krieges mit anderen Mitteln sei.

Der Chirurg Prof. Eberhard Gögler aus Heidelberg äußert im *Spiegel*: „Von vier toten Autofahrern könnten zwei noch leben, und von vier *Schwerverletzten* könnten drei nur leicht verletzt sein, wenn sie einen Sicherheitsgurt getragen hätten.“[32] Die *Süddeutsche Zeitung* hält die Einschränkung der persönlichen Freiheit durch das Anschnallen des Sicherheitsgurtes für zumutbar, weil der Autofahrer „die Allgemeinheit der Mitglieder in Kranken- und Unfallversicherung an den Kosten für Operationen und Krankenpflege beteiligt“[33]. Das ist natürlich auch in Bezug auf die heutige Tempolimitdebatte eine interessante ökonomische Argumentation: bezüglich der gesellschaftlichen Kosten der Verkehrsunfälle und des Gesundheitssystems!

Wegen der schlechten Befolgung der Anschnallpflicht wird die Einführung eines Bußgeldes zum 1. 8. 1984 unumgänglich, zeitgleich mit der Einführung der Gurtpflicht auf den Rücksitzen. Von Sommer 1984 bis Sommer 1985 sterben 1400 Menschen weniger bei Autounfällen.

Autobahn-Unfallbericht I: Otto Wiesheu

Ein prominenter Politiker, der CSU-Generalsekretär Otto Wiesheu, verursacht 1983 auf der Autobahn durch zu hohe Geschwindigkeit und unter Alkoholeinfluss einen Unfall mit Todesfolge. Dieser Unfall zeigt, wie sanft der juristische Apparat letztendlich mit Unfällen mit Todesfolge umgeht und wie sich ein solches Urteil dann auf weitere Prozesse auswirkt. Auch diese Aspekte sind wesentlich, um das Thema und Anliegen eines Tempolimits entsprechend zu würdigen. Ein später zu schildernder weiterer Unfall aus dem Jahr 2003 mit einem Mercedes-Testfahrer bei Tempo 220 bis 250 km/h zeigt, dass sich in der Rechtsprechung nicht allzu viel geändert hat: im Zweifelsfall zugunsten des Täters, zuungunsten der Opfer.

CSU-Generalsekretär Otto Wiesheu fährt am 30. Oktober 1983 gegen zwei Uhr morgens mit seinem auf den *Bayernkurier* zugelassenen Dienst-Mercedes vom Typ 380 SE auf der Autobahn München-Nürnberg zu seinem Wohnort Richtung Freising. Unter Alkoholeinfluss rast er mit seiner schweren Limousine auf einen Kleinwagen. Der Lenker des Fiat 500 ist der 67-jährige Rentner Josef Rubinfeld aus Polen. Er und seine 69 Jahre alte Schwester Gustava sind die einzigen Überlebenden einer jüdischen Familie, die vom NS-Regime ermordet worden war; sie hatten selbst Jahre im Konzentrationslager zugebracht.

Rubinfeld wird aus dem Auto geschleudert und stirbt sofort, der Beifahrer muss schwer verletzt ins Krankenhaus gebracht werden. Otto Wiesheu kommt mit einer Gehirnerschütterung und einer Platzwunde am Kopf davon. Die beiden Unfallwagen werden nach Polizeiangaben „bis zur letzten Schraube auseinandergenommen". Untersuchungen ergeben, dass der Wiesheu-Mercedes beim Aufprall um etwa 100 Stundenkilometer schneller war als der kleine Fiat; dass der Fiat-Fahrer Rubinstein zum Zeitpunkt des Aufpralls im Auto saß und im Gegensatz zu Wiesheu (1,7 Promille) nüchtern war. Das Fahrzeug des Unfallopfers war korrekt beleuchtet.

Im Juni 1984 wird Anklage gegen Wiesheu erhoben, im Oktober beginnt die Verhandlung. Der Angeklagte Wiesheu kann auf wichtige Fragen keine Antwort geben und weiß weder den Abstand zu seinem Vordermann noch seine genaue Geschwindigkeit. „Schneller als 100, aber 200 waren's bestimmt nicht." Unfallzeugen erinnern sich, dass Wiesheu einen stark alkoholisierten Eindruck gemacht habe, eine Fahne hatte und im Stehen wankte. Die offizielle Blutuntersuchung ergab „mindestens 1,48, wahrscheinlich aber 1,99 Promille Alkohol"[34].

Gutachter Professor Max Danner, der für die Allianz tätig ist (die Versicherung Wiesheus), hat den Unfall nachstellen und einen Mercedes auf einen Fiat 500 auffahren lassen. Aus der Simulation schließt Danner: „Ein Herausfliegen Rubinfelds hat einfach nicht stattgefunden." Er führt aus, dass der Rentner beim Aufprall außerhalb seines Wagens gewesen und dort tödlich verletzt worden sei: „Stehend, liegend oder montierend wurde er vom eigenen Wagen erschlagen, als jemand auffuhr." Alle Gutachterkollegen widersprechen ihm. Der Diplomingenieur Herbert Wegner sagt nach der Filmvorführung: „Was ich bei der Simulation gesehen habe, ist nicht der Unfall, um den es hier geht."[35]

In seinem Schlusswort betont der Angeklagte die Mitschuld seines Opfers, das auch von einem anderen Fahrzeug getötet worden sein könnte. Ende Oktober wird Wiesheu zu 13 Monaten Haft ohne Bewährung verurteilt; für die Dauer von zwei Jahren wird ihm der Führerschein entzogen. Wiesheu kündigt sofort Revision an und tritt am 1. Dezember 1984 sein neues Amt als Geschäftsführer der CSU-nahen Hanns-Seidel-Stiftung an, eine gute Ausgangsposition für die weitere politische Karriere, sofern ihm in der Berufungsinstanz keine Haftstrafe ohne Bewährung droht.

Im zweiten Prozess im Juli 1985 sagt Wiesheu aus, den völlig überladenen Fiat 500 auf der Mittelspur der Autobahn gesehen zu haben; der Wagen selbst sei unbeleuchtet gewesen. Max Danner hat den Versuch mit dem auf den Fiat aufprallenden Mercedes wiederholen lassen. Auch jetzt fliegt keiner der Insassen durch das Faltdach. Die Kosten der Crashtests schätzen Fachleute auf 80 000 Mark. Der Prozessbeobachter Herbert Riehl-Heyse kommentiert Danners Verhalten in der *Süddeutschen Zeitung*:

> „Der Sachverständige Danner referierte nicht, der Sachverständige Danner verteidigte … Zwar stellte sich im Laufe der Vorführung seiner Video-Filme heraus, dass bei seinen beiden Tests der Mercedes jeweils umgekippt ist, was das Fahrzeug beim Original-Unfall gerade nicht getan hat – aber solche Kleinigkeiten konnten Danner nicht erschüttern … Im Grunde ist es wohl dieser Auftritt Danners gewesen und die Art, wie die Verteidigung sich seine Argumente zu eigen gemacht hat, was die Sorge wachsen ließ, hier werde wieder einmal versucht, nicht Gerechtigkeit zu erlangen, sondern mit sehr viel Geld einem Prominenten ein Schlupfloch zu öffnen."[36]

Am 26. Juli 1985 wird Wiesheu zu einem Jahr Haft auf Bewährung und einer Geldbuße von 20 000 DM verurteilt. Das Wiesheu-Urteil wirkt in vielen ähnlich gelagerten tödlichen Verkehrsunfällen unter Alkoholeinfluss strafmildernd. Durch die großzügige Auslegung gegenüber einem Prominenten in einem durch Raserei und Trunkenheit verursachten Unfall mit Todesfolge haben die Richter einen Präzedenzfall geschaffen, nicht zum ersten und nicht zum letzten Mal.

Der frühere CSU-Generalsekretär Otto Wiesheu wurde am 17. Juni 1993 im Kabinett Stoiber Bayerischer Minister für Wirtschaft, Infrastruktur, Verkehr (sic!) und Technologie; er blieb in diesem Amt bis Ende 2005. Seit dem 1. 1. 2006 ist er im Vorstand der Deutschen Bahn AG für die Ressorts Wirtschaft und Politik zuständig.

1980 bis 1983: Das Ausland bremst, Deutschland rast

Autoabgase

Bereits 1981 äußert der damalige Innenminister Gerhard Baum auf dem FDP-Parteitag in Köln: „Der Autoverkehr verursacht rund ein Drittel der gesamten Luftverschmutzung." Laut Bundesamt für Umweltschutz stammen 60 Prozent des giftigen Kohlenmonoxids (CO) aus den Auspuffrohren von Autos. Die Bundesregierung teilt im Juni 1981 mit, dass von 1970 bis 1980 infolge der noch immer zunehmenden Motorisierung die Emissionen von CO um 17 Prozent, von Kohlenwasserstoffen (HC) um 32 Prozent und von Stickoxid (NO_x) sogar um 85 Prozent angestiegen sind.

Stickoxide sind in höherer Konzentration ein Pflanzengift, lösen aber auch Atemwegserkrankungen beim Menschen aus. Außerdem bildet sich aus NO_x Salpetersäure, die mitverantwortlich für den Sauren Regen ist. NO_x ist als Vorläufersubstanz maßgeblich an der Bildung von Photooxidantien wie Ozon beteiligt. HC sind organische Verbindungen aus Kohlenstoff und Wasserstoff. Sie reichern sich im menschlichen und tierischen Organismus an und wirken toxisch und krebserzeugend. Dessen ungeachtet äußert Anfang 1981 BMW-Chef Eberhard von Kuenheim zu neuerlichen Forderungen nach einer weiteren drastischen Senkung der Emissionsgrenzwerte, dass der medizinische Nachweis für die Notwendigkeit dieser Maßnahme noch keineswegs erbracht sei.[37]

Was im Inland nicht möglich ist, gibt es längst für deutsche Exportautos: einen Abgaskatalysator. Denn in Amerika, Japan und Schweden gelten wesentlich niedrigere Grenzwerte, die von deutschen Autofabrikanten nur durch den Einbau der katalytischen Abgasreinigung eingehalten werden können. 1983 haben bereits von 30 Millionen weltweit hergestellten Personenwagen 15 Millionen einen Katalysator oder sind in ihrer Grundkonstruktion darauf ausgelegt: „sämtliche in Japan und Nordamerika abgesetzten Personenwagentypen nämlich, denn in diesen beiden Regionen ist das abgasarme Auto längst Vorschrift"[38].

Bei Benzinmotoren wandelt der Katalysator die Schadstoffe CO, HC und NO_x durch Oxidation und Reduktion zu Wasserdampf (H_2O), Stickstoff und Kohlendioxid (CO_2) um. (Funktionsweise des Katalysators: $CO + HC + NO_x > N_2 + CO_2 + H_20$)

„Kaum glaublich, dass man den deutschen Autofahrern das vorenthält, was für den Export nach USA längst selbstverständlich ist", stellt der bayerische Umweltminister Alfred Dick 1984 fest. Dabei hätte man sich hier durchaus an den Erfahrungen der USA orientieren können.

Tempolimit in den USA

Die generelle Unwilligkeit der deutschen Autoindustrie, im eigenen Land den Katalysator anzubieten, hat zwei Gründe. Zum einen funktionieren die für Amerika obligatorischen, die Abgase stark reduzierenden Katalysatoren nur mit bleifreiem Benzin, wie es in den USA verwendet wurde. Das bleihaltige Benzin in Europa macht den Einbau von Katalysatoren illusorisch, weil diese nicht bleiresistent sind. Und bleifreies Benzin, so viel stand damals fest, würde in Europa kurzfristig nicht zu haben sein. Das bleihaltige Benzin wurde in Europa übrigens erst 1963 eingeführt: weil Blei das billigste Antiklopfmittel war! Deshalb wurden ab dann pro Jahr Tausende Tonnen Blei über deutschen Landschaften und Städten mit den Autoabgasen verteilt. Blei und Bleiverbindungen gelangen über die Lungen in den Blutkreislauf und können Nervensystem und Gehirn schädigen. Auch in der Muttermilch und im Blut von Säuglingen lässt sich Blei nachweisen.

Zum anderen müssen die für den Export in die USA und nach Japan verwendeten Katalysatoren nur bis auf 55 mph (ca. 88 km/h) ausgelegt sein. Sie können dadurch geringer dimensioniert und näher am Motor eingesetzt werden; dies verkürzt wiederum ihre Aufwärmzeit und beschleunigt ihre Wirksamkeit. Um den Energieverbrauch zu senken, hatte die Nixon-Regierung 1974 in allen US-Bundesstaaten auf den größeren, zumeist überörtlichen Straßen eine Geschwindigkeitsbegrenzung von 55 Meilen (88 km/h) eingeführt. Der Kraftstoffverbrauch ging dadurch zurück und die Zahl der Verkehrstoten sank umgehend von rund 55 000 auf 46 000 pro Jahr.[39]

Nach der ersten Ölkrise 1975 trat auch die *Federal Test Procedure 75* (FTP 75-Test) in Kraft, die 1981 noch einmal drastisch verschärft wurde und für jeden Wagentyp die CO-, HC- und NO_x-Werte in Gramm pro Meile ermittelte. In 49 US-Staaten galten umgerechnet 2,1 g/km für CO (EG: 10,6 g), 0,25 g/km für HC (EG: 2,5 g) und 0,62 g/km für NO_x (EG: 2,9 g). Der FTP-Test war auch realistischer als der damalige Europa-Test ECE R 15/03, da der US-Fahrzyklus fast 23 Minuten dauerte, den Startvorgang einschloss und Geschwindigkeiten bis 91 km/h umfasste: Kohlenwasserstoffe werden nämlich besonders beim Starten und die Stickoxide vor allem bei hohen Geschwindigkeiten emittiert. Dagegen bestand der EG-Test im viermaligen Absolvieren eines bestimmten Fahrzyklus auf dem Rollenprüfstand mit einer Prüfdauer von 13 Minuten, einer Durchschnittsgeschwindigkeit von

19 km/h und einer maximalen Höchstgeschwindigkeit von 50 km/h; die Messung begann hier erst 40 Sekunden nach dem Start des Motors.[40] Das Heidelberger IFEU schreibt 1986 zum EG-Zyklus: „Er ist deshalb zur Begrenzung der Stickoxide wenig geeignet, da diese überproportional bei höheren Geschwindigkeiten emittiert werden. (Über 4/5 der Stickoxide des Pkw-Verkehrs werden in der BRD im Geschwindigkeitsbereich über 50 km/h emittiert.)“[41]

Mitte der 70er-Jahre sprachen sich schon gut drei Viertel aller US-Autofahrer für die Beibehaltung von 55 mph aus. Die Republikaner nahmen 1980 die Abschaffung der generellen Geschwindigkeitsbegrenzung in ihr Programm auf, ließen aber das Problem ruhen, weil aufgrund der gesunkenen Zahl von Verkehrstoten keine Mehrheit im Kongress zu finden war. „Nach der Berechnung der nationalen Verkehrssicherheitsbehörde hat die 55-Meilen-Grenze zwischen 1974 und 1982 insgesamt 54 600 Menschen den Tod auf der Straße erspart. Gegen diese Zahl wagt in Amerika niemand öffentlich zu polemisieren.“[42] Hans-Jürgen Schneider nennt folgende Zahlen: „1973 gab es in den USA bei Durchschnittstempo 104 km/h 55 511 Verkehrstote, 1982 bei Tempo 88 km/h aber nur noch 44 300.“[43]

Nach dem Willen das Nationalen Forschungsrates hatte sich die Höchstgeschwindigkeit von 55 mph bewährt und sollte bestehen bleiben. In dem Bericht für den amerikanischen Kongress wurde die 1973 nach der ersten Ölkrise beschlossene Tempobegrenzung als eine der erfolgreichsten Maßnahmen zur Sicherheit des Straßenverkehrs gelobt. Außerdem wurden durch den geringeren Benzinverbrauch pro Jahr umgerechnet sechs Milliarden Mark gespart.

Im November 1995 verabschiedeten Senat und Abgeordnetenhaus in Washington dann ein Gesetzespaket, das auch die seit 1974 bundesweit geltende Geschwindigkeitsbeschränkung (55 bzw. 65 Meilen pro Stunde, entsprechend 88 bzw. 108 km/h) auf den Highways ab dem 8. Dezember aufhob. Die US-Bundesstaaten konnten künftig selbst entscheiden, wie schnell auf ihren Autobahnen gefahren werden durfte. In den östlichen Bundesstaaten waren Geschwindigkeiten zwischen 55 und 65 mph (88 bis 105 km/h) geplant; im Westen der USA sollte überwiegend Tempo 70 bis 75 mph (113 bis 121 km/h) gelten. Montana wollte eine Begrenzung auf Autobahnen ganz abschaffen; nur nachts sollten 65 mph gelten.

Verkehrssicherheitsexperten rechneten im Voraus durch die erhöhte Geschwindigkeit mit mindestens 6000 zusätzlichen Verkehrstoten. Tatsächlich ließ das höhere Tempolimit in den USA die Unfallzahlen und die Zahl der Verkehrstoten wie vorhergesagt umgehend ansteigen. In Bundesstaat Texas beispielsweise wurde die zulässige Höchstgeschwindigkeit auf Autobahnen im Jahr 1996 von gut 100 auf 120 km/h angehoben. Innerhalb eines Jahres stieg die Zahl der Unfallopfer im Vergleich zum Vorjahr um 17 Prozent; diese Zahl war in den 16 Jahren zuvor ständig gesunken.[44]

Maßnahmen in Japan

In Japan wurde schon 1963 die höchste zulässige Pkw-Geschwindigkeit auf Autobahnen (National Expressways) auf 100 km/h begrenzt, auf allen anderen Straßen auf 60 km/h. Seit dem 1970/71 gestarteten Verkehrssicherheitskonzept gilt auf den meisten Autobahnen eine Geschwindigkeitsbegrenzung von 80 km/h. Gleichzeitig ging die Regierung hart gegen Temposünder vor: Wer 130 statt 100 km/h fuhr, bekam den Führerschein entzogen. Wie mir die Japan Automobile Federation auf Anfrage im September 2006 mitteilte, wurde 1974 eine Art Klingel mit einem akustischen Warnsignal eingeführt, das bei Überschreitung von 100 km/h ertönte. Da bei den Importautos diese Vorrichtung fehlte, wurde sie 1986 wieder abgeschafft. Das heute in Japan übliche Tempolimit liegt auf Landstraßen je nach Verkehrsbelastung bei 60 km/h, auf Autobahnen bei maximal 100 km/h.

Nach dem Erlass der ersten Vorschriften zur Kontrolle von Autoabgasen waren zehn Jahre später rund 80 Prozent aller in Japan zugelassenen Personenautos mit Katalysator ausgerüstet. Durch die hohen Stückzahlen fielen die Kosten für den Hersteller kaum noch ins Gewicht. Die Stückkosten bei Mazda lagen unter 10 000 Yen, ungefähr 100 DM pro Auto.

Maßnahmen in der Schweiz

Auch in der Schweiz wurden die Abgaswerte verschärft. Ab 1982 durften bei neuen Autos pro Kilometer höchstens noch emittiert werden: 24,2 Gramm CO, 2,1 Gramm HC und 1,9 Gramm NO_x. Fritz Oesch, der Abgasexperte der *Automobil Revue,* sagte voraus: „Etwa 400 der 1300 auf dem Schweizer Markt angebotenen Automodelle werden verschwinden.“ Im Oktober 1986 sollten die Abgaswerte noch einmal verschärft werden: pro Kilometer auf 9,3 Gramm CO, 0,9 Gramm HC und 1,2 Gramm NO_x. Dagegen wirkten die damaligen bundesdeutschen Abgasvorschriften geradezu lächerlich. „Die Bundesrepublik hat die lahmsten Abgasgesetze der Welt“, urteilte Mitte 1982 ein Umweltschutzbeamter aus dem Bonner Innenministerium.[45]

Was wo aus dem Auspuff geblasen werden darf: der zulässige Ausstoß an Schadstoffen verglichen mit einem unentgifteten Serienfahrzeug vor 1970 = 100 Prozent

	Japan	USA	Schweden	Schweiz	BRD
Kohlenmonoxid	6 %	4 %	32 %	32 %	58 %
Kohlenwasserstoffe	6 %	5 %	34 %	34 %	72 %
Stickoxide	13 %	24 %	79 %	79 %	180 %

Quelle: Schweizer Bundesamt für Umweltschutz, *Stern* 29/1982, S. 100

Da aufgrund der damaligen Erkenntnisse die Luftverschmutzung als Hauptursache des Waldsterbens galt, war ein sofortiges Handeln geboten. Anfang 1984 wurde dann in der Schweiz, wo bereits jeder 25. Baum abstarb und weitere 14 Prozent geschädigt waren, eine Senkung der maximal zulässigen Geschwindigkeit auf Autobahnen von 130 auf 100 km/h und von 100 auf 80 km/h auf Landstraßen diskutiert. Denn eine neue Studie des Schweizer Bundesamtes für Umweltschutz (BUS) hatte gezeigt, dass Automotoren bei 100 km/h weniger Schadstoffe an die Luft abgeben als bei 130 und dass sie bei 80 km/h noch günstiger liegen. Ab 1. 1. 1985 galt in der Schweiz dann Tempo 80 km/h außerorts und 120 km/h auf Autobahnen. Diese Regelung wurde als Sofortmaßnahme gegen das Waldsterben erlassen. Mit dieser Maßnahme sollte auch die Zahl der Verkehrstoten bis zum Jahr 2010 von bisher 600 jährlich auf 300 gesenkt werden. 1988 ging die Schweiz endgültig zu Tempo 120/80 km/h über. Die Schweizer Initiative zur Erhöhung der Tempolimits wurde bei einer Stimmbeteiligung von 69 Prozent mit 62 Prozent Nein-Stimmen verworfen.[46]

Auswirkungen der allgemeinen Höchstgeschwindigkeiten in der Schweiz

Maßnahme	Auswirkungen	Raten[1)] vor	nach	Veränderung in Prozent
Außerorts 100	***Hauptstraßen***			
(1. 1. 1973)	Unfallrate[2)]	2,0	1,6	minus 20 %
	Verunfalltenrate[3)]	150	110	minus 27 %
Autobahn 130				
(14. 3. 1974)	Unfallrate	0,48	0,31	minus 35 %
	Verunfalltenrate	21,4	13,4	minus 37 %
Innerorts 50	***Hauptstraßen***			
(1. 7. 1980)	Unfallrate	1,6	1,49	minus 7 %
	Verunfalltenrate	77,6	68,5	minus 12 %

1) Jeweils zwei Jahre vor und nach der Einführung der Maßnahme
2) Pro 1 Mio. Fahrzeugkilometer
3) Pro 100 Mio. Fahrzeugkilometer
Quelle: Botschaft über die Volksinitiative „pro Tempo 130/100“ vom 1. Juli 1987, 59 Bundesblatt 139. Jahrgang Bd. II (Schweiz), S. 1428

Waldsterben und Bleibenzin

Das Thema „neuartige" Waldschäden beginnt ab Anfang der Achtzigerjahre die politische Diskussion zu bestimmen. Als Schadstoffverursacher ist der Verkehr insgesamt zu etwa 45 Prozent bei den Stickoxiden, zu 37 Prozent bei den Kohlenwasserstoffen, zu 67 Prozent beim Kohlenmonoxid und zu etwa 70 Prozent beim Blei beteiligt. Damit konkurrieren zwei Ideale im Herzen der Deutschen: das Auto und der Wald. Im Juli 1983 schlägt der zu dieser Zeit auch für die Umwelt zuständige Bundesinnenminister Friedrich Zimmermann (CSU) dem Kabinett überraschend vor, vom 1. Januar 1986 an bleifreies Benzin einzuführen und nur noch Automobile mit dem abgasreinigenden Drei-Wege-Katalysator zuzulassen. Deren Abgaswerte sollen die amerikanischen Grenzwerte nicht übersteigen. So könnte die Umweltbelastung schnell reduziert werden mit strengen, aber realisierbaren Grenzwerten. Damit wird gleichzeitig die Debatte um das bleihaltige Benzin virulent, denn Katalysatoren arbeiten, wie erwähnt, nur mit bleifreiem Benzin störungsfrei. Martin Urban erwähnt dies im Juni 1983 in der *Süddeutschen Zeitung*:

„Blei ist dem Benzin als ‚Antiklopfmittel' in Form von Bleitetraäthyl zugesetzt. Die deutsche Automobilindustrie hat seinerzeit verhindert, dass Benzin völlig bleifrei wurde (Benzin-Blei-Gesetz vom Dezember 1976). Dieselben Unternehmen beklagen jetzt, wegen des gerade von ihnen selbst durchgesetzten Bleizusatzes nicht mehr für die Abgasreduzierung tun zu können."[47]

Und im Juli schreibt er:

„Und nun kündigt der Innenminister gar einen deutschen Alleingang zu bleifreiem Benzin an. Das ist gewiss lobenswert. Doch auch nach der jüngsten Planung Zimmermanns wird es mindestens bis 1996 dauern, ehe in Deutschland kein Auto mehr mit verbleitem Benzin und übermäßig starker Abgasfahne fahren dürfte … Die sicherste Maßnahme, den Verbrauch zu drosseln, ist es, langsamer zu fahren – Stichwort: Tempolimit."[48]

Christian Schneider äußert ebenfalls zum Blei im Benzin:

„Als sich 1975 der Bund dazu entschloss, aus Gründen der Volksgesundheit per Gesetz den Benzinbleigehalt von 0,40 auf 0,15 Gramm je Liter zu reduzieren, hagelte es wütende Proteste von Seiten der Automobilindustrie … Mit am schwärzesten sah BMW-Chef Eberhard von Kuenheim, der die Folgen der Reform so einschätzte: ‚Acht bis neun Millionen Autofahrer sind betroffen … da wird ein Volksvermögen von zehn Milliarden Mark zur Disposition gestellt.' Die Automobilbosse hatten, wie man weiß, mit ihren Warnungen kräftig überzogen."[49]

Vor der bevorstehenden IAA 1983 in Frankfurt a. M. warnt der VDA-Präsident Horst Backsmann vor einer überstürzten und vorschnellen Einführung des Katalysators. Er erklärt, der Anteil des Kraftfahrzeugs an dem für das Waldsterben verantwortlich gemachten „sauren Regen“ sei nicht nennenswert hoch.[50] Ansonsten werden auf der IAA 1983 wie zu erwarten die kritischen Themen wie bleifreies Benzin, Katalysator etc. so gut wie nicht behandelt.

Ein Jahr später, im Oktober 1984, benennt Professor Heinz Faulstich vom Max-Planck-Institut für Medizinische Forschung in Heidelberg dann die hochgiftigen Auswirkungen von Triäthylblei, das unter Einwirkung von UV-Strahlung (Sonnenlicht) aus Tetraäthylblei entsteht. Tetraäthylblei darf zu diesem Zeitpunkt mit 235 Milligramm pro Liter dem Benzin zugesetzt werden: Die Quelle für das phytotoxische und Bäume schädigende Gift sind ausschließlich Autoabgase. In den Automotoren verbrennt der größte Teil des zugesetzten Antiklopfmittels Tetraäthylblei zu den weniger giftigen anorganischen Bleisalzen. Ein kleiner Teil entweicht unverbrannt, wird vom Wind über weite Entfernungen verteilt und konzentriert sich im Gebirge. Faulstich hält Blei aus dem Auspuff für einen Mitverursacher des Waldsterbens. Triäthylblei ist eines der stärksten bekannten Umweltgifte. Schon in einmolekularer Konzentration (eine Lösung von zwei Stücken Würfelzucker auf 15 000 Liter Wasser) tötet es Pflanzenzellen sowie menschliche und tierische Zellen in Kulturen ab.[51] Ende 1984 besetzt Greenpeace deswegen für drei Tage die für die Lieferung von Tetraäthylblei zuständige AK Chemie bei Mannheim.

Mitte September 1983 legt das Bundesinnenministerium in Absprache mit dem Umweltbundesamt (UBA) die neuen Abgasgrenzwerte fest. Im sogenannten Europa-Test sollen folgende Werte von neuen Autos mit bleifreiem Benzin vom 1. 1. 1986 an nicht überschritten werden: 15 Gramm CO, 1,5 Gramm HC sowie 1,5 Gramm NO_x pro Fahrzyklus, garantiert vom Hersteller während einer Fahrstrecke über 100 000 Kilometer. Das würde eine Reduzierung des Ausstoßes von CO um etwa 80 Prozent, von HC um zirka 90 Prozent und von NO_x um rund 85 Prozent. bedeuten. Bei einer ersten Anhörung des Innenausschusses zum Waldsterben im Oktober 1983 rechnet Ullrich Höpfner vom Heidelberger Institut für Energie- und Umweltforschung (IFEU) den Politikern vor, dass sich der Stickoxidausstoß der Autos seit Beginn der Siebzigerjahre verdoppelt hat und mit einem Tempolimit um einen wesentlichen Anteil zu verringern sei.

Bei dieser Anhörung betont Professor Jürgen Salzwedel vom Sachverständigenrat, die Senkung von Höchstgeschwindigkeiten dürfe angesichts der katastrophalen Waldschäden „kein Tabu“ sein. Der Wissenschaftler ist erschreckt, „dass hier sofort ein Rauschen im Saal einsetzt, wenn auch nur erwogen wird, Beschränkungen bei uns einzuführen, mit denen die Amerikaner seit Jahrzehnten leben. Wenn das das einzige Opfer ist, das wir zum Abbau der Stickoxid-Belastung schnell und wirksam bringen können, dann sollte uns das der Wald wert sein."[52]

Im Oktober beschließt das Bundeskabinett die Übernahme der US-Grenzwerte für Autoabgase einschließlich der Testverfahren: Damit würden ab 1. 1. 1986 neue Automobile in der Bundesrepublik die Abgaswerte von Exportwagen in die USA erfüllen. Voraussetzungen hierfür sind bleifreies Benzin und Drei-Wege-Katalysator. Die Bundesregierung fordert die Autoindustrie auf, die erforderlichen Umstellungen so rechtzeitig vorzunehmen, dass vom 1. Januar 1986 an das schadstoffarme Auto eingeführt werden kann. Alle Fraktionen des Bundestags unterstützen die Regierung Kohl bei der drastischen Reduzierung der Abgasgrenzwerte und der Einführung von bleifreiem Benzin. Die Grünen fordern zusätzlich ein Tempolimit von 100 km/h auf Autobahnen und 80 km/h auf Landstraßen. Mit dieser Notmaßnahme gegen das fortschreitende Waldsterben könnten nach Wolfgang Ehmke die besonders gefährlichen Stickoxide (als Vorläufersubstanz von Ozon) um jährlich bis zu 400 000 Tonnen reduziert werden.

Gegen ein Tempolimit wenden sich umgehend Sprecher der Koalition. Der FDP-Bundestagsabgeordnete und ehemalige hessische Verkehrsminister Klaus-Jürgen Hoffie weist Ende Oktober 1983 die Forderungen der Grünen als „überzogen" zurück und spricht „von einem Versuch, auf dem Umweg über zweifelhafte Umweltschutzbegründungen autofeindliche Ideologie (! W. Z.) durchzusetzen"[53]. Hier taucht der Vorwurf zum ersten Mal auf: dass Vertreter eines Tempolimits „Ideologen" seien oder „autofeindliche Ideologie" äußerten. In Zukunft werden die wider besseres Wissen agierenden aggressiven Tempolimit-Gegner die friedliche Gegenseite noch häufig mit dem Prädikat der „Ideologie" belegen.

Anfang November 1983 lehnt die FDP-Bundestagsfraktion erneut jedes generelle Tempolimit für Autobahnen „konsequent ab, weil Tempo 100 umwelt- und energiefeindlich, ja sogar unsozial wäre", wie ihr verkehrspolitischer Sprecher Klaus-Jürgen Hoffie erklärt. Er erinnert an die erfolglosen SPD-Versuche in der sozial-liberalen Koalition, Tempolimits mit Argumenten wie „Verkehrssicherheit und Energieersparnis" durchzusetzen. Genauso wenig sei „heute der Umweltschutz ein stichhaltiges Argument für die Geschwindigkeitsbegrenzung auf der Autobahn". Tempo 100 oder gar 80 führe „zu hochtourigem Fahren in niedrigen Gängen, zu mehr Kriechverkehr, Staus, Wartezeiten und damit zu höherem Spritverbrauch, längeren Fahrzeiten und mehr Umweltbelastung"[54].

Mitte November 1983 legt der Bund für Umwelt und Naturschutz Deutschland (BUND) ein Programm zum Schutz des Bodens vor, worin unter anderem Geschwindigkeitsbegrenzungen auf 100 km/h für den Autobahnverkehr, 80 km/h auf Landstraßen und 30 km/h in Ortschaften verlangt sowie die sofortige Einführung bleifreien Benzins gefordert werden. Die SPD-Bundestagsfraktion drängt ebenfalls auf die Einführung von bleifreiem Benzin zum 1. 1. 1986. Außerdem soll nach einer Expertenanhörung Anfang 1984 ein Vorschlag der Fraktion für Geschwindigkeitsbeschränkungen eingebracht werden. Der stellvertretende SPD-Fraktionsvorsitzende Volker Hauff betont, falls sich die Expertenmeinung erhärten lasse, dass eine Senkung der Geschwindigkeiten die Emission von Stickoxiden erheblich reduzieren würde, dürfe es hier „keine Tabus" geben.

Tempolimit als Sicherheitsfrage

Im Herbst 1981 kündigt der damalige Bundesverkehrsminister Volker Hauff (SPD) angesichts von jährlich 13 000 Verkehrstoten die Einsetzung einer Verkehrssicherheitskommission unter Vorsitz des ehemaligen Bundesinnenministers Hermann Höcherl (CSU) an und schließt ein Tempolimit auf Autobahnen nicht mehr aus. Im Oktober 1982 schreibt Prof. Dr. Hans Sillescu dann in einem Leserbrief an die *Süddeutsche Zeitung*:

> „Es ist kaum zu glauben, dass bei uns mindestens 2000 Menschenleben pro Jahr sinnlos geopfert werden, weil es Menschen gibt, die wider besseres Wissen ein sinnvolles Tempolimit bekämpfen, Menschen, die an den Quellen der Macht und Medien sitzen und alle Appelle und Initiativen absichtsvoll ignorieren."

Im Dezember 1982 stellt das Statistische Bundesamt fest, dass zu hohe Geschwindigkeit bei 53,3 Prozent die Ursache von Verkehrsunfällen außerhalb von Ortschaften und bei 38,2 Prozent innerhalb von Städten und Gemeinden war. Täglich sterben in der Bundesrepublik 32 Menschen und 1300 werden verletzt. Ministerialrat Wilfried Legat vom BMV bekräftigt daraufhin die offizielle Linie: Trotz dieser Unfallzahlen werde Bundesverkehrsminister Werner Dollinger (CSU) nicht daran denken, generelle Geschwindigkeitsbegrenzungen einzuführen. Der Polizeioberrat Ernst-Dieter Standop schreibt in einem Beitrag für die Zeitschrift *Polizei, Verkehr, Technik*:

> „Auf Autobahnen mit Höchstgeschwindigkeitsregelungen ereignen sich weniger Verkehrsunfälle, insbesondere weniger Verkehrsunfälle mit hohen Schäden. Wer heute angesichts der polizeilichen Feststellungen immer noch behauptet, die Unfallursache ‚Geschwindigkeit' sei harmlos, ist ein Fantast, der die Augen vor der Realität verschließt und nicht bereit ist, die Erkenntnisse und Erfahrungen der Polizei und anderer Sicherheitsorgane aufzunehmen."

Standop weist darauf hin, dass bei der Beurteilung des Tempoproblems meist übersehen wird, dass die Reaktionszeit des Fahrers bei Tempo 200 genauso lang ist wie bei Tempo 100 oder 50, da sie bei höherer Geschwindigkeit nicht besser wird. Ein Fahrer legt bei Tempo 100 in der Zeit von einer Sekunde zwischen dem Erkennen der Gefahr und dem Beginn des Bremsvorgangs 27,8 Meter zurück, bei Tempo 200 sind es aber 55,6 Meter.[55]

Gleichzeitig steigt die durchschnittliche Autobahngeschwindigkeit pro Jahr um einen Kilometer. Radarmessungen auf der Sauerlandlinie bei Hagen ergeben außerdem, dass auf den Autobahnen wesentlich schneller gefahren wird als von Industrie- und Interessenvertretern behauptet. „Auf dem rechten Fahrstreifen lag die Durchschnittsgeschwindigkeit bei 105,3 (einschließlich Lkw-Verkehr!), auf dem mittleren Streifen bei 119,3, links bei 137,1 ...“[56] Unter Hinweis auf die „mörderische Raserei“ auf den Straßen der Bundesrepublik forderen die Grünen im August 1983 im Bundestag Tempo 100 für Autobahnen, Tempo 80 auf Bundes- und Landstraßen und 30 km/h auf städtischen Nebenstraßen.

Hohe Geschwindigkeiten sorgen erwiesenermaßen auch für entsprechend mehr Unfälle. Im Oktober 1984 weist das Statistische Bundesamt in Wiesbaden auf die wachsende Bedeutung der Ursache „überhöhte Geschwindigkeit“ bei Verkehrsunfällen hin. 4112 Personen oder 55 Prozent der bei Straßenverkehrsunfällen außerhalb von Ortschaften Getöteten seien an den Folgen von Unfällen durch „nicht angepasste Geschwindigkeit eines Fahrers“ gestorben. Ein ähnliches Ergebnis bringt im März 1985 eine Expertenanhörung der bayerischen SPD-Landtagsfraktion; Verkehrsunfälle verursachen in der Bundesrepublik nach Einschätzung von Experten jedes Jahr einen volkswirtschaftlichen Schaden von 37,5 Milliarden Mark. In Bayern werden 1984 bei mehr als 298 000 Verkehrsunfällen fast 90 000 Personen verletzt und 2411 Menschen getötet. Unfallursache Nummer 1 ist dabei nach Angaben des Statistischen Landesamtes überhöhte Geschwindigkeit.

1984: Mit dem Katalysator gegen das Tempolimit

Die VDA-Studie von Daimler-Benz

Anfang 1984 wird die Forderung eines Tempolimits von diversen Organisationen wie der Jugendorganisation des Deutschen Bauernverbandes, dem Bund der Deutschen Landjugend erhoben. Die Arbeitsgemeinschaft Deutscher Waldbesitzerverbände fordert die Reduzierung der Schadstoffbelastung der Luft innerhalb der nächsten der zehn Jahre um mindestens 50 Prozent. Der Vorsitzende der Arbeitsgemeinschaft, Philipp von Boeselager, erklärt, nur so bestehe noch eine Möglichkeit, wesentliche Teile des Waldes zu erhalten. Im April fordern mehrere Sprecher beim „evangelischen Kommentargottesdienst zu Ereignissen der Zeit" 100 km/h auf Autobahnen und 80 km/h auf Landstraßen.

Am 9. Februar 1984 erfolgt ein einstimmiger Beschluss des Bundestags auf Antrag von Friedrich Zimmermann, dass vom 1. Januar 1986 an in der Bundesrepublik nur noch Autos mit den amerikanischen Abgaswerten zugelassen werden dürfen: Diese können nach dem Stand der Technik nur mit Katalysator erreicht werden. BMW-Chef Eberhard von Kuenheim erklärt zu dieser Verschärfung der Auto-Abgasvorschriften zum 21. Januar 1986: Falls es dazu käme, müsse BMW aufhören, Autos zu bauen. Diese Aussage ist umso unverständlicher, als doch in der Bundesrepublik nur die Werte vorgeschrieben werden sollten, die Exportautos nach Japan und in die USA schon lange erfüllen mussten: Warum also sollte dies das Ende der Autoproduktion bei BMW bedeuten? Allerdings sind, wie erwähnt, in Amerika und Japan für die gängige Katalysatortechnik zwei Voraussetzungen erfüllt: bleifreies Benzin und ein Tempolimit.

Aufgeschreckt durch die Debatte um das Waldsterben ist die Autoindustrie in der Zwischenzeit nicht untätig geblieben: Der Verband der Automobilindustrie (VDA) hat bei dem Daimler-Benz-Mitarbeiter Hans-Josef Haepp eine Expertise über Geschwindigkeitsreduzierungen bestellt: Sie fällt dann für den Wald weit weniger gut aus. Im *Spiegel* steht dazu: „Schon zehn Tage später präsentierte der Verband der Automobilindustrie (VDA) eine Studie, die der Mercedes-Techniker Hans-Josef Haepp verfasst hatte. Tenor: Bei einem Tempostopp würden zwar die Stickoxide geringfügig sinken. Aber die für den Menschen gefährlichen Kohlenwasserstoffe und Kohlenmonoxide würden bei langsamer Fahrt sogar zunehmen. Das war, und blieb, für ein Jahr der offizielle Bonner Standpunkt."[57]

Und Winfried Didzoleit schreibt: „Mit diesen Mercedes-Zahlen trat VDA-Geschäftsführer Peter von Manteuffel im Verkehrsausschuss des Bundestages an, unbehelligt von Grünen, Bürgerinitiativen und deren wissenschaftlich ausgebildeten Geleitschutz. Von Manteuffel über das Tempolimit aus Umweltgründen: ‚Diese Medaille hat also zwei Seiten. Auch hier kauft man sich mit einer Maßnahme, die augenscheinlich Vorteile bringt, andere Nachteile irgendwo anders ein.'"[58]

Außer dem ADAC widersprechen später alle Experten dieser Darstellung, aber die Vernebelungstaktik des VDA erzielt doch Wirkung, da der Einfluss von Geschwindigkeitsbegrenzungen auf die Emissionen ungeklärt scheint. Die Studie des Mercedes-Technikers Hans-Josef Haepp, der später Leiter der Produktions- und Werkstofftechnik bei DaimlerChrysler in Sindelfingen wird, taucht ein Jahr später als offizielles Mercedes-Papier erneut auf. Die Daimler-Techniker sehen darin die Rechenmethoden aller anderen Wissenschaftler als fragwürdig an. Es bleibt das einzige Gutachten gegen ein Tempolimit. Später muss sich selbst die Automobilindustrie von dem VDA/Daimler-Benz-Gutachten distanzieren. Doch die Bundesregierung hält an den falschen Ergebnissen der VDA-Studie fest – trotz fundierter Kritik:

Die Emissionsfaktoren wurden falsch interpoliert. Es erfolgte keine Gewichtung der Emissionsfaktoren nach Fahrleistung und einer Vorzugsgeschwindigkeit insbesondere der großen Pkw, noch wurden irgendwelche Effekte der Verkehrsdynamik bzw. deren Harmonisierung infolge eines Tempolimits berücksichtigt. Diese und andere schwere Fehler des VDA-Gutachtens wurden von den Gutachten vom Institut für Energie und Umweltforschung (IFEU), Heidelberg und dem Umweltbundesamt offengelegt. Noch während des Hearings stellte sich außerdem heraus, dass der Autokonzern mit falschen Zahlen gerechnet hatte. Er gab die durchschnittliche Geschwindigkeit auf den deutschen Autobahnen mit lediglich 97 km/h an. Diese Zahl entstammte einer älteren Berechnung von Professor Steierwald Mitte der Siebzigerjahre, der darauf in einer Stellungnahme für den Innenausschuss des Bundestages selbst hingewiesen hatte. Die Geschwindigkeiten waren aber in den letzten Jahren um etwa ein Kilometer pro Stunde und Jahr gestiegen.[59]

Die durchschnittliche Geschwindigkeit auf Autobahnen lag 1981 laut BASt schon bei 120 km/h, 1991 bei 131,5 km/h und 1995 bei 134 km/h, wie weiter unten näher ausgeführt wird. Man kann also mit großer Berechtigung von gezielter Manipulation sprechen.

Der gesamte Stickoxidausstoß beträgt zu dieser Zeit eine Million Tonnen. Die Forscher des Heidelberger IFEU setzen die Auswirkungen des Tempolimits 100 km/h auf Autobahnen und 80 km/h auf Landstraßen mit einer Reduzierung des Stickoxidausstoßes um bis zu 270 000 Tonnen an, das sind mehr als ein Viertel. Untersuchungen von Hans-Christian Holz und Klaus Traube von der Projektgruppe TU Berlin kommen ebenfalls auf 25 Prozent; das UBA errechnet eine Minderung von ca. 19 Prozent (170 000 Tonnen). Das VDA-Gutachten kommt dagegen nur auf 7 Prozent.[60] Die Grünen verlangen nach dem Vorliegen der UBA- und IFEU-Berechnungen sofort die Einführung eines Tempolimits von 100 km/h auf Autobahnen und 80 km/h auf Landstraßen. Daraufhin führt der Innenausschuss im Februar 1984 eine Anhörung mit einer erweiterten Expertenrunde durch. Das UBA weist erneut darauf hin, dass 1983 eine Million Tonnen Stickoxide aus bundesdeutschen Pkw emittiert wurden und sich 170 000 Tonnen durch ein Tempolimit vermeiden lassen. Der VDA präsentiert erwartungsgemäß die erheblich niedrigeren Zahlen des Mercedes-Gutachtens. Aber selbst Bayerns Umweltminister Alfred Dick (CSU) widerspricht dem zentralen Punkt der Mercedes-Studie: Die bayerische Landesregierung und der Rheinisch-Westfälische TÜV hätten festgestellt, dass sich mit der Stickoxidminderung bei Tempo 100 km/h keine gleichzeitige Erhöhung der Kohlenwasserstoffe und des Kohlenmonoxids ergäbe.[61]

Aber Bundesinnenminister Friedrich Zimmermann äußert weiter erhebliche Bedenken gegen die Einführung von Tempolimits: „Die einfache Rechnung, langsam fahren gleich weniger Schadstoffe, geht nicht ohne weiteres auf."[62] Eine stichhaltige Begründung liefert er nicht. Weil nicht sein kann, was nicht sein darf.

Zimmermann war 1960 wegen eines Meineids im Zusammenhang mit der bayerischen Spielbankaffäre verurteilt worden; 1961 erfolgte dann ein Freispruch aufgrund eines medizinischen Gutachtens, das ihm für den Zeitpunkt des Eides eine verminderte geistige Leistungsfähigkeit wegen einer Unterzuckerung bescheinigte.

Kampf für das Tempolimit

Der Parlamentarische Staatssekretär im Bundesverkehrsministerium, Dieter Schulte (CDU), erklärt im Februar 1984 den Widerstand der Bundesregierung für den Fall, dass die hessische Landesregierung im Alleingang auf den Autobahnen in Hessen Tempo 100 und auf Bundesstraßen Tempo 80 einführen will. Ein juristisches Gutachten liege ihm vor, nach dem eine solche Maßnahme gegen geltendes Bundesrecht verstoße. Außerdem gehe es auch nicht an, dass der Bund mit hohem Aufwand Straßen für den schnellen Verkehr baue und dann „ein Land diese Autobahnen zu Landstraßen herunterstuft". Im März 1984 beschließt die Bremer SPD Tempo 120 auf den Bremer Autobahnen und begründet ihren Beschluss mit der Senkung der Unfallzahlen und der Verhinderung von Umweltschäden. Mitte Juli ist es dann auf der Bundesautobahn 27 soweit: Es gelten 120 km/h.

Im Februar 1984 veröffentlicht das Bayerische Innenministerium die Zahlen vom Vorjahr über die bayerischen Autobahn-Raser. 1983 waren bereits 25,5 Prozent der Autofahrer mit mehr als 130 km/h unterwegs, davon fuhren schon 6,2 Prozent schneller als 150 km/h. Gleichzeitig zieht das Bayerische Innenministerium aber keinerlei Schlussfolgerungen aus den Sicherheitsgründen für ein festes Tempolimit auf Autobahnen aus Sicherheitsgründen: Obwohl ein Viertel des Verkehrs über die Autobahnen lief, betrage der Anteil der Verkehrstoten 1982 auf diesen Straßen „nur" 6,4 Prozent. Eine merkliche Verbesserung sei jedoch auch bei einem Tempolimit von 130 km/h nicht zu erwarten. Die Durchschnittsgeschwindigkeit von Personenwagen auf Autobahnen liege bei 97 Stundenkilometern. Hier haben wir sie wieder, diese falsche Zahl aus dem Daimler-Benz-Gutachten. Solche und andere Argumente werden uns noch oft begegnen und stammen wohl aus einer standardisierten Argumentationshilfe, die bis heute Gültigkeit zu haben scheint.

Im April 1984 hebt Dieter Schulte vom BMV im Bundestag die guten Erfahrungen mit der „freiwilligen" Richtgeschwindigkeit von 130 km/h hervor; auch würden die Unfallzahlen auf den Autobahnen keine Änderung der bestehenden Regelung rechtfertigten. Volker Hauff von der SPD hält dagegen die Einführung einer Geschwindigkeitsbegrenzung auf den Autobahnen für unumgänglich. Ein Tempolimit brächte neben der Steigerung der Verkehrssicherheit auch eine Verbesserung der Umweltsituation.

Auf europäischer Ebene fordert das Europäische Parlament mit Entschließung vom 13. 3. 1984 „ein einheitliches, aber realisierbares System von Geschwindigkeitsregelungen in der gesamten Gemeinschaft" und bezeichnet dies „als eine unerlässliche Maßnahme zur Verbesserung der Verkehrssicherheit". In einem Artikel über die „Werbung der Autoindustrie – Einladung zum Unfallrisiko" stellt Jürgen Lewandowski einen Zusammenhang zwischen den als sportlich angepriesenen Automodellen im Vergleich zu den normalen her:

> „Auf jeden Schaden an einem ‚normalen' Golf kommen 2,5 Schäden an dem sportlicheren GTI-Modell – jeder Opel Kadett GT/E-Fahrer belastet die Versicherungskassen zweifach höher als der Fahrer der Basisversion. Fords XR-Fahrer und die stark motorisierten BMW 323i-Fahrer, die Porsche-Turbo-Besitzer und sämtliche ‚Abarth', ‚Sport', ‚Turbo' oder ‚Rallye'-Lenker liegen bis zu 250 Prozent über der durchschnittlichen Unfallhäufigkeit aller in der Bundesrepublik zugelassenen Modelle."[63]

Das ist im Übrigen bis heute gleich geblieben: Im „Typklassenverzeichnis Pkw 2007" der Kraftfahrzeughaftpflichtversicherung spiegelt sich die Schadensstatistik der GTI-Turbo-RS-Modelle in höheren Einstufungen bei der Teil- oder Vollkasko-Versicherung im Vergleich zu den normalen Modellen wider.

Die Grünen im Bundestag fragen im Juni 1984 nach neueren Erkenntnissen über Einsparungen durch Tempolimits. Eine Untersuchung des TÜV Essen und zwei ausländische Studien zeigen, dass sämtliche Abgase bei einem Tempolimit verringert würden. Der Verkehrsminister antwortet nicht. Auch das UBA hat einen umfangreichen Bericht erarbeitet, der als Vorlage für die Konferenz der Umweltminister dient. Das UBA kommt nunmehr bei Tempo 100 km/h auf den Autobahnen und Tempo 80 km/h auf Landstraßen auf eine Einsparung pro Jahr von 185 000 Tonnen Stickoxid, das wären rund 20 Prozent der seinerzeit aus Auspuffen emittierten Menge.

In einem Verkehrsparlament der *Süddeutschen Zeitung* zum Thema „Unfallursache – fast stets der Mensch" im Mai 1984 vertritt Dionys Jobst (CSU), Mitglied des Verkehrsausschusses des Bundestages, die erstaunliche These: Tempo 130 auf der Autobahn sei verkehrsgefährdend, damit werde die Zahl der Auffahrunfälle noch zunehmen. Jobst wird später noch mit ähnlich pointierten Aussagen auffallen.

Katalysator-Planspiele

Am 3. Juli 1984 rückt das Bundeskabinett offiziell vom Plan der obligatorischen Einführung des Katalysators ab und propagiert dagegen seine freiwillige Einführung, wobei die Mehrkosten des Katalysators durch Steuererleichterungen ausgeglichen werden sollen. Der Geschäftsführer des VDA, Achim Diekmann, antwortet auf die Frage, mit welcher Mehrbelastung der Käufer eines Katalysatorautos über dessen Laufzeit hinweg rechnen müsse: „Rund 5000 Mark." Angesichts dieser horrenden Summe fordert der Vorsitzende vom Bund für Umwelt- und Naturschutz, Hubert Weinzierl, umgehend die Verstaatlichung der Autoindustrie, „die der Totengräber des deutschen Waldes sei". Selbst Friedrich Zimmermann bezeichnet die Erklärung Diekmanns als eine „Frechheit vom Fachwissen her" und richtet an die deutsche Autoindustrie die Warnung, dass sich die Forderung nach starken Geschwindigkeitsbegrenzungen im Straßenverkehr verstärken würde, sollten seine Pläne scheitern. Japanische Firmen geben die Kosten zu der Zeit mit 100 DM an. Später reduziert der VDA seine Schätzung auf 500 DM.

Hier beginnt das Tauziehen oder besser der Kuhhandel zwischen Zimmermann und der Autoindustrie: Einführung des Katalysators *anstelle* eines Tempolimits oder – bei dessen Verweigerung – die Drohung mit der Einführung eines Tempolimits. Es ist ein moderner Ablasshandel. Selbst das gespaltene Tempolimit – Rasen für Kat-Autos, Tempolimit für Nichtkat-Autos – wird von der Regierungsseite nicht gewünscht. Der *Spiegel* schreibt: „Geschwindigkeitsbegrenzungen für herkömmliche Autos, verbunden mit freier Fahrt für saubere Autos, will Zimmermann nicht. Von Willy Brandt bis Helmut Kohl scheut die Bonner Politprominenz vor einem Tempolimit zurück: Angeblich ist es unpopulär unter den Deutschen."[64]

Anfang Juli 1984 fordert der Bundesverband Bürgerinitiativen Umweltschutz (BBU) die Bundesregierung zum wiederholten Mal auf, Tempolimits für Autos als Sofortmaßnahme zur Rettung der Wälder und der Gesundheit einzuführen, da so die Autoabgase um 30 Prozent reduziert werden könnten. Ein umweltpolitischer Skandal erster Ordnung sei es, „dass die deutschen Autohersteller seit Jahren Millionen Fahrzeuge mit Katalysatoren für den

USA-Export herstellten, aber die Nutzung dieser Technologie für den heimischen Markt erst in den 90er-Jahren verbindlich werden soll".

Schließlich einigen sich die Bonner Regierungsparteien CDU, CSU und FDP im Juli 1984 darauf, dass das abgasarme Auto erst ab 1. Januar 1989 verbindlich werden sollte, bei größeren Fahrzeugen mit mehr als zwei Litern Hubraum bereits am 1. Januar 1988. Letztlich schiebt die Koalitionsentscheidung der Bundesregierung den durch ihren Innenminister angekündigten Alleingang in Europa um drei Jahre hinaus. „Im Bundesrat hatte Zimmermann am Freitag erklärt, er habe mit der Ankündigung der obligatorischen Einführung des abgasarmen Autos ab 1986 ‚schockieren' und ‚Entsetzen auslösen' wollen, gleichsam mit einer Maximalforderung begonnen, um wenigstens etwas durchsetzen zu können."[65] Wegen der Verunsicherung durch die Politik werden im ersten Halbjahr nur etwa 300 Katalysatorautos aus deutscher Fertigung abgesetzt, der Großteil an Behörden. Der damit zusammenhängende Einbruch der Autoverkäufe wird später als „Zimmermann-Knick" bekannt.

Das UBA beurteilt im August die europäische Umweltpolitik negativ: Die von der EG-Kommission für 1989 vorgesehenen Autoabgas-Grenzwerte brächten kaum eine Entlastung für die Umwelt. Da die EG-Kommission außerdem die US-Werte erst 1995 anwenden wolle, ändere sich in den nächsten zehn Jahren an der hohen Stickoxidbelastung, die zur Hälfte aus dem Straßenverkehr stamme, nichts. Berechnungen des UBA ergeben weiterhin, dass auf den Autobahnen, auf denen nur gut ein Viertel des Autoverkehrs stattfindet, fast die Hälfte der NO_x-Gesamtmenge anfällt. Welche Schwierigkeiten es bereitet, realistische Werte von der Autoindustrie zu bekommen, schildern die *Stern*-Redakteure Hans Werner und Peter Behse:

> „Die Hersteller aber tragen selbst wenig zur Aufklärung bei. Als die STERN-Motorredaktion bei ihnen die Abgaswerte anforderte, erhielt sie ... ausweichende Auskünfte ... Die Emissionen werden wie Staatsgeheimnisse behandelt ... Diese Geheimniskrämerei nimmt skandalöse Ausmaße an, denn auch amtliche Stellen verweigern jede Auskunft, weil es die Industrie von ihnen verlangt: Das federführende Bundesverkehrsministerium erklärt die vom TÜV ermittelten Abgaswerte zu ‚Betriebsgeheimnissen der Hersteller'. Es befürchtet Schadensersatzprozesse, wenn sie an die Öffentlichkeit gelangen. Das Umweltbundesamt in Berlin darf nichts sagen, und das Kraftfahrt-Bundesamt in Flensburg erkennt ebenfalls kein öffentliches Interesse."[66]

Anfang September 1984 lässt sich Bundeskanzler Kohl höchstpersönlich von den deutschen Autoherstellern über die Konsequenzen des Beschlusses seines Kabinetts ein Jahr zuvor informieren, ab dem 1. 1. 1986 nur noch abgasarme Autos in der Bundesrepublik zuzulassen. Diese malen laut *Bild* ein

Horrorbild: Man sei gegenüber der japanischen Konkurrenz nicht konkurrenzfähig; „mindestens 100 000 Arbeitsplätze sind in Gefahr". Außerdem solle auf eine EG-einheitliche Regelung gedrungen werden. Die Autoindustrie präsentiert dem Kanzler einen Stufenplan zur Einführung des Katalysatorautos; dieser könne allerdings nur erfüllt werden, wenn er für den gesamten EG-Bereich gelte. Die deutschen Autobauer sind bereit, vom Oktober 1986 an 20 Prozent mehr Autos als bisher mit einem Katalysator auszurüsten, ab 1987 an soll dieser Anteil bei 40 Prozent und von 1988 an bei 70 Prozent liegen. Von Oktober 1989 an sollen dann nur noch Neuwagen angeboten werden, die den strengen amerikanischen Abgasgrenzwerten entsprechen.

Hubert Weinzierl bezeichnet den Stufenplan der Autoindustrie als ein „beschämendes Possenspiel" und „dreisten Vorstoß der Autolobby". Die Arbeitsgemeinschaft Deutscher Waldbesitzerverbände fordert zumindest ein Tempolimit für alle nicht entgifteten Autos. Der Deutsche Forstverein tritt für die sofortige Einführung von Tempo 100 auf Autobahnen und für umweltfreundlichere Autos zum 1. Januar 1986 ein. Gleichzeitig erklärt der baden-württembergische Umweltminister Gerhard Weiser (CDU), dass nur noch 39,7 Prozent der Laubbäume in Baden-Württemberg keine erkennbaren Schäden aufwiesen.

Am Vorabend einer Kabinettssitzung zur Sondersitzung des Bundesrates findet in der Bayerischen Staatskanzlei unter Beteiligung Zimmermanns ein Gespräch mit Vertretern von BMW und Audi statt. Danach entscheidet sich Bayern bezeichnenderweise gegen einen nationalen Alleingang der Bundesrepublik zur Einführung abgasarmer Katalysatorautos. Stattdessen soll nur noch eine Selbstverpflichtung der deutschen Autohersteller auf einen Stufenplan bis zum 31. Dezember 1988 angestrebt werden. In der Regierungskoalition stellt sich dann die Frage, wie man wieder vom einstimmigen Beschluss des Bundestags vom 9. Februar 1984 wegkommen kann, in dem klar festgelegt war, dass ab 1. Januar 1986 an in der Bundesrepublik nur noch Autos mit den amerikanischen Abgaswerten zugelassen werden dürfen.

Nicht überraschend kommt deshalb das Koalitionsgespräch unter der Leitung von Bundeskanzler Helmut Kohl zu dem Ergebnis, dass es bei der Einführung des abgasarmen Autos für die Masse der Modelle bis 1989 keinen deutschen Alleingang in Europa geben werde. Die Koalition verständigt sich darauf, dass die Förderung des Katalysatorautos am 1. Januar 1986 beginnen solle; gleichzeitig würden erst ab 1989 die strengen amerikanischen Abgasvorschriften obligatorisch eingeführt. Als Alfred Dregger (CDU) im Bundestag ankündigt, dass der Katalysator zunächst für Autos ab zwei Liter Hubraum Vorschrift werde, nennt dies der bayerische Ministerpräsident Franz Josef Strauß „BMW-feindlich" und gegen Daimler-Benz gerichtet:

beide Firmen würden durch eine solche Regelung im Vergleich zur Konkurrenz krass benachteiligt, weil sie vor allem „große“ Autos bauten. (Man beachte die Parallelen zur Diskussion der deutschen Automodelle bezüglich des CO_2-Ausstoßes im Januar 2007. W. Z.)

Bei der Eröffnung der *Automechanika*-Messe in Frankfurt a. M. spricht sich Bundesverkehrsminister Dollinger erneut gegen eine allgemeine Geschwindigkeitsbegrenzung auf Autobahnen aus und bringt die standardisierten Argumente: Es bestehe weder von den derzeit auf Autobahnen gefahrenen Geschwindigkeiten noch vom Unfallgeschehen her eine Notwendigkeit für Geschwindigkeitsbegrenzungen. Die Autobahnen seien die sichersten Straßen, und von dem gesamten Straßennetz von rund 400 000 Kilometern seien gerade 8000 Kilometer als Autobahn ausgebaut, von denen für rund 2000 Kilometer Geschwindigkeitsbegrenzungen versehen seien. Außerdem werde die Richtgeschwindigkeit von 130 Kilometer in der Stunde von 75 Prozent der Kraftfahrer eingehalten.

Ende September protestiert Frankreich gegen den deutschen Katalysatorbeschluss. Da die Bundesrepublik das einzige Land ohne Geschwindigkeitsbegrenzung im Straßenverkehr war (und ist), nutzt Frankreich dies als Argument in der bevorstehenden Auseinandersetzung mit Deutschland über den Katalysator. Auch die EG richtet der Bundesregierung über einen hohen Beamten der Brüsseler Kommission aus, dass Bonn die Solidarität der Partnerstaaten strapaziere. Wenn sich die Bundesregierung so sehr um den deutschen Wald sorge, solle sie doch zuerst einmal wie alle Nachbarn ein Tempolimit auf den Autobahnen einführen. Das Kabinett lehnt jedoch ein weiteres Mal Geschwindigkeitsbegrenzungen ab.

Oppositionsführer Hans-Jochen Vogel (SPD) fordert, dass der Einführungstermin für das abgasarme Auto weiterhin der 1. 1. 1986 bleiben müsse. Falls die Bundesregierung und die Bundestagsmehrheit aus CDU/CSU und FDP die Einhaltung dieses Termins verhinderten, werde die Opposition auf einer drastischen Geschwindigkeitseinschränkung bestehen. Die Grünen werfen dem Bundesverkehrsminister vor, die Berechnungen der eigenen Bundesbehörden zu ignorieren. Wie das UBA mitgeteilt hat, beträgt die Verminderung des Stickoxidausstoßes von Pkw bei einem Tempolimit von 100 km/h auf Autobahnen und 80 km/h auf Landstraßen etwa 180 000 Tonnen pro Jahr. Dies entspräche einer sofortigen Ausrüstung von fünf Millionen Kraftfahrzeugen mit Katalysatoren und sei durch das Katalysatorprogramm der Bundesregierung bis 1989 auch nicht im Entferntesten zu erreichen. Achim Diekmann, der Geschäftsführer des VDA, sagt voraus, dass die Wirkung eines Tempolimits letzten Endes kaum messbar sei, zumal Geschwindigkeitsbeschränkungen nicht strikt eingehalten würden.

Zur schnelleren Einführung des bleifreien Benzins soll die Mineralölsteuer vom 1. Juli 1985 an bis zum 31. Dezember 1991 für unverbleites Benzin um zwei Pfennig je Liter gesenkt und für bleihaltiges Benzin um zwei Pfennig je Liter erhöht werden. Bereits im zweiten Halbjahr 1985 wird jedes fünfte auf dem deutschen Markt neu zugelassene Auto mit einem Katalysator ausgerüstet sein, prognostiziert Wirtschaftsminister Martin Bangemann (FDP). Laut Zimmermann sollen bis Ende 1986 etwa 700 000 bis 1,1 Millionen Pkw umgerüstet sein, 1987 kämen voraussichtlich etwa 1,1 bis 1,4 Millionen und 1988 weitere 1,4 bis 1,7 Millionen umweltfreundliche Autos hinzu: alles unhaltbare Prognosen, wie sich herausstellen wird.

Schadstoffverringerung durch Tempolimit

Das Heidelberger IFEU-Institut kritisiert im Oktober 1984 das Katalysatorkonzept der Bundesregierung. Durch die Verschiebung der generellen Katalysator-Einführung würde die Reduzierung der Stickoxide nur sehr langsam wirken. Das IFEU folgt dabei einem Stufenplan der Automobilindustrie und nimmt an, dass jeweils ab dem Modellwechsel im Herbst 1985 10 Prozent, 1986 20 Prozent, 1987 40 Prozent, 1988 70 Prozent und 1989 100 Prozent der Neuwagen aus deutscher Produktion mit einem Katalysator ausgerüstet sein würden, wobei es diese Annahmen für „optimistisch" hält.

Bei einem mäßigen Anstieg des Verkehrs um nur ein Prozent pro Jahr würden die Emissionen von Stickoxiden bis zur Mitte der Neunzigerjahre gerade einmal den Stand vom Ende der Siebzigerjahre erreichen. Die Stickoxidemissionen durch den Kraftfahrzeugverkehr lagen im Jahr 1966 bei 40 Prozent der gesamten NO_x-Emissionen von damals 2 Millionen Tonnen pro Jahr. Sein Anteil stieg bis 1984 auf rund 55 Prozent von jetzt 3,1 Millionen Tonnen NO_x pro Jahr an.[67]

Ullrich Höpfner vom IFEU beziffert erneut den Einspareffekt eines Tempolimits von 100 km/h auf Autobahnen und 80 km/h auf Landstraßen mit 270 000 Tonnen NO_x pro Jahr, hinzu kämen Einsparungen bei den Kohlenmonoxidemissionen um ca. 600 000 Tonnen und bei Kohlenwasserstoffemissionen um mehr als 30 000 Tonnen pro Jahr. Unter Einbeziehung der Verkehrsdynamik könnten außerdem 3,5 bis 4,0 Millionen Tonnen Benzin- und Dieseltreibstoff eingespart werden.[68] Einzig ein Tempolimit würde zu diesen *sofortigen* Schadstoffminderungen führen. Zusätzlich würde ein Tempolimit von 100/80 km/h nach Angaben der Bundesanstalt für Straßenwesen (BASt) zu einer Verringerung der Verkehrstoten in der BRD um 1250 pro Jahr führen, nämlich 250 auf Autobahnen und 1000 auf Land- und Bundesstraßen.[69]

Außerdem nehmen die Stickoxide nach wie vor zu: durch erhöhte Fahrleistungen, höheren Autobahnanteil mit zunehmender durchschnittlicher Geschwindigkeit und leistungsstärkeren und größeren Pkw mit geänderter Motorencharakteristik. Wenn man also Stickoxide schnell *und* anhaltend reduzieren will, müssten beide Maßnahmen ergriffen werden: Begrenzung der zulässigen Höchstgeschwindigkeit plus Katalysator. Das IFEU schlägt deshalb folgende Maßnahmen vor: Tempolimit 80/100; obligatorische Einführung des Drei-Wege-Katalysators zum 1.1.1986; obligatorische Einführung von bleifreiem Benzin ab 1.1.1986; zwölf autofreie Sonntage pro Jahr ab sofort; Verlagerung des Güterverkehrs von der Straße auf die Schiene; Stopp des weiteren Fernstraßenbaus; Ausbau des öffentlichen Verkehrs. Der IFEU-Bericht zeigt auch, dass bis 1990 durch Tempo 100 dreimal so viel Stickoxide einzusparen wären wie durch den Katalysator nach dem Zimmermann-Konzept.

Freiwillig Tempo 100 – dem Wald zuliebe

Der Siemens-Ingenieur Ferdinand Sander gründet im April 1984 die Aktion „Freiwillig 100 km, dem Wald zuliebe“: „Weil der Autoverkehr ein ganz besonders schlimmer Umwelt- und Waldschädling ist; – weil bei hohen Geschwindigkeiten übermäßig viel Stickoxid entsteht; – weil wir nicht warten können, bis genug Autos Katalysatoren haben; – weil auch Dieselautos langsamer fahren müssen; – weil andere Lösungen wie Fahrverbote und km-Beschränkungen zu viele Ungerechtigkeiten und Ärgernisse brächten; .– weil langsamer Fahren noch weitere Vorteile bringt: weniger Kraftstoffverbrauch, weniger Lärm, weniger Stress, mehr Sicherheit.“

Die Stadt München unterstützt die Aktion und verteilt kostenlos entsprechende Aufkleber. Mit zunächst 72 Hinweisplakaten an Autobahnauffahrten soll in München weiter für die Aktion „Freiwillig 100 – dem Wald zuliebe“ geworben werden.

Ende Oktober 1984 werden gemäß einer Order von Polizeipräsident Hermann Fricker die 450 Dienstfahrzeuge der Polizeidirektion Niederbayern und Oberpfalz mit dem vom Bund Naturschutz vertriebenen Aufkleber „Freiwillig 100 – dem Wald zuliebe“ ausgerüstet. Für die Fahrzeuge von Mitarbeitern stehen den Inspektionen weitere 250 Aufkleber zur Verfügung. Umgehend reagiert Innenstaatssekretär Heinz Rosenbauer (CSU) und weist nach Angaben des Innenministeriums die Beamten des Polizeipräsidiums Niederbayern/Oberpfalz in Regensburg an, die an ihren Dienstwagen angebrachten „Tempo-100“-Aufkleber wieder zu entfernen. Es sei „nicht Aufgabe der Polizei, zu aktuellen politischen Themen wie einem Tempolimit Stellung zu beziehen“, lautet die Begründung des Innenministeriums.[70]

Die Politik streitet sich

Das Reizgas Ozon entsteht unter Einwirkung von Sonneneinstrahlung (UV-Strahlung) aus den Vorläufersubstanzen Stickoxide und Kohlenwasserstoffe und stammt bis Ende der Achtzigerjahre zu über 50 Prozent aus dem Verkehrssektor. Es schädigt nicht nur Pflanzen, sondern auch den menschlichen Organismus: Ab 80 μg pro Kubikmeter Luft verschlechtert sich die Lungenfunktion von Kindern, ab 120 μg tritt eine Leistungsminderung bei Sportlern ein, ab 160 μg erhöht sich die Anfallshäufigkeit bei Asthmatikern, ab 240 μg wird die Lungenfunktion eingeschränkt. Bei erhöhten Ozonwerten sollen Kinder nicht mehr im Freien spielen, Leistungssportler nicht mehr trainieren, Ältere und Kranke zu Hause bleiben.

Im Sommer 1984 verursachen die hohen Stickoxidemissionen erhöhte Ozonwerte. Deshalb wird ein Tempolimit gefordert, um die Vorläufersubstanzen zu reduzieren. Ende September 1984 bezeichnet die Frankfurter Bundestagsabgeordnete Erika Steinbach (CDU) das Ozon-Tempolimit als „rot-grüne Show-Aktion". Und auf das Argument, dass doch eine Mehrheit der Autofahrer freiwillig auf die Bremse getreten sei, antwortet sie: „Das hat mich erschüttert. Es war der Beweis, wie leicht man ein ganzes Volk manipulieren kann, ohne dass Gesetze vorhanden sind. Da wundert man sich nicht mehr, dass es so etwas wie das Dritte Reich geben konnte." Das greift Claus-Jürgen Göpfert im Kommentar „Unsäglich!" in der *Frankfurter Rundschau* auf:

> „Eine große Mehrheit der Autofahrer tritt freiwillig auf die Bremse – und die Schadstoffwerte sinken. Es ist gerade diese schlichte Ereigniskette, die den ‚Ozon-Alarm' und seine Folgen politisch so gefährlich macht – für alle, die eine Geschwindigkeitsbeschränkung auf Autobahnen auch Mitte der 90er-Jahre noch verhindern wollen. Also muss der Ozonalarm politisch denunziert werden …"[71]

Ende September begründet Paul Laufs, der Vorsitzende der Arbeitsgruppe Innenpolitik, Umwelt und Sport der CDU/CSU-Fraktion, im Bundestag seine Aversion gegen ein Tempolimit mit dem Fehlen „gesicherter Erkenntnisse" und dem „Zwang zum Abwägen mit ‚Gesichtspunkten industrieller Natur". Außerdem befürchtet er, dass sich diese Vorschriften nicht kontrollieren lassen und die Sicherheit des Verkehrs durch begrenzte Geschwindigkeiten beeinträchtigt werden könnte. Laufs bietet fast schon den Umkehrschluss an: Rasen wirkt unfallsenkend! Christian Schütze schreibt in einem Kommentar in der *Süddeutschen Zeitung* am 1. Oktober 1984:

> „Doch die Bundesregierung bleibt fest, in der Sache der Geschwindigkeitsbegrenzung bleibt sie fest; gegen alle ausgesprochenen Forderungen und gegen die schweigende Mehrheit derer, die sowieso nicht schneller als

120 fahren und wohl ein Limit tolerieren würden, bleibt sie hart. Dabei bemüht sie sich um vernünftige Argumente für ihre Beharrlichkeit schon lange nicht mehr. Es wird ein wenig Statistik aus zweifelhaften Quellen zitiert und im Übrigen das Tremolo vom freien Bürger und seiner freien Fahrt durchgehalten."[72]

Für Schütze fällt „der letzte Schleier vor der Erkenntnis, dass die Bundesrepublik Deutschland von der Autoindustrie regiert wird". Und die *Frankfurter Rundschau* schreibt: „Die Reihen fest geschlossen, zeigten die heimischen Autohersteller Bundesinnenminister Friedrich Zimmermann, was eine Harke ist: Drei Jahre später, als von den Politikern beabsichtigt, wird die Abgasentgiftung von Autos durch Katalysatoren Pflicht."[73] Der Deutsche Naturschutzring (DNR) tritt Anfang Oktober für eine sofortige Geschwindigkeitsbegrenzung ein und fordert die Bundesregierung zum Handeln auf.

Anfang Oktober 1984 findet auch eine Expertenanhörung vor der badenwürttembergischen CDU-Landtagsfraktion statt. Fachleute von Daimler-Benz räumen eine Reduzierung der Stickoxide um 11,6 Prozent ein, wärmen jedoch das mehrfach widerlegte Argument neu auf, dass dieser Vorteil mit steigenden Kohlenwasserstoff- und Kohlenmonoxidwerten erkauft werde.[74]

Ein überarbeitetes Gutachten des UBA (eine Fortschreibung der Stellungnahme für den Bundestagsinnenausschuss vom 6. 2. 1984), das im September 1984 Bundesinnenminister Zimmermann vorgelegt wird, setzt nun folgenden Schadstoffrückgang für ein kombiniertes Tempolimit von 100 km/h auf Autobahnen und 80 km/h auf außerörtlichen Straßen an: bei Stickoxiden um 120 000 bis 182 000 Tonnen pro Jahr (18 Prozent der Stickoxide aus bundesdeutschen Pkw), bei Kohlenwasserstoffen um 9000 bis 12 000 und bei Kohlenmonoxid um 330 000 bis 420 000 Tonnen. Der Verbrauch an Kraftstoff ginge um 1,2 bis 1,8 Millionen Tonnen zurück. (Dem unteren Eckwert entspricht die Annahme einer 50-prozentigen und dem oberen – bei verschärfter Verkehrsüberwachung – einer 70-prozentigen Einhaltung des Tempolimits durch die Autofahrer.) Die Verminderung der Kraftstoffmenge führe außerdem zu einer Abnahme der Kohlenwasserstoffemissionen bei Raffinerien und Tankstellen um 7300 bis 11 000 Tonnen; dadurch könnte sich die Kohlenwasserstoff-Gesamtbilanz um 16 300 (beziehungsweise 23 000) Tonnen verbessern. Ohne das Tempolimit wäre ein solcher Effekt mit Katalysatorautos erst 1990 zu erwarten. Hans-Jürgen Schneider schreibt dazu:

> „Als in Bonn das jüngste Gutachten des Umweltbundesamtes eintraf, distanzierten sich Zimmermanns Beamte indirekt von dem Berliner Papier. Als sie eine Kopie des Gutachtens an die Länder verschickten, legten sie vorsorglich noch einmal ein Exemplar des Mercedes-Papiers bei.

Der Grund liegt auf der Hand: Das Berliner Gutachten besagt, dass Kohlenwasserstoffe wie Kohlenmonoxid bei einem Tempolimit abnehmen."[75]

Eine neue Studie der TU Berlin vom Oktober 1984 ist die nunmehr sechste unabhängige wissenschaftliche Untersuchung zum Tempolimit. Sie ergibt, dass durch ein Tempolimit der Stickoxidausstoß um 260 000 Tonnen (26 Prozent) jährlich reduziert werden könnte – bei einem angenommenen Einhaltungsgrad von nur 70 Prozent der Fahrer. Die Emissionen von Kohlenwasserstoffen könnten um 33 000 Tonnen (sieben Prozent) und die Emissionen von Kohlenmonoxid um 540 000 Tonnen (zehn Prozent) gesenkt werden. Zusätzlich würden bei einem Tempolimit erhebliche Mengen an Kraftstoff eingespart (minus 14 000 Tonnen Kohlenwasserstoff pro Jahr). Die von Daimler-Benz und dem VDA in die Welt gesetzte Behauptung, dass Geschwindigkeitsbegrenzungen die Kohlenwasserstoff- und Kohlenmonoxidemissionen erhöhten, weisen auch die TU-Wissenschaftler als falsch zurück.

Als erstes Kabinettsmitglied spricht sich der Bundesminister für Ernährung, Landwirtschaft und Forsten, Ignaz Kiechle (CSU), für die Einführung von Geschwindigkeitsbegrenzungen für Autos ohne Abgaskatalysator aus. Da inzwischen, wie die Ergebnisse der Waldschadensinventur 1984 zeigen, mehr als 40 Prozent der Bäume in der Bundesrepublik erkrankt seien, begrüßt Kiechle als der für den Forst zuständige Minister jede Maßnahme zur Senkung des Schadstoffausstoßes. Bundesverkehrsminister Werner Dollinger bekräftigt dagegen seine Ablehnung von Geschwindigkeitsbeschränkungen ebenso wie Bundeskanzler Helmut Kohl. Der bayerische Ministerpräsident Franz Josef Strauß verkündet zur gleichen Zeit, Tempolimits auf Landstraßen und Autobahnen seien „noch nicht entscheidungsreif".

Anfang Oktober beschäftigt sich die Bundesregierung unter dem Druck der öffentlichen Diskussion über das Waldsterben erneut mit der Frage eines Tempolimits. Sie beauftragt den Innen- und den Verkehrsminister mit der Prüfung der Modalitäten für einen Großversuch mit Testwagen aller Größenklassen. Zimmermann lehnt es strikt ab, Tempo 100 auf Autobahnen etwa für ein Jahr „zur Probe" vorzuschreiben, wie es die SPD vorgeschlagen hatte. Da die Gutachten des Umweltamtes, des ADAC, der Industrie und aus der Schweiz zu recht unterschiedlichen Ergebnissen kämen, halte Zimmermann alle nicht für repräsentativ, da keine Großversuche durchgeführt worden seien. Deshalb wolle er zusammen mit Verkehrsminister Werner Dollinger (CSU) noch 1984 den Prüfauftrag für den anvisierten Großversuch erteilen. Er führt dann im Herbst vor der Bundespressekonferenz aus: „Der Bundesverkehrsminister, der Bundesfinanzminister und der Bundesinnenminister sind übereinstimmend der Meinung, dass zur Einführung eines Tempolimits gegenwärtig kein Anlass besteht.“ Und dann bringt er wieder die uralten Argumente:

„Das Straßennetz der Bundesrepublik Deutschland beträgt 460 000 Kilometer, alle Straßen … Das Autobahnnetz beträgt 8000 Kilometer. Auf 2000 Kilometer Autobahnnetz gibt es Geschwindigkeitsbeschränkungen. Das heißt, von 460 0000 Straßenkilometern gibt es auf 6000 keine … Die Bundesregierung glaubt, dass die Verkehrsströme in der Bundesrepublik Deutschland gar nicht mehr laufen würden, wenn wir auch auf Autobahnen eine Geschwindigkeitsbeschränkung einführen würden.“

Genau das Gegenteil ist der Fall: Die Kapazitäten steigen logischerweise bei verringerten Geschwindigkeiten. Irene Mayer-List schreibt über die Motive der Autoindustrie:

„Angst hat auch die Autoindustrie, die glaubt, das Image der schnellen Modelle von Porsche, BMW und Mercedes sei im Ausland in Gefahr. Der Kanzler hat dafür Verständnis. ‚Derartige Maßnahmen bringen in Wahrheit nichts ein', vertraute Helmut Kohl kürzlich BMW-Mitarbeitern an, ‚sie wirken langfristig negativ auf die Wirtschaftssituation unseres Landes.' Innenminister Friedrich Zimmermann ärgerte sich in einem Interview mit der *Frankfurter Rundschau* sowieso darüber, dass hier ‚wieder einmal der alte Gaul der Geschwindigkeitsbegrenzungen geritten werden soll, diesmal gesattelt unter dem Vorwand des Umweltschutzes'.“[76]

Ähnlich verfälschend wie Zimmermann argumentiert Richard Gaul in der *Zeit* vom 5. 10. 1984 in einem Artikel gegen das Tempolimit mit dem Titel „Umweltschutz mit falschen Mitteln.“:

„Wer heute einen solchen Eingriff (Tempolimit) fordert, muss sich zunächst einmal um seriöse Ausgangsdaten bemühen. Das Umweltbundesamt hat als Behörde hier seine Unschuld verloren: Sein Präsident forderte schon vor mehr als einem Jahr, als so gut wie keine Erhebungen vorlagen, eine Geschwindigkeitsbegrenzung; in der Zwischenzeit hat das Amt in Berlin immer wieder mit unzureichenden Daten für ein Tempolimit plädiert.“

Gaul liefert eine völlig verzerrte Darstellung der Rolle des UBA, denn die falschen Zahlen kamen schließlich von Daimler-Benz. Gaul fährt fort:

„Aber in einem Industrieland muss verlangt werden, dass nur dann hart eingegriffen wird, wenn der Nutzen einer Maßnahme für die Umwelt zumindest wahrscheinlich ist. Das aber muss bei einem Tempolimit noch bezweifelt werden. Der Schaden dagegen ist abzusehen: Für die Autobauer, immerhin die größte deutsche Industriebranche, ist der Auslandsmarkt unverzichtbar. Mehr als die Hälfte aller deutschen Personenwagen wird für das Ausland gebaut; über vierzig Milliarden Mark brachte der Autoexport im vorigen Jahr in die Bundesrepublik.“

Richard Gaul geht dann 1985 zu BMW (was nach diesem Artikel nicht verwundert) und ist dort bis 2006 Leiter der Abteilung Konzernkommunikation und Politik.

Auf dem Waldbauerntag in Köln im November 1984 versichert Bundeskanzler Helmut Kohl, dass die Bundesregierung alle Anstrengungen zur Rettung der bedrohten Wälder unternehme, warnt aber gleichzeitig eindringlich davor, die Industriegesellschaft grundsätzlich in Frage zu stellen. Der Vorsitzende der Arbeitsgemeinschaft Deutscher Waldbesitzerverbände fordert die Einführung eines Tempolimits; dies wird von Kohl mit dem Hinweis auf den von Bonn geplanten Großversuch abgelehnt. (Deshalb soll der Großversuch ja durchgeführt werden: um Aktivität zu signalisieren und Zeit zu gewinnen. W. Z.) Vor einer derart folgenschweren Entscheidung wie einem Tempolimit müsse der Versuch erst die Gewissheit bringen, ob dem Wald überhaupt mit einer Geschwindigkeitsbegrenzung zu helfen sei.

Die Gewerkschaft Holz und Kunststoff (GHK) spricht sich Ende November 1984 für eine Geschwindigkeitsbegrenzung und für die Einführung von bleifreiem Benzin aus. Wenn die „katastrophale Entwicklung" des Waldsterbens nicht aufgehalten werde, müsse man befürchten, dass der Rohstoff Holz eines Tages nicht mehr in genügendem Umfang zur Verfügung stehen werde. Die GHK weist auch darauf hin, dass mit dem Sektor Holz im weitesten Sinn 755 000 Arbeitsplätze zusammenhängen.

Die Grünen hatten 1983 zu den „gesellschaftlichen Kosten des Autoverkehrs" eine Große Anfrage im Bundestag eingebracht. Das BMV brauchte fast ein ganzes Jahr für die Abstimmung mit dem Innenministerium, um dann im November 1984 einräumen zu müssen, dass der Bundesregierung „über ökologische Schäden durch den Kraftfahrzeugverkehr keine ausreichenden Informationen vorliegen", ebenso habe sie keine Angaben über die Größe der von Lärm und Emissionen beeinträchtigten Flächen. Das Bundesverkehrsministerium kann lediglich Angaben über die Zahl der Verkehrstoten und Verletzten und die daraus entstandenen Unfallfolgekosten machen. Dirk Cornelsen kommentiert in der *Frankfurter Rundschau*: „War das Zynismus oder schlichte Frechheit gegenüber den lästigen und ungeliebten Fragestellern?"[77]

Zu den ökologischen Folgen neuer Autobahnen stellt die Bundesforschungsanstalt für Naturschutz und Landschaftspflege fest, dass der Neubau einer Autopiste in Wirklichkeit eine 176 Meter breite Schneise in die Landschaft schlägt, wenn man die Dämme, Anschlussstellen, Brücken, Raststätten, Zubringerstraßen und ähnliche Bauwerke hinzurechnet.

Schützenhilfe erhält die Bundesregierung von EG-Kommissar Karl-Heinz Narjes (CDU), der eindringlich vor einem deutschen Alleingang bei der Einführung abgasarmer Autos warnt. Die deutsche Automobilindustrie sei mit

714 000 Beschäftigten der größte Arbeitgeber und exportiere 50 Prozent ihrer Produktion in das Ausland. Die SPD-Bundestagsfraktion fordert zur gleichen Zeit von der Bundesregierung erneut obligatorische Regelungen zum abgasentgifteten Auto und zum Tempolimit. Volker Hauff erklärt, dass mit der Einführung eines Tempolimits für Fahrzeuge der Bundesregierung und der Verwaltungen ein Signal des Handelns und ein Stück Glaubwürdigkeit in der Umweltpolitik gesetzt werden könnte.

Mit der Mehrheit der CDU/CSU- und FDP-Mitglieder spricht sich der Verkehrsausschuss des Bundestages dafür aus, gegenwärtig nicht über die Einführung eines generellen Tempolimits auf Autobahnen zu entscheiden. CDU/CSU und FDP reagieren damit auf Anträge von SPD und Grünen, die als Sofortmaßnahme gegen das Waldsterben Tempobegrenzungen von 100 km/h auf Autobahnen und 80 km/h auf anderen Straßen gefordert haben.

Hohe Geschwindigkeit, hoher Schadstoffausstoß
Bereits 1984 zeigen Versuche von Audi, dass auf der gleichen Strecke im Außerortsbereich der schnellste Fahrer 15 Prozent schneller war als der langsamste, aber 60 Prozent mehr Kraftstoff verbrauchte und 60 Prozent mehr Stickoxide verursachte. Nun steigen auf den Autobahnen die Geschwindigkeiten seither immer weiter an. Nicht zuletzt erreichen auch Kleinwagen inzwischen Geschwindigkeiten, die vor wenigen Jahren noch großen Pkw vorbehalten waren. Als Konsequenz steigt auch hier der Kraftstoffverbrauch der Pkw entsprechend. Anfang 1984 führt der Rheinisch-Westfälische TÜV im Auftrag des hessischen Umweltministeriums an 20 repräsentativen Personenwagen Schadstoffmessungen im Bereich bis zu 150 km/h durch: Diese Untersuchung ergibt eine eindeutige Minderung aller Schadstoffbestandteile bei langsamerem Fahren.

Schneller = Mehr Gift:

	80 km/h	100 km/h	130 km/h	150 km/h
Benzinverbrauch in l/100 km circa	7	8,5	11	14,2
Kohlenmonoxid-Emissionen in g/km	3	3,2	10,2	13,8
Kohlenwasserstoff-Emissionen in g/km	0,6	0,68	0,7	0,98
Stickoxide Emissionen in g/km	2,6	4,2	5,7	7,8

Quelle: *Der Spiegel*, 8. 10. 1984: „Tempolimit: Taktik statt Taten“; Rheinisch-Westfälischer TÜV 1984; Schneider, Hans-Jürgen, a. a. O., S. 42

Die 20 Versuchswagen verbrauchten bei Tempo 80 km/h im Mittel nur rund 7 Liter Treibstoff auf 100 km. Bei Tempo 150 km/h war es schon über das Doppelte, nämlich mehr als 14 Liter. (Man sieht dann auch im Test von *AutoBild* aus dem Jahr 2006 deutlich, wie steil die Verbrauchskurven bei 200 km/h oder 250 km/h zunimmt.) Außerdem steigen die Stickoxidemissionen in Abhängigkeit von der Fahrzeuggröße bzw. vom Gewicht. Umgekehrt brachte die Einführung des Tempolimits in der Schweiz den erwähnten Rückgang von NO_x um fast die Hälfte und bei HC auf 30 Prozent.[78]

Vergleich der Stickoxidemissionen verschiedener Pkw (NO_x in g/km)

	80 km/h	100 km/h	130 km/h	150 km/h
Daimler-Benz 280 CE	3,2	4,7	8,6	11,6
VW-Golf GTI	2,6	3,1	4,2	5,8
Renault 5	2,0	2,9	3,5	

Quelle: Rheinisch-Westfälischer TÜV 1984, zitiert nach: Schneider, Hans-Jürgen, a. a. O., S. 41

Jährliche Stickoxidemission im Pkw-Verkehr der Bundesrepublik in Millionen Tonnen

1965:	1970:	1975:	1980:	1983:
0,3	0,5	0,7	0,9	1,0

Quelle: Bundesministerium für Verkehr, IFEU, Umweltbundesamt, *Der Spiegel*, 8. 10. 1984: „Tempolimit: Taktik statt Taten“

Außerdem trägt ein Tempolimit zum Verkehrsfluss bei, denn der Verkehr fließt auf Autobahnen zwischen Tempo 80 und Tempo 100 am besten, ist er doch neben der Geschwindigkeit auch vom Abstand der Autos zueinander abhängig. Auch der „Verkehrspapst“ der Autoindustrie, Prof. Gerd Steierwald, stellt fest: „Durch eine allgemeine Geschwindigkeitsbegrenzung geht wegen der Harmonisierung des Verkehrsflusses auch die Gefahr eines Zusammenbruchs zurück.“

Der Großversuch wird vorbereitet

„Die Masse will Symbole, keine echten Nachrichten."
Murray Edelman, *Politik als Ritual*

Anfang Oktober 1984 stellen Bundesinnenminister Zimmermann (CSU), Bernd Schmidbauer (CDU) und Klaus-Jürgen Hoffie (FDP) fest, dass es noch an ausreichenden wissenschaftlichen Erkenntnissen fehle, ob ein Tempolimit wirklich die Schadstoffe aus den Autos, die für das Waldsterben verantwortlich gemacht werden, wirksam senken würde. Deshalb tritt die Regierungskoalition für den angekündigten zeitlich begrenzten Großversuch ein, in dem verschiedene Automodelle zur Untersuchung ihres Abgasverhaltens unter Bedingungen des Tempolimits getestet werden sollen.

Dies machte das wegen der falschen Berechnungen völlig indiskutable Daimler-Benz-Gutachten so wertvoll: Man konnte auf unterschiedliche Expertenmeinungen verweisen. Und wenn die gültigen Ergebnisse nicht in das eigene Konzept passen, schafft man sich eigene Wahrheiten. Genau das passiert mit dem „Großversuch": Er erfolgt aus rein taktischen Gründen. Der Kohl-Regierung geht es einmal darum, Zeit zu gewinnen, ohne Autobahnraser und Autoindustrie auf der einen Seite und Umweltfreunde und Waldbesitzer auf der anderen Seite zu verärgern. Außerdem müssen die Argumente aus der Studie des UBA entwertet werden.

Im *Spiegel* steht dazu im Oktober 1984: „Eines wird der Großversuch auf jeden Fall bewirken: Mit jedem Monat, der verstreicht, werden 15 000 Tonnen Stickoxid aus den Auspuffen quellen – Gifte, die ein Sofort-Tempolimit verhindern würde." Nordrhein-Westfalens Landwirtschaftsminister Klaus Matthiesen äußert, es sei keine Zeit mehr für Versuche, wie sie die Bundesregierung gerade beschlossen habe. In Nordrhein-Westfalen könnten nur noch 58 Prozent der Wälder als gesund gelten.

Bundeswirtschaftsminister Martin Bangemann bekräftigt drei Tage danach: „Ein Tempolimit auf Autobahnen jetzt ist mit der FDP nicht zu machen." Er lehne das Tempolimit ab, „ehe nicht genau ermittelt ist, wie sich Autoabgase auf das Waldsterben auswirken", und beschwört drohende Arbeitsplatzverluste und Exporteinbußen. Bundeslandwirtschaftsminister Ignaz Kiechle (CSU) rudert nun zurück. Er hebt hervor, dass er nichts von einem Tempolimit allgemeiner Art halte, und weist auf eine Fehlinterpretation in dem vom *Stern* veröffentlichten Interview hin: Er habe dort lediglich gemeint, dass durch die Einführung genereller Geschwindigkeitsbegrenzungen die Zahl der Katalysatorautos schneller wachsen würde.

Opel-Vorstand Hans Wilhelm Gäb betont, das Tempolimit bedeute „einen tödlichen Schlag gegen die Wettbewerbsfähigkeit" der deutschen Autoindustrie. Der schon einschlägig bekannte Achim Diekmann vom VDA vertritt die Ansicht, die Vorstellung, mit Tempo 100 auf Autobahnen und Tempo 80 auf Landstraßen könne dem Wald geholfen werden, ließe jeden Bezug zur Realität vermissen. „Angriffe, die auf das Auto zielen, aber die Freiheit meinen, müssen abgewehrt werden."[79]

„CDU-Generalsekretär Heiner Geißler war zwar nicht im Kabinett, wusste den Beschluss aber vor Parteifreunden präzise zu deuten: Der Prüfauftrag habe ‚nicht das Ziel, eine Tempogrenze einzurichten', sondern den Beweis zu führen, dass sie überflüssig sei. Er persönlich halte eine Geschwindigkeitsbegrenzung für ‚Blödsinn', sagte Geißler, fügte dann aber pflichtgemäß hinzu: ‚Es sei denn, durch die Untersuchung werde ich eines Besseren belehrt.'"[80]

Im *Spiegel* äußert Innen- und Umweltminister Zimmermann im Oktober 1984: „Mit hundert auf der Autobahn zu fahren halte ich für ein verkehrswidriges Verhalten." (! W. Z) Erst wenn die neue Verkehrs- und Abgasuntersuchung vorliege, sei „eine zuverlässige Aussage möglich, was Tempobeschränkungen bringen würden". Der westfälische CDU-Vorsitzende Kurt Biedenkopf antwortet in einem Interview mit dem *Spiegel* auf die Frage, ob er für Tempo 100 sei: „Ich vertrete die Auffassung, dass man eine Geschwindigkeitsbeschränkung zumindest so lange einführen sollte, bis die Abgasentgiftung der Autos technisch realisiert ist." Und zur Aussage von Helmut Kohl „Unter meiner Regierung wird es kein Tempolimit geben", antwortet Biedenkopf: „Ich finde, man sollte einen Bundeskanzler auf solche Festlegungen nie festnageln."

Im Oktober 1984 erfolgt die Veröffentlichung der neuesten Waldschadensbilanz und des Berichts des UBA; danach steigt nach einer Emnid-Umfrage innerhalb einer Woche die Anzahl der Tempolimit-Befürworter von 45 auf 55 Prozent. Der stellvertretende Vorsitzende der SPD-Bundestagsfraktion, Volker Hauff, erklärt unter Hinweis darauf, erstmals gebe es in der Bundesrepublik eine Mehrheit für Geschwindigkeitsbegrenzungen. Nach einer vom Südwestfunk veranlassten Umfrage von Ende Oktober sind 63 Prozent mit Tempo 100 km/h auf Autobahnen und 78 Prozent mit Tempo 80 km/h auf Landstraßen „zur Rettung des Waldes" einverstanden.

Ebenfalls im Oktober übt sich der bayerische Ministerpräsident und bekennende Tempolimit-Feind Franz Josef Strauß in einem Selbstversuch: Er fährt 100 km/h auf Autobahnen und 80 km/h auf Landstraßen. Die *Bild*-Zeitungsüberschrift lautet: „Strauß testet Tempo 100 – Stau, Vogel gezeigt, Fast-Unfälle". Strauß äußert dort: Die Autofahrer würden bei Tempo 100 „nach ein bis zwei Stunden garantiert müde, vielleicht sogar einschlafen". Gegen eine Beschränkung der Höchstgeschwindigkeit auf

Autobahnen spricht sich natürlich auch der Präsident des ADAC, Franz Stadler, aus.

Der *Stern* fragt im November verschiedene Beteiligte zum Thema: „Macht der Katalysator Tempo 100 überflüssig?“[81]

Franz Stadler, ADAC-Präsident: „Ja, denn ein Tempolimit bringt – wenn überhaupt – nur eine minimale Schadstoffreduzierung. Und auch dies nur, wenn das Limit eingehalten wird.“ (Das war fast schon eine Art Handlungsanweisung für die Mitglieder!)

Albert Kuhlmann, Geschäftsführer TÜV Rheinland: „Ja, weil durch den Katalysator die Emissionen um 90 Prozent abgesenkt werden. Tempo 100 kann in der Einführungsphase des Katalysators wegen der sofortigen Umweltentlastung in Erwägung gezogen werden.“ (Der TÜV war mit der Durchführung des Großversuchs beauftragt!)

Ullrich Höpfner, IFEU Heidelberg: „Nein. Tempolimit hilft sofort, spart Kraftstoff, verschleißt die Autos weniger, verringert die Staugefahr und senkt die Zahl der Unfallopfer. Ein Tempolimit bringt bis Mitte der Neunzigerjahre mehr Schadstoffminderung als der Katalysator.“

Friedrich Zimmermann, CSU, Bundesinnenminister: „Eine wirkungsvollere Methode zur drastischen Entgiftung der Autoabgase als den Katalysator gibt es derzeit nicht. Tempobeschränkungen sind keine Alternative.“

Volker Hauff, stellv. Vorsitzender der SPD-Bundestagsfraktion: „Die SPD fordert Tempo 100/80. Nach weitgehender Einführung des entgifteten Autos wollen wir prüfen, ob ein Tempolimit aus Sicherheitsgründen und wegen geringeren Verbrauchs (Autobahn 130 km/h) beibehalten werden sollte.“

Christa Nickels, Grünen-Bundestagsabgeordnete: „Nein, das ist durch mehrere Untersuchungen bewiesen. Bei einem Tempolimit 100/80 werden die Pkw 1985 bereits 200 000 bis 300 000 Tonnen weniger Stickoxide ausstoßen. Das Katalysatorauto erreicht diese Minderung nicht vor 1990.“

Martin Bangemann, FDP, Bundeswirtschaftsminister: „Das werden wir nach dem vorgesehenen Großversuch über die Auswirkungen eines Tempolimits besser wissen.“

Werner Breitschwerdt, Vorstandsvorsitzender Daimler-Benz: „Zunächst einmal haben Tempobeschränkungen und Katalysator nichts miteinander zu tun. Ein Tempolimit leistet keinen nennenswerten Beitrag zur Verkehrssicherheit, zur Energieeinsparung oder zur Entlastung der Umwelt.“ (Diese Aussage ist selbst für den Vorsitzenden eines Autokonzerns ein Armutszeugnis!)

Anfang Oktober weisen die Verkehrsminister und -senatoren der Länder einen Beschlussvorschlag Nordrhein-Westfalens zur Einführung fester, zeitlich befristeter Geschwindigkeitsbegrenzungen für Autos ohne Katalysator ab und befürworten den von der Bundesregierung vorgeschlagenen Großversuch zum Tempolimit. Bundeswirtschaftsminister Bangemann bleibt unterdessen mit dem Werben für den deutschen Weg umweltfreundlicher Katalysatorautos und bleifreier Kraftstoffe erfolglos: Frankreich, Italien und Großbritannien protestieren. Hauptvorwurf der Partner ist, dass die Bundesrepublik sich als letztes Land Europas weigert, die Höchstgeschwindigkeit auf Autobahnen zu begrenzen und die auf Bundesstraßen weiter zu verringern. Bevor man über Katalysatoren rede, solle sich die Bundesrepublik erst einmal um die Durchsetzung eines Tempolimits als erstem Schritt gegen die Luftverschmutzung durch Kraftfahrzeuge bemühen.

Der Präsident des UBA, Heinrich Freiherr von Lersner, wendet sich entschieden gegen die Beibehaltung der freien Höchstgeschwindigkeit. Diesem „Fetisch“ fielen Hunderte Menschenleben jährlich zum Opfer; außerdem entstünde ein nicht unerhebliches Maß an Energie, Lärm und Abgasen. Dazu stiegen die Stickstoffemissionen bei höheren Geschwindigkeiten überproportional. Außerdem gingen Geschwindigkeitsbegrenzungen nicht zulasten der Verkehrssicherheit, sie würden auch den Verkehrsfluss verbessern. In der *Zeit* nimmt Verkehrsminister Dollinger zum Thema Großversuch und Geschwindigkeitsbegrenzungen Stellung:

> „Haben Sie sich ein Zeitlimit für den Versuch gesetzt?“ – „Nein, das wäre reine Fantasie ... “
>
> „Das Umweltbundesamt hat in seiner letzten Studie festgestellt, dass Tempolimits in den nächsten zwei bis drei Jahren wirkungsvoller wären als das Katalysatorkonzept. Also müsste man doch jetzt handeln.“ – „Dass es mit Tempolimits schneller geht, gibt das Gutachten des Bundesamtes nicht her. Auch der Innenminister (Friedrich Zimmermann, CSU; W. Z.) sagt, dass dieses Gutachten nicht ausreichend ist für eine abschließende Beurteilung. Wenn wir dem Bundesamt zustimmen könnten, dann brauchten wir keinen Großversuch … (Diese Logik ist so merkwürdig durchsichtig! W. Z.) Es gibt natürlich auch andere Untersuchungen, die darauf hinweisen, dass andere Schadstoffe im Abgas beim Tempolimit steigen.“ (Hier taucht die Mercedes-Studie von Haepp wieder auf! W. Z.)
>
> „Sie beziehen sich hier auf eine Studie der Automobilindustrie. Das Umweltbundesamt sagt dazu: Die Automobilindustrie hat für ihre Hochrechnung offensichtlich falsche Statistiken genommen.“ – „Das kann ich nicht beurteilen, weil ich die Unterlagen darüber nicht habe … (!!! W. Z.) Wir haben das Thema Tempolimit vor Jahren schon einmal gehabt – damals unter dem Gesichtspunkt Energieersparnis. Jetzt haben wir es unter dem Gesichtspunkt der Sicherheit und des Umweltschutzes. Da mischen sicher auch ideologische (! W. Z.) Vorstellungen mit.“

„Ist das nicht etwas absurd?“ – „Aber warum absurd? Es gibt doch gar keinen Zweifel, dass der Neidkomplex bei jedem Menschen irgendwo sitzt.“ Und dann erklärt der Bundesverkehrsminister den Neidkomplex:

„Der eine neidet dem anderen seine Frau, weil sie hübscher ist; der andere neidet dem anderen seine Kinder, weil sie intelligenter sind; und der dritte neidet dem anderen eben das größere und schnellere Auto. Es gibt viele Menschen, die sich unwahrscheinlich ärgern, wenn sie überholt werden. Da kommt ein Neidkomplex und die Frage: Wieso kann sich der ein Auto leisten, das so viel schneller ist als meines; der fährt an mir vorbei, winkt mir freundlich zu, und ich fahre Vollgas und komme nicht nach.“[82]

Fast will das Dollingersche Neid-Bild suggerieren, dass in den schnelleren Autos auch die schöneren Frauen und die intelligenteren Kinder sitzen.

Der damalige Leiter der bayerischen Staatskanzlei, Edmund Stoiber, warnt Mitte Oktober 1984, dass Bayern mögliche Alleingänge von SPD-regierten Ländern bei der Einführung eines Tempolimits nicht hinnehmen werde, da mit einem solchen Schritt „die wirtschaftliche Einheit Deutschlands zerstört“ würde. Wenn Hamburg und Hessen mit ihren Überlegungen ernst machen würden, müsse die Bundesregierung rechtlich eingreifen. Zugleich sprechen sich die SPD-Innenminister von Hamburg, Bremen und dem Saarland für eine rasche Einführung eines allgemeinen Tempolimits für Kraftfahrzeuge aus.

Bei einer Protestkundgebung überreichen der baden-württembergische Landesverband der Grünen, die Freudenstädter „Aktionseinheit gegen das Waldsterben“, der BUND, Greenpeace, der Bund für Vogelschutz und örtliche Naturfreunde auf dem Stuttgarter Schlossplatz Innenminister Dietmar Schlee (CDU) eine Entschließung, in der sie zur Rettung der bedrohten Umwelt „eine Geschwindigkeitsbegrenzung ohne Wenn und Aber“ fordern. Die Gewerkschaft der Polizei (GdP) spricht sich Anfang November 1984 angesichts der Unfallstatistiken für eine Begrenzung der Geschwindigkeit im Straßenverkehr aus, da eine nicht angemessene Geschwindigkeit immer noch Hauptursache für die meisten Verkehrsunfälle sei. Der Vorsitzende der GdP, Günter Schröder, plädiert für eine „von der Politik festzulegende Geschwindigkeitsbegrenzung zwischen 100 und 130 Stundenkilometern“. Und Anfang Januar 1985 fordert die Gewerkschaft der Eisenbahner Deutschlands (GdED) die Begrenzung der Autobahngeschwindigkeit auf Tempo 100 und eine Reduzierung des Tempolimits auf Landstraßen.

Im Herbst 1984 fragen der britische Umweltminister und die britische Verkehrsministerin bei Zimmermann nach, warum sich die Deutschen angesichts ihrer Umweltsorgen nicht zur Senkung der Abgasemissionen mit einem generellen Tempolimit entschlossen hätten. Die französische Umweltministerin Huguette Bouchardeau empfiehlt Zimmermann, die Bundesrepublik solle selbst ein Tempolimit einführen, bevor sie sich als Umwelt-Vorkämpfer Europas aufspiele. Der Bundesinnenminister gibt darauf wieder einmal seine alte irreführende und unlogische Antwort: Nur 6000 Kilometer Autobahn seien frei von Geschwindigkeitsbegrenzungen, und auf Autobahnstrecken liege die Durchschnittsgeschwindigkeit im Schnitt nur bei 112 km/h. Auch diese Zahl stimmt nicht; aber immerhin rechnet Zimmermann hier nicht mehr mit den 97 km/h des Mercedes-Gutachtens von Haepp! Auch Bundesverkehrsminister Dollinger und andere erheben den Einwand, dass angesichts einer Durchschnittsgeschwindigkeit von 112 km/h auf den deutschen Autobahnen ein Tempolimit nicht nötig sei. Klaus Traube sieht hierin „entweder Unkenntnis oder Polemik. Hier wird suggeriert, ‚der' deutsche Autofahrer fahre ohnehin verhalten, während doch ein bedeutender Anteil der Fahrer gewohnheitsmäßig weitaus schneller als mit der Durchschnittsgeschwindigkeit 112 fährt. Die Funktion des Tempolimits ist es, diese Schnellfahrer zu bremsen und nicht etwa diejenigen partout auf 100 zu bringen, die ohnehin gewohnheitsmäßig nicht viel schneller fahren."[83]

Im November 1984 kommentiert der *Spiegel* den Vorstoß der Umweltminister aus Großbritannien und Frankreich:

> „So unpassend Zimmermann das Thema Tempolimit bei seinen Verhandlungen mit den Nachbarn ist, so gelegen kommt ihm die Geschwindigkeitsdiskussion daheim. Denn der CSU-Mann ist zwar weiterhin gegen Tempo 100 auf Autobahnen. Aber er nutzt das Tempolimit als taktische Waffe im Umgang mit Autoindustriellen, die für den Fall einer Geschwindigkeitsbegrenzung den Niedergang der deutschen Autoindustrie voraussagen.
>
> Seit Langem hatte Zimmermann die Chefs der Autofirmen davor gewarnt, den Katalysator zu verzögern; dann käme unvermeidlich eine Tempodebatte auf. Hohnlachend hatten die Automanager diese Drohung abgetan. Nie werde es einen Politiker geben, der den Druck aufs Gaspedal ohne bleibenden Schaden für seine Karriere werde mindern können. Von der Tempodiskussion wurden die Auto-Chefs dann völlig überrascht. Den Schock will Zimmermann in einem Spitzengespräch Ende November nutzen, um die Vorstände doch noch auf seinen Kurs zu zwingen."[84]

Die Automanager sollen Zimmermann zufolge sofort in der Werbung wie in der Produktion voll auf den Katalysator setzen und außerdem die Nachrüstung der Altwagen mit umweltschonender Abgasrückführung für einen Preis um die 300 Mark technisch ermöglichen. Nur so werde die Drohung einer allgemeinen Geschwindigkeitsbegrenzung hinfällig. Ein Tempolimit könnte dann höchstens noch für solche Autos kommen, die weder einen Katalysator noch einen Nachrüstsatz hätten. Das ist der Hintergrund der Einführung des Katalysators: Nur wenn diese nicht erfolgt, droht Zimmermann der Autoindustrie mit dem Tempolimit.

1985: Der „Rettungsring"-Großversuch

Es ist schwierig, jemanden dazu zu bringen, etwas zu verstehen, wenn er sein Gehalt dafür bekommt, dass er es nicht versteht.

Upton Sinclair

Vorspiel Ende 1984

Bundesregierung und Kraftfahrzeugindustrie agieren nun emsig gegen das drohende Tempolimit – mit den bekannten alten Argumenten. Carl-Dieter Spranger, Parlamentarischer Staatssekretär im Bundesinnenministerium, weist wieder einmal darauf hin, dass nur noch 1,4 Prozent aller in der Bundesrepublik vorhandenen Straßen ohne Geschwindigkeitsbegrenzung seien – also der Großteil der Bundesautobahnen. „Dass diese ‚vernachlässigbare' Strecke 26 Prozent der Fahrleistung bringt und 40 Prozent der Stickoxidemissionen, das vergaß der Staatssekretär der Öffentlichkeit mitzuteilen."[85]

Erschwerend für die Umwelt kommt hinzu, dass zum einen große Pkw mit mehr Kilometer pro Jahr gefahren werden als kleine Wagen: Eine Untersuchung des Verbandes der Autoversicherer ergibt eine durchschnittliche jährliche Fahrleistung eines 40-PS-Wagens von 12 000 Kilometer und die eines 90-PS-Wagens von 17 000 Kilometern. Zum anderen: Je größer der Wagen, umso höher liegen auch die bevorzugten durchschnittlichen Autobahngeschwindigkeiten.[86]

Die erwähnte Studie, in der das UBA die Ergebnisse zu den Folgen des Tempolimits präsentierte, lag schon im Mai 1984 in Bonn vor: Durch Tempo 100 km/h auf der Autobahn und Tempo 80 km/h auf den Landstraßen könnten die für das Waldsterben entscheidenden Stickoxide um 26 Prozent verringert werden. Diese Studie kommt der Regierung Kohl nicht gelegen.

> „Doch sie war als Entscheidungsgrundlage wohl nicht geeignet, denn sie wurde nicht publiziert, sondern zur Nachbesserung zurückgereicht. Als die Berliner in der Studie vom September immer noch den VDA-Aussagen widersprachen, als zudem Länderministerien des eigenen politischen Lagers auf die wissenschaftliche Position des UBA-Gutachtens umschwenkten, fiel den Bonner Regierenden auf einmal grundsätzliche Kritik an der Arbeit ihrer Behörde ein. Um den zeitaufschiebenden Großversuch zu rechtfertigen, enthielt die UBA-Studie plötzlich ‚zahlreiche Mängel', ‚beruht auf simulierten Werten', ‚entspricht nicht der Wirklichkeit' und sei ‚nicht ausreichend für eine abschließende Entscheidung'."[87]

Bild bezeichnet nicht von ungefähr den Großversuch als „Rettungsring in letzter Not".

„Schließlich wurde alles getan, um die konzeptionelle Gestaltung und die Durchführung des Großversuches gegen Einsicht von außen abzuschotten. Zwar wurde bereits am 4. Oktober 1984 der VDA schriftlich gebeten, ‚seine Vorstellungen über den Großversuch darzulegen'; darüber hinaus wurde ihm vom Verkehrsministerium die Teilnahme ‚in einer Art Ad-hoc-Arbeitsgruppe' angekündigt. Doch als die Opposition und Umweltverbände darauf drängten, ‚in die den Großversuch begleitende Sachverständigengruppe auch Experten wie beispielsweise die von der TU Berlin und dem IFEU aufzunehmen', wies Innenminister Zimmermann dieses Ansinnen rüde zurück und belustigte sich: ‚Mir ist noch nicht bekannt, dass irgendein Umweltverband über Rollenprüfstände zur Abgasüberwachung verfügt.'"[88]

Über solche Prüfstände, die auch für höhere Geschwindigkeiten geeignet sind, verfügen nur sehr wenige Institutionen, unter ihnen der TÜV Rheinland in Köln. Schließlich landet die Federführung für den Auftrag bei der Vereinigung der Technischen Überwachungsvereine (VdTÜV) in Essen, die die Testfahrten an ihre regionalen TÜV-Niederlassungen delegiert. Das hat folgenschwere Konsequenzen. Der Chef des TÜV Rheinland, Albert Kuhlmann, scheint das Ergebnis des von seiner Organisation durchzuführenden Großversuches bereits vorab zu kennen. Im Oktober 1984 zumindest bewertet er in einer Studie das Tempolimit als „wenig sinnvoll".

Auch die Nachrüstung der Altfahrzeuge, auf welche die Kohl-Regierung setzt und die technisch schwierig und vom Wirkungsgrad meist ungenügend ist, kann nicht abhelfen: Rund 17 Millionen Altwagen müssten umgerüstet werden, um die Stickoxidminderung des Tempolimits zu erreichen. Auch diese Prognose ist falsch. Darüber hinaus ist die Annahme Zimmermanns, dass insgesamt acht Millionen umweltbewusste Automobilisten ihre Altautos umbauen lassen würden, was wiederum die Stickoxidmenge ab 1987 um 140 000 Tonnen pro Jahr senken sollte, völlig unrealistisch. „140 000 Tonnen Stickoxid sind etwa jene Giftmenge, die laut Umweltbundesamt durch Tempo 100 ab sofort hätte vermieden werden können", schreibt der *Spiegel* Anfang 1985. Und noch im November 1987 bedauert Bayerns Umwelt-Staatssekretär Alois Glück, dass in der Bundesrepublik trotz der zehn Millionen nachrüstbarer Autos nur „läppische 400 000" Katalysatoren verkauft wurden.

Letztlich wirkt, wie erwähnt, nur das Tempolimit sofort schadstoffmindernd. Oder wie Ullrich Höpfner feststellt: „Der Großversuch beseitigt kein einziges Gramm Schadstoff aus der Luft." Selbst für die Wirkungsweise des Katalysators wäre ein Tempolimit hilfreich,wie erwähnt, da er bei Tempo

130 km/h wegen der einfacheren Ausstattung billiger werden und näher am Motor platziert werden kann, wodurch seine optimale Umwandlungstemperatur schneller erreicht wird.

Die Regierung Kohl gewinnt Zeit

„Der Reporter der Zeitschrift *auto, motor und sport* wollte es genau wissen: Ob der Vorschlag, für ein Jahr Tempo 100 und Tempo 80 als Modell auf deutschen Autobahnen und Landstraßen vorzuschreiben, endgültig vom Tisch sei, fragte er vor zwei Monaten Verkehrsminister Werner Dollinger. ‚Jedenfalls von meinem Tisch', antwortete der fränkische CSU-Politiker kategorisch und hielt sich an die Devise seines Kanzlers. Helmut Kohl hatte schon im März die deutschen Autofahrer beruhigt: ‚Die Bundesregierung und ich selbst, wir halten von einer solchen Begrenzung nichts.'"[89]

Für Ullrich Höpfner vom IFEU ist der Großversuch der beste Weg, „das Ganze ins Gutachtergrab zu befördern". Bei privaten Unterhaltungen mit Koalitionspolitikern werde das auch ganz unverhohlen als Zweck des Großversuchs genannt: „Die Regierung will Zeit gewinnen, in der Hoffnung, dass der gegenwärtige Druck der öffentlichen Meinung bald nachlässt." Volker Hauff, Ex-Minister und Verkehrsexperte der SPD, unkt: „Die Regierung will untersuchen, ob die Untersuchungen noch mal neu untersucht werden müssen", und hält das Ganze für eine reine Hinhaltetaktik. Auch der *Spiegel* stellt das Spielen auf Zeit fest: „Diese Taktik bestätigt, dass der mit viel Pomp aufgelegte Großversuch über die umweltpolitische Nützlichkeit einer Geschwindigkeitsbegrenzung nur ein Zeitschinde-Manöver ist. Dem Innenminister passt ein Tempolimit – unabhängig vom Ergebnis des Versuchs – nicht ins Weltbild, und Verkehrsminister Dollinger will schon gar nichts damit zu tun haben."[90]

Ende November wird der Zeitrahmen von der Bundesregierung abgesteckt: Sie werde voraussichtlich erst im Herbst nächsten Jahres über ein Tempolimit auf Autobahnen und Landstraßen entscheiden. Die Vereinigung der Technischen Überwachungsvereine (VdTÜV) teilt in Essen mit, dass der Abschlussbericht über den von der Bundesregierung bei ihr in Auftrag gegebenen Großversuch spätestens Ende August 1985 vorgelegt werde.

Der Großversuch

Es werden 20 Autobahn-Teststrecken mit mindestens 40 Kilometer Länge und umfangreichen Mess- und Zählstellen eingerichtet. Containerstationen am Rand messen Verkehrsaufkommen und Geschwindigkeiten, Witterung und Schadstoffkonzentrationen. 30 Fahrzeuge mit umfangreichen Messanlagen sollen vom TÜV bundesweit rund um die Uhr und bei jedem Wetter eingesetzt werden, davon fünf bis zehn in Bayern. Ursprünglich wollte man während des Großversuchs an drei Teststrecken im Bundesgebiet auch die Schadstoffkonzentration messen; aus Kostengründen bleibt es dann bei einer Messstation im Raum Köln. Die Gesamtkosten sollen 12,5 Millionen DM betragen.

Die Messstationen am Rand der Autobahn ermitteln an zeitweilig auf Tempo 100 begrenzten Abschnitten mit Hilfe von Induktionsschleifen in der Fahrbahn, wie schnell die Verkehrsteilnehmer tatsächlich fahren. Auf „Musterfahrten" legen Testautos rund 500 000 Kilometer „Saison-Teststrecken" zurück. Ein Teil der Testfahrten simuliert „Verfolgungsjagden": Testfahrer mit besonderen Autos und einem Abstands-Radargerät sollen sich unauffällig hinter ausgewählte Pkw setzen und je nach Möglichkeit dieselben Fahrmanöver ausführen. Ein Großrechner erstellt dann Fahrprofile, welche von 200 eigens gekauften fabrikneuen Autos unterschiedlicher Typen auf einem Hochgeschwindigkeits-Prüfstand ‚nachgefahren' werden. Durch diese Prüfstandfahrten soll genau ermittelt werden, bei welchen Geschwindigkeiten welche Schadstoffmengen emittiert werden. Der TÜV schließt nicht aus, dass es „keine spektakulären Ergebnisse" geben werde und grundsätzlich die Daten des UBA in seinem Gutachten an die Bundesregierung bestätigt würden (dass nämlich ein Tempolimit auf Autobahnen und Landstraßen die Stickoxide um etwa 182 000 Tonnen reduziert). Christian Schütze schreibt in einem Kommentar:

> „14 Millionen Mark lässt die Bundesregierung springen, um uns wissenschaftlich zu beweisen, dass das, was sie nicht will, nichts gebracht hätte. Der Verkehrsminister hat es immer schon gesagt, und der Bundeskanzler erklärte: Solange ich Kanzler bin, gibt es kein Tempolimit … Im Übrigen ist das Publikum gespannt, welche Fragen der Versuch beantworten soll. Den Kosten nach zu schließen, müssen es absolut neue Fragen sein, solche, die noch nicht vom Umweltbundesamt, der TU Berlin, dem Schweizer Umweltamt und vielen andern Forschern gestellt wurden. Und sie müssen zwanglos zu dem Ergebnis führen, die es Helmut Kohl erlauben, guten Gewissens Kanzler zu bleiben."[91]

„Der Großversuch wird immer kleiner", beschreibt Peter Behse im *Stern* die Veränderungen. Dort äußert Verkehrsminister Dollinger ganz offen: „Auch wenn sich eine nennenswerte Verringerung des Schadstoffausstoßes ergeben sollte, bedeutet dies nicht automatisch … die Einführung einer allgemeinen Geschwindigkeitsbegrenzung."[92]

Der „Zimmermann-Knick"

Im Januar 1985 spricht sich Nikolaus Dezasse, der Leiter der Hauptabteilung Verkehr und Technik beim Gau Südbayern des ADAC, klar gegen eine gesetzliche Geschwindigkeitsbegrenzung aus: Dies sei nicht der „große Schritt in die richtige Richtung". Die Chefetagen der Autoindustrie vermelden Anfang 1985 einen dreißigprozentigen Einbruch in der Umsatzkurve der letzten drei Monate, der als „Zimmermann-Knick" bezeichnet wird. Ende Februar schreibt der *Spiegel*: „Innenminister Zimmermann steht mit seiner Katalysator-Politik vor einem Fiasko. Die Europäer werden ihn zwingen, Autos bis 1,4 Liter Hubraum von der strengen Abgasreduzierung auszunehmen und seinen Zeitplan zu strecken. Die Steuervergünstigungen für Katalysatorautos muss Zimmermann verwässern." Auch BMW-Chef Eberhard von Kuenheim klagt: „Seit zwei Jahren wird geredet, geredet, aber nicht entschieden."

Es folgten in den nächsten Monaten diverse Steuermodelle. Dazu erscheint die Broschüre „Das umweltfreundliche Auto – Was Autofahrer jetzt wissen wollen" im Februar 1985 in Millionenauflage, Druckkosten 300 000 DM (ca. 155 000 Euro). Sie soll Auskunft über Bonns beschlossene Steuernachlässe geben. Aufgrund von Änderungen muss sie der Chef des Bundespresseamtes, Peter Boenisch, kurz nach Erscheinen wieder einstampfen lassen. Sein Kommentar dazu: „Wir haben damit im Vorfeld der Brüsseler Verhandlungen unsere Entschlossenheit zum Handeln deutlich gemacht."

Peter Boenisch hat in den Jahren 1973 bis 1981, als er führender Journalist des größten westdeutschen Pressekonzerns Springer war, u. a. Chefredakteur von Bild am Sonntag, *von Daimler-Benz über eine Million Mark (über 500 000 Euro) erhalten.*

Ein *Stern*-Bericht im März 1985 stellt fest, dass Automobilindustrie und Zulassungsstellen in der Bundesrepublik die Zahl der bis damals bestellten Katalysatorautos wie ein Staatsgeheimnis behandeln. Der VDA in Frankfurt/M. antwortet auf die Frage nach den Bestellzahlen, dass das Präsidium des VDA „wegen der verworrenen Abgasdiskussion und der dadurch bewirkten Verunsicherung der Kunden" derzeit keine konkreten Angaben mache, auch BMW-Chef Eberhard von Kuenheim bittet „um Verständnis für die notwendige Solidarität unter den deutschen Herstellern". Das Kraftfahrzeug-Bundesamt in Flensburg bleibt ebenso schweigsam und „wartet noch auf die Verfügung des Bundesverkehrsministers". Und das Bundesverkehrsministerium kennt die Katalysator-Zulassungszahlen nicht, weil „dafür das Kraftfahrt-Bundesamt zuständig ist".[93]

Zimmermann schiebt das nachlassende Interesse auf den Widerstand der Autoindustrie und droht ihr erneut mit dem Tempolimit: Im Herbst 1985 werde der neue Waldschadensbericht erscheinen, dazu das Ergebnis des Großversuchs über den Nutzen von Geschwindigkeitsbegrenzungen für den Wald. Falls diese Berichte wie erwartet ausfallen und Katalysatorautos weiterhin nur als Unikate verkauft würden: „Dann führt am Tempolimit kein Weg mehr vorbei.“[94]

Der EG-Kompromiss: die Verschiebung des Katalysators

Anfang 1985 verkaufen in der Bundesrepublik erst wenige Tankstellen bleifreies Benzin. Das kleine Österreich zeigt im Sommer 1985 mit einem Stufenplan, wie gehandelt werden kann: Ab 1. Oktober 1985 soll es dort nur noch unverbleites Normalbenzin geben. Jeder Käufer eines Katalysatorautos beliebiger Größe bekommt eine Prämie von umgerechnet 500 Euro. Ab 1. Januar 1987 gelten für alle neu zugelassenen Kraftfahrzeuge mit mehr als 1,5 Liter Hubraum die strengen US-Abgasnormen: Damit besteht Katalysatorpflicht. Ab 1. Januar 1988 gelten diese Normen auch für sämtliche Kleinwagen.

Anfang März sorgt Zimmermann für Verwirrung, weil er in einer autorisierten Meldung der *Welt am Sonntag* mit der Bemerkung zitiert wird, er werde „ein sofortiges Tempolimit von 100 km/h auf Autobahnen“ durchsetzen, falls ihn die Automobilindustrie bei einem deutschen Alleingang im Stich lasse. Umgehend lässt Zimmermann dies dementieren. Ein Sprecher des Innenministeriums teilt mit, dass derzeit überhaupt kein Anlass bestehe, „die Automobilindustrie durch Ultimaten unter Druck zu setzen“. Und Zimmermann selbst betont, dass er nie ein Anhänger einer solchen Geschwindigkeitsbeschränkung gewesen sei. Wenn dem so wäre, hätte man sich den Großversuch zu einem Tempolimit sparen können – eine sehr aufschlussreiche Folgerung.

Das Bonner Kabinett will auf Zimmermanns Drängen in der Bundesrepublik ab 1988/89 nur noch entgiftete Autos neu zulassen. Doch auf dem EG-Treffen im März 1985 handeln Franzosen, Briten und Italiener den Deutschen bereits große Zugeständnisse ab. Die Einführung des Katalysators soll im Frühjahr 1985 nur für Wagen mit einem Volumen über zwei Liter gelten. Bei den Kleinwagen unter 1,4 Liter Hubraum verzichten die Europäer vorerst auf den Katalysator und damit auf die Möglichkeit, 90 Prozent aller Abgase zu reinigen. (Das Problem Kohlendioxid wurde zu der Zeit noch kaum thematisiert.) Weitere Abstriche kommen im Frühsommer 1985 auf Zimmermanns Katalysatorprogramm zu. Martin Urban schreibt im März den Kommentar „Verfahrene Wege zum Katalysator“:

> „Bisher sieht es so aus, als werde der Bundesinnenminister in Brüssel auf der ganzen Linie scheitern. Was dann bliebe, ja geboten wäre, ist ein Tempolimit. Jetzt schon muss sich die Bundesregierung nämlich vorhalten lassen, sie meine es gar nicht so ernst mit dem Schutz des Waldes: Sie verzichte ja auf dieses einzige *sofort* wirksame Mittel zur merklichen Ver-

ringerung von Stickoxiden und Kohlenwasserstoffen in den Autoabgasen."[95]

Zimmermanns geplante Steuererleichterung droht nach den Worten der französischen Umweltministerin Huguette Bouchardeau den deutschen Markt für die anderen europäischen Hersteller zu verschließen. Sie warnt vor nationalen Alleingängen und spricht sich gegen steuerliche Entlastungen und für Geschwindigkeitsbegrenzungen aus. Im Rat der für den Umweltschutz zuständigen Minister in Brüssel weisen die meisten Mitgliedsländer die Bundesrepublik auf die Möglichkeit eines Tempolimits hin.

Die SPD fordert Ende März 1985 Bundeskanzler Helmut Kohl auf, den „faulen, nicht akzeptablen Kompromiss" der europäischen Umweltminister zur Einführung des schadstoffarmen Autos Ende des Monats beim EG-Gipfel erneut zu verhandeln, und bescheinigt der Bundesregierung bei den Brüsseler Verhandlungen der Umweltminister ein Scheitern auf der ganzen Linie. So werde die Schadstoffminderung aus dem Kraftfahrzeugverkehr bis in das nächste Jahrtausend verschoben. Bundesinnenminister Zimmermann (CSU) habe außerdem eine drastische Lockerung der auch für Europa nötigen amerikanischen Abgasgrenzwerte zugelassen. Den SPD-Abgeordneten Harald Schäfer und die SPD-Fraktion erfüllt das Ergebnis von Brüssel „mit Zorn, mit Verbitterung und mit großer Enttäuschung". Bundesinnenminister Zimmermann lobt dagegen die Brüsseler Einigung mit den Worten, damit habe „die abgasarme und bleifreie Zukunft Europas bereits begonnen". Paul Laufs, innenpolitischer Sprecher der CDU/CSU, hält der SPD vor, sie sei realitätsblind und damit auch oppositionsunfähig. Sie habe in den Siebzigerjahren nichts für das abgasarme Auto getan. Peter Wiede schreibt in dem Kommentar „Bleibt nur Tempolimit", in der *Abendzeitung*: „Um bleifreies Benzin auf dem Markt durchzusetzen, müsste es statt vier mindestens zehn Pfennig Steuervorteil pro Liter haben. Da befürchtet der Staat Steuereinbußen. Und er zögert auch das Tempolimit hinaus. Um eine Geschwindigkeitsbegrenzung von 130 km/h auf Autobahnen (zweifellos wirksam als Giftfilter) kommen wir als einzige Raser innerhalb der EG aber wohl auf Dauer nicht herum."[96]

Der *Spiegel* stellt im Frühjahr Angst bei den deutschen Automanagern vor dem Tempolimit fest. Porsche-Chef Peter Schutz betrachtet eine allgemeine Geschwindigkeitsbegrenzung auf bundesdeutschen Autobahnen als „Spiel mit dem Feuer". BMW-Chef Eberhard von Kuenheim ist überzeugt, eine Tempobegrenzung werde den „Industriestandort Bundesrepublik infrage stellen". Opel-Manager Hans Wilhelm Gäb stellt fest: „Tempo 100 ist das Tempo der DDR." Und Mercedes-Chef Werner Breitschwerdt behauptet: „Viele, die unsere Gesellschaft verändern wollen, sind für

Tempolimit und solche Dinge." Stefan Baron kommentiert diese Aussagen im *Spiegel*:

„Von Kuenheim und Breitschwerdt wissen selbstverständlich, dass in Japan schon seit vielen Jahren Tempo 100 gilt, ohne dass dies der japanischen Autoindustrie geschadet hätte. Und Opel-Manager Gäb ist sich selbstverständlich darüber im Klaren, dass seine Chefs bei General Motors im ach so freien Amerika noch nicht einmal so schnell fahren dürfen wie ihre Kollegen vom VEB Automobilwerk Eisenach. Die Automanager *haben* Angst; vor allem aber *schüren* sie Angst vor einer Geschwindigkeitsbegrenzung. Sie hantieren mit dem Totschlagargument des drohenden Arbeitsplatzverlusts, ohne triftige Gründe dafür beischaffen zu können. Sie ahnen, dass viele Bundesbürger an der freien Fahrt auf der Autobahn hängen wie die Amerikaner an ihren Schusswaffen …

Jahr für Jahr sterben auf bundesdeutschen Straßen mehr als 10 000 Menschen. Dass von ihnen weniger als 1000 auf der Autobahn umkommen, ist kein Argument gegen ein Tempolimit. Was *zwischen* Hamburg und München eingeübt wird, das wirkt *in* Hamburg und *in* München dann erst so richtig.

Fest steht: Schnelle Autos sind häufiger in Unfälle verwickelt als langsame. Kaum noch umstritten ist: Der Wald stirbt umso schneller, je schneller die Autos fahren. Vor zwei Jahren war ein Drittel des Waldes krank, heute ist es die Hälfte."[97]

Ein wichtiger Grund war und ist natürlich, dass sich mit großen Autos mehr Geld verdienen lässt. Aber der deutsche Export großer Autos läuft nicht aus Gründen der Höchstgeschwindigkeit, wie Hans-Jürgen Schneider 1985 feststellt: „Der US-Bürger legt sich seinen BMW, Porsche oder Mercedes nicht wegen der aufwendigen Bauweise zu, sondern weil er Prestige will und Exklusivität."

Ab Frühjahr 1985 wird ein jährlicher Abgastest Pflicht, den neben dem TÜV auch alle anerkannten Kfz-Werkstätten durchführen können. Er soll zunächst etwa 20 Mark kosten. Dies bedeutet einen Millionenumsatz mit fragwürdigem Nutzen für die Umwelt: Es wird nämlich nur CO gemessen, während die Stickoxide, hauptverantwortlich für die Waldschäden, durch das ASU-Testsystem überhaupt nicht erfasst werden. Andere Nutznießer stehen umgehend fest: die Autowerkstätten. Bundesverkehrsminister Werner Dollinger hat den Test nämlich in enger Zusammenarbeit mit Kfz-Gewerbepräsident Fritz Haberl installiert.

Das Umfeld des Großversuchs

Die ersten bayerischen Geschwindigkeitskontrollen im Rahmen des Tempolimit-Großversuchs bringen dann die von der Kohl-Regierung gewünschten Ergebnisse: Nur rund 30 Prozent der Autofahrer halten sich an die auf den Versuchsstrecken angeordnete Geschwindigkeitsbegrenzung von 100 Stundenkilometern. Christian Schütze schreibt dazu:

> „Was die ‚Akzeptanz' des Tempolimits angeht, so hat die Bundesregierung selbst dafür gesorgt, dass sie gering blieb. Wenn der Verkehrsminister sagt, er rechne nicht damit, dass sich Autofahrer an Geschwindigkeitsbeschränkungen halten, und wenn ein Ministerpräsident im Selbstversuch feststellt, wie lästig und dumm man sich als Langsamfahrer fühlt, kann der Bürger nicht annehmen, dass der Großversuch ernst gemeint ist. Da auch kaum kontrolliert wurde, die Höchstgeschwindigkeit also ins Belieben gestellt war, ist zu erwarten, dass die Ergebnisse wertlos sind, jedenfalls ausgelegt werden können."[98]

Das UBA berichtet später, dass 1985 der im Abgas-Großversuch für Pkw auf Autobahnen ermittelte Befolgungsgrad einer Geschwindigkeitsbeschränkung von 120 km/h bei 63 Prozent lag und bei einer Geschwindigkeitsbeschränkung von 100 km/h nur noch bei 26 Prozent, da die Pkw-Fahrer wussten, dass keine Kontrolle der Einhaltung des Tempolimits erfolgte. Mitte September stellt Christian Schütze erneut das Fehlen von Kontrollen fest: „Kontrolliert wurde und wird fast nicht. Damit ist das Ergebnis des Großversuchs vorauszusehen: Der deutsche Autofahrer hält nichts von einem Tempolimit, was er ja auch in Umfragen kundgetan hat, und er würde entsprechende Anordnungen nicht beachten."[99]

Winfried Wolf, der Autor von *Eisenbahn und Autowahn,* beschreibt dies so:

> „Augenzwinkernd gab man zu verstehen, die Geschwindigkeitsbeschränkungen bräuchten nicht eingehalten zu werden; in jedem Fall würden Radarkontrollen unterbleiben. Auf eine entsprechende Forderung der bayerischen SPD antwortete der CSU-Staatssekretär Heinz Rosenbauer … Radarkontrollen kämen nicht infrage, da das ‚Fahrverhalten der Deutschen unter völlig normalen Bedingungen analysiert' werden müsse … Am Ende verkaufte die Regierung der bundesdeutschen Öffentlichkeit eine Abgasentgiftung als Ersatz für Geschwindigkeitsbegrenzungen."

Bundesinnenminister Friedrich Zimmermann versichert erneut, dass die bis Ende Juni noch festzulegenden neuen EG-Abgaswerte für umweltfreundliche Autos den strengen US-Normen „gleichwertig" sein müssen. Dagegen bezeichnet der Vorsitzende des Bundes für Umwelt und Naturschutz (BUND), Hubert Weinzierl, die Umweltpolitik der Bundesregierung als „kleinkarierten Aktionismus" und den sogenannten Erfolg der Luftreinhaltepolitik als „unwürdige Schmierenkomödie". Der Umweltexperte der Bonner SPD-Fraktion, Volker Hauff, nennt den Großversuch eine Alibiveranstaltung und schließt sich den Aussagen der Umweltinstitute an, dass alle anderen Konzepte, auch die in weiter Ferne stehende obligatorische Einführung von Katalysatoren, erst in den 90er-Jahren den gleichen umweltpolitischen Effekt bezüglich der Stickoxide hätten wie eine sofortige Geschwindigkeitsbeschränkung.

Das „Gesetz über steuerliche Maßnahmen zur Förderung des schadstoffarmen Personenkraftwagens" wird am 19. 4. 1985 von der Bundestagsmehrheit beschlossen. Der SPD-Abgeordnete Klaus Lennartz hält der Regierung vor, dass das Parlament ein Gesetz verabschiedet habe, in dem nicht einmal klar stünde, wie ein „schadstoffarmer Pkw" definiert sei. Dafür habe Zimmermann monatelang „die Republik auf den Kopf gestellt" und die Autoindustrie in große wirtschaftliche Schwierigkeiten gebracht. Das Gesetz enthält sehr komplizierte und umfangreiche Bestimmungen und bringt eine Verringerung des Steuerfreibetrages von 3000 auf 2200 DM in der Hubraumklasse über 1400 cm^3 und von 750 DM bei den entsprechenden schadstoffarmen Pkw der Klasse bis 1400 cm^3. Dieses Konzept ist von der EG gebilligt.

Im Juni 1985 betont Zimmermann erneut, an der Einführung der strengen amerikanischen Abgasnormen festhalten zu wollen: „An der Gleichwertigkeit mit den US-Normen gibt es nichts zu rütteln." Der stellvertretende Vorsitzende der SPD-Bundestagsfraktion, Volker Hauff, wirft Zimmermann vor, den Bundestag in der Frage des abgasarmen Autos getäuscht und dem Parlament systematisch alle diejenigen Bestandteile des Umweltministerbeschlusses von Brüssel vorenthalten zu haben, „an denen heute sein Konzept vom abgasarmen Auto zusammenbricht".

Mit großer Mehrheit sprechen sich Teilnehmer des evangelischen Kirchentags in Düsseldorf für eine sofortige Tempobegrenzung auf 100 km/h auf Autobahnen aus. Der SPD-Fraktionschef Hans-Jochen Vogel tritt für ein sofortiges Tempolimit von 100 km/h auf Autobahnen ein und schreibt in einem Kommentar für die *Abendzeitung*:

> „Die Bundesregierung ist mit ihrem Konzept zur Einführung des schadstoffarmen Autos auf ganzer Linie gescheitert. Dem Bundeskanzler ist das Kunststück gelungen, sowohl die Umwelt als auch zahlreiche Arbeitsplätze in unserer Automobilindustrie zu gefährden … Angesichts dieser neuen Sachlage darf die Einführung des Tempolimits nicht mehr weiter verzögert werden … Ein Tempolimit ist nunmehr die einzige Maßnahme, die sofort zur Verbesserung der Luftqualität und zum Schutz der Wälder und damit letztlich zum Schutz von Leben und Gesundheit von Menschen getroffen werden kann."[100]

Mitte Juni fordern SPD und Grüne den Rücktritt von Zimmermann und sehen nach den schlechten Ergebnissen der Brüsseler Verhandlungen in einem Tempolimit den einzigen Ausweg gegen das Waldsterben. Die Koalition spricht sich nach wie vor gegen ein generelles Tempolimit aus und plädiert dafür, zunächst die Ergebnisse des beschlossenen Großversuchs abzuwarten. Die Sitzung am 25. Juni in Luxemburg soll den Ausschlag geben: Wenn die anderen EG-Staaten bei den Abgaswerten nicht mitmachen und wenn die Luxemburger Verhandlungen dem Katalysator nicht doch noch zum Durchbruch verhelfen, habe Zimmermann dem Tempolimit nichts mehr entgegenzusetzen.

Mitte Juni unterstreicht die französische Regierung erneut ihre Forderung im Kampf gegen die Umweltverschmutzung nach einer europaweiten Beschränkung der Höchstgeschwindigkeit für Autos. Industrie- und Außenhandelsministerin Edith Cresson betont, dass nur die Senkung der Höchstgeschwindigkeit sofortige Wirkung auf die Umwelt habe. Martin Urban schreibt zum „Auto im EG-Dschungel“:

> „Was für mittlerweile rund hundert Millionen Autofahrern in Japan und der Neuen Welt selbstverständlich ist, ein Fahrzeug mit dem abgasreinigenden Drei-Wege-Katalysator zu benutzen, soll in der Alten Welt bis ins neue Jahrtausend hinein die große Ausnahme bleiben … Ein Geschwindigkeitslimit – Tempo 100 auf Autobahnen, Tempo 80 auf Landstraßen – würde den Abgasausstoß sofort drastisch, wenn auch nicht ausreichend, reduzieren. Wenn die Bundesregierung ihre Partner davon überzeugen wollte, dass sie ehrliche Absichten hegt, müsste sie jetzt dieses Tempolimit anbieten. Denn die Deutschen sind nun einmal die Einzigen, die sich auf ihren Autobahnen keine Grenzen setzen.“[101]

Schadstoffabsenkung von Kohlenmonoxid und Kohlenwasserstoffen bzw. Stickoxiden in Prozent

(am Beispiel eines Mittelklasse-Pkw mit 1100 kg Leergewicht)

	CO	HC/NO_x
Derzeitige Vorschrift in der EG	80 g	25,6 g
Vorschlag von Großbritannien, Frankreich, Italien	35 g (- 56 %)	11 g (- 57 %)
Vorschlag EG-Kommission	30 g (- 62,5 %)	8 g (- 69 %)
US-Grenzwerte (Grobe Werte auf Basis EG-Test)	12 g (- 85 %)	3 g (- 88 %)

Quelle: ADAC; SZ, 25. 6. 1985

Ende Juni kommt es zum Luxemburger Kompromiss der EG-Umweltminister, der von Zimmermann gelobt wird. Es sollen lediglich in der Klasse über zwei Liter von 1988/89 an die Werte gelten, die nur mit geregeltem Drei-Wege-Katalysator erreicht werden können und damit den amerikanischen Abgasnormen entsprechen. Bei Autos unter 1,4 Liter Hubraum wurden schon im März Zugeständnisse gemacht und eine Abgasreinigung von etwa 50 Prozent für ausreichend erklärt. Und nun werden die Grenzwerte für Pkw zwischen 1,4 und zwei Litern als Summe und so angesetzt, dass sie sich auch ohne Katalysator erfüllen lassen. Martin Urban schreibt in der *Süddeutschen Zeitung*:

> „Es ist gesichertes Wissen, dass im dichten Verkehr ein Tempolimit für gleichmäßige Geschwindigkeiten, weniger plötzliche Staus und damit am Ende ein schnelleres Vorwärtskommen sorgt als die ‚Freie Fahrt'. Und man weiß, dass Geschwindigkeitsbegrenzungen, je stärker desto mehr, den Ausstoß vor allem von Stickoxiden deutlich mindern. Natürlich bedeutet ein Tempolimit auf Deutschlands Autobahnen Umgewöhnung – selbstverständlich auch für die Autowerbung – und vor allem Kontrollen. Aber einen solchen Lernprozess durchzumachen ist jedermann zuzumuten. Die übrigen zivilisierten Staaten der Welt erwarten dies bei unterschiedlich intensiver Kontrolle von ihren Bürgern schon längst. Die rasche Einführung eines Tempolimits ist für Bundeskanzler und Bundesinnenminister, die beide ihr Gesicht verloren haben, die einzige Chance, noch etwas für den Wald zu tun."[102]

Der Verband der Deutschen Automobilindustrie begrüßt den Luxemburger Kompromiss ebenfalls, nicht ohne vor neuerlichen Diskussionen über die Einführung eines Tempolimits oder vor einem deutschen Alleingang zu abgasfreundlichen Regelungen zu warnen. Denn einen Punkt der Absprache von Luxemburg hat Zimmermann bei der Debatte im Bundestag erst gar nicht erwähnt: Die Umweltminister haben nämlich die Kommission beauftragt, bis Ende 1985 einen Vorschlag für ein allgemeines Tempolimit für die Europäische Gemeinschaft vorzulegen. Christian Schütze analysiert das Vorgehen der Autoindustrie in seinem Kommentar „Das große Zittern vor Tempo 100":

> „Der nahezu einhellige Widerstand der anderen europäischen Autonationen gegen Zimmermanns Katalysatorpläne war die klare Abwehr eines Versuchs, über den Umweltschutz der deutschen Industrie einen Wettbewerbsvorteil zu schaffen. Seither steht für Franzosen und Engländer fest: Wenn den Deutschen ihr Wald so lieb ist, sollen sie zuerst das tun, was am schnellsten hilft – langsamer fahren. Die Rückkehr in eine europäische Normalgeschwindigkeit wäre der erste Schritt zu einer europäischen Umweltpolitik."[103]

In einem Interview zum differenzierten Tempolimit (kein Limit für Kat-Fahrzeuge, Limit für Fahrzeuge ohne Kat) äußert Carl-Dieter Spranger (CSU), Bonner Innenstaatssekretär, Mitte Juli: „Ich sehe derzeit Probleme, weil wir mit dieser Lösung einen Klassenkampf auf den Straßen bekommen würden, der vor allem die sozial Schwachen belastet. Das wollen wir nicht." Um selbst ein differenziertes Tempolimit zu verhindern, werden die sozial Schwachen als Begründung herangezogen. Diese hatten und haben in der Regel ohnehin die langsameren Autos – sofern sie überhaupt eines haben. Mit den Ärmeren wird also die Raserei der Großen legitimiert. Dazu kippt ein wirres Fördersystem den teuren Katalysator aus dem Markt, weil billigere Lösungen genauso gefördert werden.

Christian Schütze wird 20 Jahre später in seinem Beitrag „Blauer Himmel, braune Wälder" im Jahr 2005 folgendes Resümee ziehen:

> „Die deutsche Autoindustrie drohte den Verlust von ‚mindestens 100 000 Arbeitsplätzen' an, wenn Bundeskanzler Kohl den Beschluss, vom 1.Januar 1986 nur noch abgasarme Autos zuzulassen, nicht rückgängig mache … Der kühn angekündigte ‚Alleingang' des stolzen ‚Vorreiters' wurde abgeblasen. Nun sollte wenigstens ein Tempolimit folgen, damit die inzwischen als waldschädlich erkannten Stickoxide aus den hochverdichteten Motoren vermindert würden … Bundeskanzler Kohl prägte die seitdem gebrauchte Formel, mit ihm sei eine Geschwindigkeitsbegrenzung ‚nicht zu machen'. Das klang nach Kraft, was aber hinten herauskam, war eine vollständige Kapitulation der Regierungspolitik vor den Wünschen der Autoindustrie. Es war nicht die erste und nicht die letzte."[104]

Nach der massiven Kritik an den Luxemburger EG-Beschlüssen vergibt Innen- und Umweltminister Zimmermann einen Auftrag an den TÜV Rheinland: Der soll ausrechnen, was die soeben beschlossenen, schwachen Abgasgrenzwerte in Wirklichkeit in den nächsten zehn bis zwanzig Jahren für die Umwelt bringen. Natürlich soll das Gutachten Zimmermanns Verhandlungsergebnisse bestätigen. Fachleute des Bonner Innenministeriums, des UBA, der Automobilindustrie und des TÜV Rheinland diskutieren Prognose und Vorgaben an den TÜV Rheinland. Zimmermann und die Automanager haben dabei ähnliche Interessen. Zimmermann will seinen Erfolg unterstreichen und die Industrie eine Geschwindigkeitsbeschränkung vermeiden. Je schneller die europäische Abgasregelung Erfolge verzeichnen kann, umso ferner ist ein Tempolimit. Deshalb gehört das Ankündigen schneller Erfolge zum taktischen Arsenal im Kampf gegen Tempo 100. Aber alle Fakten sprechen nach wie vor für ein Tempolimit, wie der *Spiegel* schreibt:

> „Bei Tempo 100 auf Autobahnen und 80 auf Landstraßen, das wissen die Experten längst, werden dem Wald jährlich zwischen 110 000 und 170 000 Tonnen der als besonders gefährlich geltenden Stickoxide erspart.

Gegen eine Geschwindigkeitsbegrenzung hat Zimmermann dann nur noch eine Waffe: Ein Tempolimit wäre unnötig, wenn der Wald wegen der EG-weiten Herabsetzung der Grenzwerte für Stickoxide und Kohlenwasserstoffe der zusätzlichen Schonung nicht mehr bedürfte."[105]

Unfallbilanz I

Der bayerische SPD-Fraktionsführer Karl-Heinz Hiersemann fordert im August 1985 Innenminister Karl Hillermeier (CSU) auf, Unfallvergleichszahlen für konkrete Autobahnstrecken nach Einführung eines Tempolimits vorzulegen: Wenn sich bestätigen sollte, dass bei Tempo 100 weniger passiert, wäre dies zweifellos ein äußerst gewichtiges zusätzliches Argument für die umweltfreundliche Geschwindigkeitsbegrenzung. Auf der Tempolimit-Teststrecke zwischen Greding und dem Autobahndreieck Feucht hätten sich nämlich seit der Einführung der Geschwindigkeitsbegrenzung am 20. Februar bis Ende Juni 27 Unfälle ereignet gegenüber 48 im gleichen Zeitraum des Vorjahres. Im Vorjahr wurden zehn Menschen schwer und 36 leicht verletzt; in diesem Jahr gibt es keinen Schwerverletzten und nur 13 Leichtverletzte.

Im August 1985 startet die Landesverkehrswacht Bayern eine Plakataktion wegen der alarmierenden Statistik von Unfallursache Nummer 1: *zu schnelles Fahren*: „Jeden Tag sterben 14 Menschen im Bundesgebiet, weil es ein anderer zu eilig hat, sein Können überschätzt oder aus Spaß herumrast." Nach Angaben der bayerischen Polizei ist bei fast der Hälfte aller 1984 auf den Straßen tödlich verunglückten Menschen die Unfallursache „nicht angepasste Geschwindigkeit" mit im Spiel: bundesweit bei 5008 von 10 199 Toten, in Bayern bei 1171 von 2413 Toten. Unfallforscher Jakob Kandler nennt im Juli 1985 in der *Abendzeitung* zwei Punkte für die häufigen Verkehrsunfälle:

> „Bei uns darf auf Autobahnen ohne Limit schnell gefahren werden. Dadurch ist man hohe Geschwindigkeiten gewohnt. Der Autofahrer ist auf der Landstraße gar nicht bereit, die Geschwindigkeit so zu reduzieren, wie es nötig ist." Und der zweite Punkt: „Die modernen schnellen Autos sind so komfortabel, dass man die hohe Geschwindigkeit körperlich gar nicht mehr wahrnimmt."

Das Ende des Großversuchs

Ende Oktober schaltet sich der Verkehrsexperte der CDU/CSU-Fraktion, der CSU-Politiker Dionys Jobst, in die Diskussion um die Geschwindigkeitsbegrenzung mit der kategorischen Erklärung ein, Tempo 100 sei „tot – töter geht es nicht". In der *Bild*-Zeitung äußert Jobst, dass wirtschafts- und verkehrspolitisch ein Tempolimit nicht zu verantworten sei, und fügt hinzu, dass bei Einführung eines Tempolimits zigtausend Arbeitsplätze in der Automobilindustrie gefährdet seien (dies hat Kuenheim auf der IAA 1985 auch schon so gesagt). Da sich auf den Versuchsstrecken mit Tempo 100 die meisten Autofahrer nicht an die Geschwindigkeitsbegrenzung gehalten hätten, müssten deshalb zur Überwachung von Tempo 100 auf den Autobahnen zusätzlich 1000 Polizisten mit Radarwagen eingesetzt werden.[106] Der Jubel von Jobst über das als tot erkannte Tempolimit war wohl schon durch Hintergrundinformationen zum Großversuch gespeist. Diese auf den ersten Blick primitiven Äußerungen sind dennoch ganz gezielte Entgleisungen eines in hohe Ämter eingesetzten Politikers, der die Machtverhältnisse sehr genau kennt.

Die Persönlichkeitsstruktur von Jobst wird etwas klarer, wenn man sich seine weiteren Aktionen ansieht. Dionys Jobst (CSU) war von 1969 bis 1998 für den Wahlkreis Schwandorf im Bundestag. 1978 beantragte er im Bundestag, die Regierung solle Franz Beckenbauer bei Cosmos New York für die Weltmeisterschaft loseisen. Im Jahr 1993 kam er erneut in die Schlagzeilen mit dem Vorschlag, Mallorca für 50 Milliarden DM als 17. Bundesland zu kaufen.

Der baden-württembergische FDP-Landesvorsitzende Walter Döring erklärt im *Kölner Expreß*, nach Einschätzung seiner Partei werde es „mit Sicherheit kein generelles Tempo 100 auf den Autobahnen geben"; dies gelte „unabhängig vom Gutachten". Das sei in einer Koalition mit der FDP nirgendwo machbar. Sönke Petersen schreibt dazu den Kommentar „Großversuch für die Katz":

> „Die Herren müssen Hellseher-Fähigkeiten besitzen oder aber den Großversuch der Bundesregierung als das nehmen, was er wohl in Wahrheit auch ist: ein Alibi für die ohnehin vorgefasste Meinung. Am deutlichsten machte dies Baden-Württembergs FDP-Chef Döring: Unabhängig vom Gutachten werde es mit Sicherheit kein Tempo 100 geben, erklärte er. Na also, nun wissen wir es jedenfalls. Doch wozu dann die monatelangen Teststrecken, die Abgasmessungen, die Kontrollen? Für 14 Millionen ein ziemlich kostspieliges Vergnügen. Der Steuerzahler sollte sich's merken."[107]

Döring musste am 18. 6. 2004 seinen Rücktritt von allen politischen Ämtern bekannt geben, da die Staatsanwaltschaft gegen ihn wegen des Verdachts der Vorteilsnahme ermittelte. 2005 hob der Landtag die Immunität des ehemaligen baden-württembergischen Wirtschaftsministers einstimmig auf und Döring wurde wegen uneidlicher Falschaussage im Fall Flowtex zu neun Monaten auf Bewährung verurteilt. Er ist damit rechtskräftig vorbestraft.

Am letzten Oktobertag 1985 werden die Schilder für die Geschwindigkeitsbegrenzung auf „Tempo 100“ abgebaut; damit ist der Großversuch beendet. Bereits kurz danach spricht sich Bundesinnenminister Friedrich Zimmermann entschieden gegen eine Geschwindigkeitsbeschränkung aus; sie könne auch unter umweltpolitischen Gesichtspunkten kein Ersatz für den Abgaskatalysator sein. Für Bundesverkehrsminister Werner Dollinger ist es unverständlich, warum nach dem erfolgreichen Vorstoß des Bundesinnenministers für schadstoffärmere Autos die Forderung nach einem Tempolimit auf Autobahnen jetzt noch verstärkt werde.

Die Absage des Tempolimits wird vorbereitet.
In Zimmermanns Innenministerium existierte von Anfang an der Plan, eine Entlastung der Umwelt durch ein Tempolimit deutlich unter 100 000 Tonnen Stickoxide zu drücken. Also ließ man Tempo 80 km/h auf Landstraßen unter den Tisch fallen. Die Begründung dafür war ganz einfach: Dieses Tempo werde von den Autofahrern schlicht nicht akzeptiert und bringe deshalb keine Entlastung. Nur mit Tempo 100 km/h auf Autobahnen aber sei die Giftverminderung so gering, dass die Maßnahme eines Tempolimits nicht zu vertreten sei. Das war die vorgegebene Taktik.

Anfang Oktober findet ein Treffen der deutschen Umweltminister in München statt. Ein Antrag der Länder Bremen, Hamburg, Hessen, Nordrhein-Westfalen und des Saarlands fordert die Einführung eines Tempolimits für den Fall, dass die Ergebnisse des jetzt abgeschlossenen Großversuchs die Größenordnung der Verringerung der Luftbelastung in dem Umfang bestätigen, wie sie im Gutachten des UBA vom September 1984 ermittelt wurde. Dieser Antrag kann „aus Zeitgründen“ nicht behandelt werden, wie der bayerische Umweltminister und Konferenzvorsitzende Alfred Dick (CSU) erklärt. Er äußert, für eine Beschlussfassung sei auch nach dem Vorliegen der Versuchsergebnisse noch Zeit. Dick spricht sich auf der Pressekonferenz jedoch gegen eine Geschwindigkeitsbegrenzung aus und sagt: „Nie ist so viel gelogen worden wie bei der Jagd, bei Beerdigungen und beim Tempolimit.“[108] Damit hat er insofern Recht, als die Bundesregierung zusammen mit CDU/CSU und FDP das Lügengebäude selbst errichtet hat.

In einem Interview mit der *Abendzeitung* bringt Bundesinnenminister Friedrich Zimmermann wieder einmal die nicht mehr taufrischen Argumente: „Wir haben von 480 000 km Straßen eh nur 6000 nicht geschwindigkeitsbeschränkt und obendrein die sichersten Autobahnen mit den geringsten Unfallquoten. Diese Autobahnen sind nicht für Tempo 100 gebaut, denn bei den vielen geraden Strecken und langsamer Fahrt sinkt die Konzentration rapide." Und zur Frage nach einem Tempolimit sagt Zimmermann: „Ich persönlich bin kein Ideologe (! W. Z.) des Tempolimits."[109]

Für das Ende des Großversuchs plant Kanzleramtsminister Wolfgang Schäuble einen kurzen Prozess. Am 19. November soll Bundesinnenminister Friedrich Zimmermann das TÜV-Gutachten über die Auswirkungen eines Tempolimits auf den Giftausstoß der Autos erhalten und schon zwei Tage später will Schäuble das Kabinett entscheiden lassen. Zimmermann selbst sagt in einem Interview mit der *Abendzeitung*: „In 14 Tagen wird das Testergebnis vorliegen. Dann wird entschieden." – Wie schnell? – „Unverzüglich. Es wird nichts auf die lange Bank geschoben." Mitte November plant das Bundeskabinett, eine Entscheidung über eine allgemeine Geschwindigkeitsbeschränkung auf den Autobahnen sogar schon am Tag nach Übergabe des TÜV-Gutachtens zu treffen.

Der SPD-Bundestagsabgeordnete Freimut Duve wirft der Bundesregierung vor, mit ihrem Großversuch zum Tempolimit einen „Großbetrug" an jenen Leuten zu begehen, die wirkliche Maßnahmen zum Schutz der Umwelt erwarten. Duves SPD-Fraktionskollege Michael Müller betont, dass mit einem Tempolimit die Schadstoffmengen am schnellsten und einfachsten verringert werden könnten. Die Grünen fordern ein generelles Tempolimit. Die FDP führt ins Feld, dass ein Tempolimit „umweltfeindlich" sei, weil es nur kleine Vorteile im Vergleich zu den Vorteilen des Katalysators bringen würde. Der CDU-Abgeordnete Schmidbauer spricht von einem „grundsätzlichen Unterschied" der Parteien in dieser Frage. Die SPD wolle mehr Dirigismus und mehr staatliche Eingriffe. Die Unionsparteien wollten die Einführung einer Technologie, welche die Schadstoffe wesentlich besser zurückhalten könne als jedes Tempolimit. Die Unlogik dieser Argumentation ist auffallend. Außerdem ist die sinnvolle Einführung *beider Maßnahmen* – Tempolimit plus Katalysator – längst von den Umweltinstituten vorgeschlagen worden.

Schon vor der Kabinettsberatung über den Abgas-Großversuch wurde durch Äußerungen prominenter Unionspolitiker bekräftigt, dass es kein Tempolimit auf den Autobahnen geben wird. Zeitlich korrekter formuliert: Schon vor dem Großversuch selbst stand fest, dass es kein Tempolimit auf Autobahnen geben werde …

Montag, 18. 11. 1985

Anlässlich der Entscheidung über den Großversuch übergibt Greenpeace am Montag, den 18. November, im Bonner Innenministerium die Unterschriften von einer Viertelmillion Bürger, die sich für ein Tempolimit von 100 Stundenkilometern auf der Autobahn einsetzen. An diesem 18. November übergibt auch der TÜV auf ganzen vier Seiten der Bundesregierung die Ergebnisse des Großversuchs und veröffentlicht sie. Am Montagabend muss Innenminister Zimmermann (CSU) Verkehrsminister Dollinger (CSU) noch Nachhilfe erteilen. Dollinger bringt einen Entwurf für die Kabinettsentscheidung ins CDU-Präsidium, der so beginnt: „Die Bundesregierung lehnt die Einführung eines Tempolimits ab." Zimmermanns neuer Anfang lautet so: „Das Ergebnis des Abgas-Großversuchs beweist, dass allein die moderne Technik des umweltfreundlichen Autos die Schadstoffe aus Abgasen drastisch verringern kann."

Am gleichen Montagabend spricht sich erwartungsgemäß auch der Fraktionsvorstand der CDU/CSU im Bundestag gegen die Einführung eines Tempolimits auf deutschen Autobahnen aus. Nach dem (Pseudo-)Ergebnis des Großversuchs empfiehlt die Fraktionsführung der Bundesregierung, es bei dem gegenwärtigen Zustand zu belassen. „Wir wollen kein Tempolimit", sagt Fraktionssprecher Michael Maiworm. An jenem Montagabend spricht sich auch das Präsidium der Freien Demokraten umgehend gegen ein allgemeines Tempolimit aus. Am nächsten Tag frühstückt Helmut Kohl um 7.30 Uhr mit den Fraktionsvorsitzenden, und kurz danach entscheidet die Bundesregierung im Eilverfahren gegen ein Tempolimit.

Nach den Ergebnissen des TÜV-Gutachtens hätten sich nur folgende Reduzierungen ergeben: Stickoxide um minus 10,4 Prozent (32.170 Tonnen); CO minus 11,9 Prozent; HC minus 1,7 Prozent; SO_2 minus 6,2 Prozent und Blei minus 7,3 Prozent. Die Hauptaussage des TÜV steht also im Gegensatz zu allen anderen Forschungsergebnissen: dass Tempo 100 den Ausstoß der Stickoxide nur um zehn Prozent verringern würde.

Die Durchschnittsgeschwindigkeit auf allen Bundesautobahnstrecken beträgt laut TÜV zu der Zeit 115 km/h inklusive jener Streckenabschnitte, auf denen schon damals ein Tempolimit bestand: Schon diese Annahme war bewusst falsch gewählt. Eine Geschwindigkeitsbeschränkung auf Tempo 100 würde die Durchschnittsgeschwindigkeit lediglich um 10 auf 105 km/h reduzieren. Bei einer Geschwindigkeitsbegrenzung auf Tempo 120 km/h ergäbe sich eine Verringerung des Durchschnitts auf etwa 112 km/h. Laut TÜV lag dies an der (gewollten) niedrigen Befolgungsrate von 30 Prozent aller Autofahrer bei einer Geschwindigkeitsbegrenzung von 100 km/h. Die Linie der Bundesregierung ist also erfolgreich: Autofahrer, wir kontrollieren euch nicht, und ihr haltet euch bitte nicht an die Tempolimits.

Für den *Spiegel* ist es ein überraschendes TÜV-Resultat, dass Tempo 100 km/h auf Autobahnen den Stickoxidausstoß jährlich nur um 32 170 Tonnen senken würde – nach der vom TÜV willkürlich angenommenen NO_x-Menge des von Pkw auf Autobahnen emittierten Gifts von 310 000 Tonnen also nur um rund zehn Prozent und nur um ein Prozent der gesamten jährlichen Stickoxidemissionen. Damit kann das Kabinett entscheiden, dass diese als gering deklarierte Menge eine zu vernachlässigende Größe sei und weder eine generelle Geschwindigkeitsbegrenzung noch ein gespaltenes Tempolimit (kein Limit für Kat-Fahrzeuge, Tempolimit für Pkw ohne Kat) rechtfertige. Die Ziffer liegt laut *Spiegel* „sensationell weit unter jener Giftmenge, die einem Gutachten des Umweltbundesamtes aus dem Vorjahr zufolge bei Tempo 100 vermieden werden könnte".

Dies hat verschiedene Gründe. Einmal liegt der Dissens in den unterschiedlichen Daten über die Zahl derer, die sich nicht an das Tempolimit halten. Das UBA ging von 50 Prozent der Bürger aus, die das vorgeschriebene Tempo fahren würden, der TÜV ermittelte durch Messen lediglich 30 Prozent.

„Die Bonner, allen voran der für innere Sicherheit zuständige Zimmermann, nahmen diese Gesetzesübertretung beinahe jubelnd zur Kenntnis. Der Bürger akzeptiere Tempo 100 eben nicht, da sei nichts zu machen. Dabei hatten die Bonner Politiker alles getan, Geschwindigkeitssünder zu ermutigen. Verkehrsminister Dollinger verkündete landauf, landab, er werde die Autofahrer nicht bremsen. Die Regierung verheimlichte der Autofahrer-Nation auch nicht, dass an Teststrecken keine besonderen Kontrollen erfolgen würden – Schonzeit für Raser."[110]

Ein Grund für die große Differenz lag auch darin, dass das Umweltbundesamt den gegenwärtigen Schadstoffausstoß auf den Autobahnen auf Messungen der BASt gestützt und einen Stickoxidausstoß von insgesamt 400 000 Tonnen im Jahr ermittelt hatte. Der TÜV kam aber trotz fünf Milliarden Fahrkilometer pro Jahr mehr auf willkürlich angesetzte 310 000 Tonnen. Je geringer der TÜV die Gesamtmenge der Stickoxide ansetzt, umso geringer fällt auch die statistische Einsparung durch ein Tempolimit aus.

Die Bundesregierung ist also höchst zufrieden mit dem TÜV-Ergebnis und räumt nebenbei auch noch die Verkehrssicherheitsargumente für ein Tempolimit aus dem Weg: Dollinger rechnet vor, zwischen 1982 und 1984 sei die Zahl der Todesfälle um 20 Prozent zurückgegangen, und betont wieder einmal, die Autobahnen seien die sichersten Straßen der Bundesrepublik. Allerdings ist beispielsweise auf dem Autobahnring Köln, auf dem seit Dezember 1984 Tempo 100 galt, im Vergleich zum entsprechenden Vorjahreszeitraum die Zahl der Unfälle mit Verletzten um 37 Prozent zurückgegangen und die Zahl der tödlichen Unfälle um 84 Prozent. Ein weiteres „Argument" Dollingers: Durch Tempo 100 würden viele Autofahrer auf die unsicheren Bundesstraßen ausweichen. Dieser negative Effekt des Ausweichens auf die überfüllten Landstraßen wäre, wie von den Umweltinstituten vorgeschlagen, leicht zu vermeiden gewesen durch Tempo 80 km/h auf Landstraßen, das laut UBA außerdem eine erhebliche Einsparung von mindestens 100 000 Tonnen Stickoxid pro Jahr gebracht hätte: Aber Tempo 80 km/h auf Landstraßen hat der TÜV bewusst erst gar nicht untersucht.

Zimmermann verkündet sodann lauthals, schon jetzt seien über 500 000 Umweltautos zugelassen, die eine Ersparnis von 50 000 Tonnen Stickoxid erbrächten, also weit mehr, als der TÜV für Tempo 100 ermittelt habe. Am 1. November 1985 beträgt die Zahl der „Umweltautos" sogar 513 501 Autos. Allerdings war auch diese Zahl falsch: Denn davon waren 344 880 Diesel-Pkw. „Der verringerte Giftausstoß existiert also zum Teil nur auf dem Papier", schreibt der *Spiegel* und fährt fort:

> „Übereilt und aufgrund eines zweifelhaften TÜV-Gutachtens entschied die Bundesregierung, was sie schon immer wollte: Ein Tempolimit auf Autobahnen wird es nicht geben. Fachleute rätseln noch, wie das Gutachten überhaupt zustande gekommen ist … Als jetzt die Kohl-Regierung erneut für die ungebremste Fahrt entschied, machte sich Erleichterung vor allem bei der Autoindustrie breit …
>
> Die Bonner Regierung hat entschieden, wie sie immer entscheiden wollte. Des 14 Millionen Mark teuren Großversuchs hätte es da gar nicht bedurft. Schon vor der Auftragsvergabe an den TÜV, im Herbst vorigen Jahres, wusste Helmut Kohl, was ein Tempolimit bewirken würde: ‚Das bringt nichts, das machen wir nicht.' Nach dieser Vorgabe fiel dem Kabinett die Entscheidung leicht. Allein auf der Grundlage weniger Zahlen und einer einzigen Tabelle befanden die Minister, eine Begrenzung der Geschwindigkeit, in allen zivilisierten Ländern Gesetz, sei überflüssig …
>
> Schon bevor irgendein Experte auch nur die Chance gehabt hätte, sich ein Urteil zu bilden, tönte Kohls Lautsprecher, Staatssekretär Friedhelm Ost: ‚Wer den Großversuch kritisiert, ist unseriös.' Das Projekt sei ‚über alle Zweifel erhaben'."[111]

Die Automobilindustrie ist selbstverständlich mit der Entscheidung des Bundeskabinetts höchst zufrieden. Der Vorstandsvorsitzende der Daimler-Benz AG, Werner Breitschwerdt, begrüßt den Beschluss als „sachlich richtig" und „sehr gut". Der erleichterte Sprecher des VDA, Winfried Grzenia, äußert: „Es gibt weltweit nichts Besseres als diese Berechnung, jetzt wissen wir wenigstens, was aus dem Auspuff kommt." Der VDA in Frankfurt a. M. verbreitet umgehend die Broschüre „Fakten gegen Tempolimit auf Autobahnen", in deren Vorwort steht, „dass es für ein Tempolimit auch unter umweltpolitischen Gesichtspunkten keine vernünftige Begründung gibt". Auch BMW-Sprecher Thomas Gubitz frönt der Taktik, die eigene Ideologie dem friedlichen Lager unterzujubeln: „Ein ideologisch (! W. Z.) geführter Glaubenskrieg ist eben nicht der richtige Weg." Jetzt sollen die Leute lieber –

natürlich neue – schadstoffarme Autos kaufen. Hubert Weinzierl sagt auf die Frage, wie er das Ergebnis bewerte:

„Als einen Akt schlimmster Umweltkriminalität … Das gemachte Gutachten ist unsolide und manipuliert, eine nicht mehr zu überbietende Volksverdummung … Dieses Ergebnis musste so rauskommen. Es handelt sich um ein reines Gefälligkeitsgutachten, die Auslegung wurde manipuliert. Aber dabei haben eher Daimler-Benz, BMW oder VW das Sagen. Die Bundesregierung ist nur eine Marionette der Autoindustrie. So wurde wieder ein Stück Demokratie demontiert." Und auf die Frage: „Was bleibt den Naturschützern als Hoffnung?" fügt er fast schon prophetisch hinzu: „In den nächsten Jahren werden wir in der Natur so fürchterliche Dinge erleben, dass wir reumütig zu solchen Überlegungen zurückkehren werden."[112]

Meine Kollegin Sylvia Hamberger schreibt dazu 1986 in unserem Buch *Alptraum Auto*:

„Die automobile Nation atmet auf, wenn nach einem Pseudo-Großversuch die – immerhin gewaltigen Abgasmengen – von Politikern so verharmlost werden, als handele es sich um Weihnachtsplätzchen. Probleme wie der Erstickungshusten der Kinder, das große Sterben der Natur und die Zerstörung der gebauten Geschichte erscheinen wie Zufälliges, Beiläufiges."

Christian Schütze kommentiert den Großversuch in der *Süddeutschen Zeitung* in seinem Kommentar „Unter dem Druck der Straße":

„Wo sich eine Regierung nicht zugunsten von Menschenleben durchsetzen kann, wird sie es viel weniger für Bäume tun. Die Kfz-Zulassungen gehen in die Wachstumsstatistik ein, das Siechtum der Wälder nicht ... Dagegen wirkt die Drohung eines Automobilindustriellen, Tempo 100 bringe den Verlust von 400 000 Arbeitsplätzen, wie eine Kriegserklärung. Es bedurfte eines solchen Hammerschlages nicht. Die Bundesregierung hatte sich längst darauf festgelegt, im Namen der Freiheit allen Forderungen nach einem Tempolimit zu widerstehen …

In diesen Zusammenhängen gesehen, war der sogenannte Großversuch – methodisch fragwürdig, unkontrolliert ausgewertet – nichts als ein Feigenblatt, mit dem die Bundesregierung die Blöße ihrer vorgefassten Meinung decken wollte. Das Ergebnis hatten Minister und Autojournalisten seit Langem gewusst: ‚Tempo 100 bringt nichts.' Bei der Vorbereitung dieses Resultats ist die Bundesregierung nicht einmal vor dem Mittel der Einladung zum Gesetzesbruch zurückgeschreckt."[113]

Und Heinrich Praxenthaler urteilt:

„Der Zeitzeuge fragt sich, warum sich die Bundesregierung zu einem so überstürzten und taktisch fragwürdigen Vorgehen – man vergleiche es mit dem lang währenden Prüfungs- und Abstimmungsprozess vor Einführung der Richtgeschwindigkeit – entschlossen hat. So konnte der Großversuch sein Ziel, den Streit um Nutzen und Berechtigung von Tempo 100 zu objektivieren, nicht erreichen; vielmehr wurde dem Verdacht, hier wirke Pression, Tür und Tor geöffnet."[114]

Die fachliche Kritik von IFEU und anderen am Großversuch

Die Kritik von Ullrich Höpfner vom IFEU fällt deutlich aus: „Man fragt sich, ob es eine Schwelle der Dreistigkeit gibt. Unter uns Wissenschaftlern hat dieses Ergebnis zumindest großes Aufraunen verursacht, weil wir der Regierung diese Dreistigkeit nicht zugetraut haben." Wobei nicht die TÜV-Messungen selbst bezweifelt werden, sondern ihre Voraussetzungen: Tempolimit 80 km/h auf Landstraßen (allein im Außerortsverkehr liegt der Ausstoß-Rückgang bei 85 000 Tonnen) wurde nicht behandelt, ein Tempolimit wurde vorwiegend auf mehrspurigen „Rennstrecken" eingerichtet, mangelnde Kontrollen etc.

Im Januar 1986 liefert Dieter Teufel vom IFEU in Heidelberg eine ausführliche Kritik am Großversuch.[115] Hier einige Auszüge:

> Die beiden TÜV-Studien zur Abgasminderung im Verkehr, nämlich die Abgasprognose für den Pkw-Verkehr bis zum Jahr 2005 und der Großversuch Tempolimit, „sind ein Musterbeispiel, wie mit Hilfe (scheinbarer) Wissenschaft die Erwartungen eines Auftraggebers erfüllt werden können. Während der TÜV in der Abgasprognose fast nichts auslässt, den Effekt der bisherigen Abgasbeschlüsse **hoch**zurechnen, werden in dem Großversuch Tempolimit die Umweltauswirkungen eines Tempolimits umgekehrt nach allen Regeln der Kunst **herunter**gerechnet." (S. 44)
>
> „Der TÜV musste sich auf Wunsch des Auftraggebers an Vorgaben des Verbandes der Automobilindustrie (VDA) über die Zahl schadstoffarmer Neuwagen und nachgerüsteter Pkw in den nächsten Jahren halten. Diese Annahmen sind unrealistisch hoch … Auch bei den Altwagen stützte sich der TÜV auf außergewöhnlich optimistische Vorgaben des VDA." (S. 45)
>
> Der TÜV nahm beim Tempolimit an, dass sich nur 30 Prozent der Autofahrer an diese Vorschrift halten würden, ging aber bei der freiwilligen Katalysator-Nachrüstung von 100 Prozent aus. Dazu nahm er an, dass der Pkw-Verkehr in den nächsten Jahrzehnten nicht mehr zunimmt – im Gegensatz zu einer Prognose des ADAC aus dem Jahr 1985, der einen Zuwachs des Pkw-Verkehr bis zum Jahr 2000 mit 50 Prozent annimmt.
>
> Dazu hat der TÜV beim Ablesen der Tachometerstände nicht berücksichtigt, dass ein Teil der Fahrzeuge nur fünfstellige Tachometeranzeigen hat, die bei Überschreiten von 100 000 km Fahrleistung wieder von vorne anfangen zu zählen. Dadurch wird in der Statistik eine zu geringe Fahrleistung älterer Wagen vorgetäuscht. Fahrzeuge über zehn Jahre Alter wurden überhaupt nicht mehr berücksichtigt. Allein diese Fahrzeuge stel-

len 15 Prozent des Pkw-Bestands dar: „Durch diese beiden Fehler wird in der Emissionsprognose des TÜV ein zu schneller Austausch des Fahrzeugbestandes durch Neuwagen vorgetäuscht und damit die erreichbare Emissionsminderung erheblich überschätzt. Dies wiegt übrigens umso schwerer, als der TÜV vom IFEU-Institut rechtzeitig vor Abschluss der Studie auf diese Fehler aufmerksam gemacht wurde. Trotzdem wurden sie nicht korrigiert.“ (S. 45f.)
Der Großversuch untersuchte nur Tempo 100 auf Autobahnen, nicht Tempo 80 auf Außerortsstraßen. Niemand hatte jedoch vorgeschlagen, Tempo 100 auf Autobahnen allein einzuführen, alle Vorschläge lauten auf Tempo 100 auf Autobahnen und Tempo 80 auf Landstraßen.

NO_x-Minderung in Tonnen pro Jahr durch Tempo 80 auf Landstraßen

Untersuchung von	VDA:	UBA:	IFEU:	TU Berlin	Mittelwert
	87 400	100 000	110 000	120 000	104 350

Quelle: IFEU-Institut für Energie- und Umweltforschung, Heidelberg; Dieter Teufel: „Materialien zum Waldsterben: Wirksamkeitsanalyse emissionsmindernder Maßnahmen – Schwefeldioxid, Stickoxide“, Bericht Nr. 40, Heidelberg Januar 1986, S. 47

„Die Emissionsminderung durch Tempo 80 ist deshalb höher als bei Tempo 100, weil auf Land- und Bundesstraßen rund 50 Prozent mehr gefahren wird als auf Autobahnen, ein Tempolimit auf Außerortsstraßen (meist nur einspurig) deutlicher befolgt wird und die Fahrzeuge nicht im Volllastbereich gefahren werden … Zu dem Ergebnis des Großversuches Tempo 100 muss also als Erstes die Schadstoffminderung durch Tempo 80 in Höhe von rund 105 000 t/Jahr addiert werden.“[116]
Die während des Großversuchs gemessenen Geschwindigkeitsverteilungen auf Autobahnen ohne Tempolimit waren zu niedrig, da aufgrund des sehr strengen Winters geringere Geschwindigkeiten als im langjährigen Mittel gefahren wurden.
Der TÜV errechnete für die heutige Stickoxidemission auf den bundesdeutschen Autobahnen nur 310 000 Tonnen, das sind 90 000 Tonnen weniger, als das Umweltbundesamt mit den langjährig gemessenen Geschwindigkeitsverteilungen der Bundesanstalt für Straßenwesen errechnete. „Je niedriger die Emission ohne Tempolimit, desto geringer der Effekt eines Tempolimits.“
Das Aufstellen einiger Tempo-100-Schilder auf einzelnen Teststrecken bei ansonsten freier Fahrt schafft psychologisch eine völlig andere Situation als ein allgemeines Tempolimit, welches überwacht wird. Auch der Befol-

gungsgrad bei Tempo 100 war zu niedrig. Bei Langzeitversuchen steigt zudem der Befolgungsgrad mit der Dauer des Tempolimits.[117]
Am 25. November 1985 legte der TÜV einen *Kurzbericht* von immerhin 41 Seiten vor. Darin hat der TÜV realistische Freilandmessungen neben der Autobahn und theoretische Simulationsrechnungen durchgeführt und mit bis zu 20 Prozent eine fast doppelt so hohe NO_x-Minderung durch Tempo 100 wie zuvor veröffentlicht ermittelt.[118]
„Korrigiert man nur die bisher bekannten Fehler bzw. unrealistischen Annahmen des TÜV, erhält man statt der veröffentlichten 32 000 t eine Stickoxidminderung durch Tempo 100 und 80 von 170 000 bis 210 000 t NO_x/a … Der Vergleich ergibt eindeutig, dass ein Tempolimit selbst bei Zugrundelegung der niedrigen Zahl des Großversuchs bis nach 1990 mehr Stickoxide verhindern würde als alle bisherigen Beschlüsse der Bundesregierung im Pkw-Bereich zusammen.
Ein Tempolimit 100/80 würde nach Angaben der Bundesanstalt für Straßenwesen außerdem zu einer Verringerung der Zahl der Verkehrstoten in der BRD um 1250 pro Jahr führen (-250 auf Autobahnen, -1000 auf Land- und Bundesstraßen). Die Zahl der Verletzten würde um mindestens 10 000, die der Schwerverletzten um etwa 5000 zurückgehen ... Als weitere Folge würden durch ein Tempolimit 80/100 in der BRD zwischen 1,8 und 3,5 Milliarden Liter Benzin pro Jahr eingespart.“[119]

Zum Unfallrückgang liefert das bayerische Innenministerium einige Zahlen: Im Juli 1984 wurden auf den drei bayerischen Teststrecken 104 Unfälle mit vier Toten und 52 Verletzten registriert. Im Juli 1985, also in der Zeit des Tempolimits, kam es auf den gleichen Strecken zu 96 Unfällen mit 26 Verletzten und keinen Toten. Die Zahl der Unfälle auf der mittelfränkischen Tempolimit-Versuchsstrecke ist in der Zeit vom 20. Februar bis Ende Juni 1985 von 48 im Vorjahr auf 27 zurückgegangen.

Bundesländer dürfen nicht handeln
Der Grünen-Politiker und neue Staatssekretär im hessischen Umwelt- und Energieministerium, Karl Kerschgens, fordert, „ab 1. Januar 1986 auf allen irgend möglichen hessischen Autobahnen und Landstraßen eine Tempobeschränkung einzuführen“. Der nordrhein-westfälische Verkehrsminister Christoph Zöpel (SPD) kündigt an, dass nach der Auswertung eines Großversuchs mit Tempo 100 auf dem Kölner Ring geprüft werde, auf welchen weiteren stark belasteten Autobahnabschnitten des Landes das Tempo aus Sicherheitsgründen noch gedrosselt werden müsse. Auch das Saarland will Tempolimits.

Dies stößt umgehend auf scharfen Widerstand aus Bonn. So äußert Bundesinnenminister Zimmermann, die Bundesregierung werde nicht zulassen, „dass die Straßenverkehrsordnung unterlaufen wird“. Bundesverkehrsminister Dollinger warnt, ohne überzeugende Begründungen für Tempolimits, zum Beispiel aus Sicherheits- oder Lärmschutzgründen, würden solche Alleingänge von den Landesregierungen schon aus verfassungsrechtlichen Gründen scheitern. Der Bund könne auch über Bundesrat und Bundesverfassungsgerichtsbarkeit sicherstellen, dass die Länder bundesrechtliche Gesetze zu befolgen hätten. In der *Bild*-Zeitung kündigt der Vorsitzende des Verkehrsausschusses im Bundestag, Karl-Heinz Lemmrich (CSU), an, dass die Bundesregierung gegenüber den SPD-regierten Ländern, die auf ihren Autobahnen eigenmächtig Tempo 100 einführen wollen, „sicher schnell handeln" und „ihnen dann den Geldhahn zudrehen" werde. Da diese Länder nun keine Bundesmittel für Autobahnen mehr bräuchten, könnten die Gelder dann anderen Bundesländern für den Weiterbau ihrer Schnellstraßen zur Verfügung gestellt werden. Es ist übrigens durchaus von Interesse, dass von 1982 bis 1991 fast alle Schlüsselpositionen im Verkehrsbereich – Bundesverkehrsminister, Vorsitzender des Verkehrsausschusses, dazu der für Umwelt zuständige Bundesinnenminister – von der CSU gestellt wurden.

Der Parlamentarische Geschäftsführer der CDU/CSU-Bundestagsfraktion, Rudolf Seiters, erklärt zum geplanten Alleingang der SPD-Länder, das Vorschieben anderer Gründe für ein Tempolimit wie Verkehrssicherheit oder Lärmschutz beweise, dass es der SPD nicht um den Schutz der Wälder, sondern „allein um den ideologisch (! W. Z.) begründeten Kreuzzug gegen das Automobil" gehe.

1986 bis 1989: Weiter abwehren und totschweigen

Der Kampf der Regierung Kohl gegen ein Tempolimit geht auch nach dem Großversuch weiter. Mitte Januar 1986 informiert der verkehrspolitische Sprecher der SPD, dass die Bundesregierung den Bundestag unterrichtet habe, zur Frage der Vermeidung von Unfällen durch Geschwindigkeitsbegrenzungen lägen der Bundesregierung keine beweiskräftigen Aussagen vor. Heute, über zwanzig Jahre später, sieht es übrigens nicht viel anders aus.

Dietmar Klenke schreibt: „Das sich kaum Protest gegen die Verzichtserklärung der Bundesregierung (Kohl; W. Z.) regte, verdankte die Automobillobby nicht zuletzt der Gunst der Stunde. Denn die Öffentlichkeit stand zu dieser Zeit noch ganz unter dem Eindruck diverser Chemieunfälle und der Reaktorkatastrophe von Tschernobyl."[120] Dies ist ein wichtiger Grund für ein relativ abruptes Abbrechen der Tempolimit-Bewegung: Die akutere ökologische Katastrophe von Tschernobyl am 26. April 1986 überlagert die „Alltagskatastrophe" Luftverschmutzung in Deutschland. Unsere Gesellschaft für ökologische Forschung ist nur indirekt davon betroffen: Wir eröffneten im Januar 1986 unsere Ausstellung „Alptraum Auto – Eine hundertjährige Erfindung und ihre Folgen“ in München, die Ende April nach gutem Besuch dort beendet wurde und dann auf jahrelange Wanderschaft durch Europa ging.

Deutschland verhindert ein EG-Tempolimit I

Ende Oktober 1985 unternimmt die Kommission der Europäischen Gemeinschaft erneut einen Vorstoß für eine einheitlich geltende Geschwindigkeitsbegrenzung in Europa. EG-Verkehrsexperten empfehlen in einer Analyse ein Tempolimit von 100 km/h auf Autobahnen und 80 km/h auf Landstraßen und zählen drei Vorteile eines EG-einheitlichen Tempolimits auf: eine Verringerung der Umweltbelastung um jährlich 300 000 Tonnen Stickoxid, die Verbesserung der Verkehrssicherheit und eine Energieeinsparung um insgesamt drei Prozent. Der in der Kommission für Verkehrsfragen zuständige britische EG-Kommissar Stanley Clinton Davis kündigt an, dass sich die EG-Kommission für ein europaweites Tempolimit einsetzen wolle und noch 1985 dem Brüsseler Ministerrat der Europäischen Gemeinschaft einen entsprechenden Vorschlag machen werde. Davis wirft der Bundesregierung vor, Maßnahmen zum Schutz der Wälder zu fordern, aber eine positive Stellungnahme zum Tempolimit abzulehnen. Martin Urban schreibt zum europäischen Tempolimit: „Es ist bemerkenswert, dass in Europa nur die Deutschen, genauer gesagt: ihre Autobauer und im Chor die Verkehrspolitiker, ein allgemeines Tempolimit für eine Katastrophe halten, Die Begründung, es richte sich ja doch niemand danach, ist falsch, was die übrige Welt angeht; was die Bundesrepublik angeht, so ist sie ein Unfähigkeitsattest für ihre Politiker.“[121]

Ungeachtet der deutschen Debatte betont die EG-Kommission unterdessen, die Notwendigkeit eines Tempolimits müsse nicht nur nach Umweltschutz-, sondern auch nach Sicherheitsaspekten beurteilt werden. Denn dazu bietet 1986 das *Europäische Jahr der Straßenverkehrssicherheit* eine gute Plattform. Bei einer Pressekonferenz im Januar 1986 in Bonn zur Eröffnung dieses Jahres erklärt EG-Kommissar Davis, dass die EG-Kommission an ihrer Absicht festhalte, den Mitgliedsländern die Einführung von Tempolimits auf allen Straßen vorzuschlagen, und berichtet von grundlegenden Meinungsverschiedenheiten zwischen der Kommission und der Bundesregierung. Die große Mehrheit des Ministerrats sei für die Einführung einer „vernünftigen Geschwindigkeitsbegrenzung“ und der Überzeugung, dass eine höhere Geschwindigkeit zu mehr und schwereren Unfällen führe. In der Europäischen Gemeinschaft würden jährlich rund 50 000 Menschen im Straßenverkehr sterben; dies entspräche der Einwohnerschaft von der Größe der niedersächsischen Stadt Hameln. Die Zahl der Verletzten ist nach den

Worten Davis mit 1,5 Millionen so groß wie die Einwohnerzahl von Köln und Frankfurt a. M. zusammen.

Zuvor nimmt Bundesverkehrsminister Dollinger auf derselben Pressekonferenz erneut nachdrücklich gegen die Einführung genereller Tempolimits Stellung und vertritt die Ansicht, dass diese eine Erhöhung der Verkehrsopfer zur Folge haben würde. Das ist blanker Zynismus. Die Kohl-Regierung will nicht nur das deutsche, sondern natürlich auch ein EG-Tempolimit verhindern – und hat damit unzählige zusätzliche Tote und Verletzte über viele Jahre zu verantworten.

Im Februar spricht sich das Europa-Parlament in Straßburg für ein Tempolimit in der Gemeinschaft aus. Es sieht in einer gemeinschaftlichen Regelung der in den einzelnen Ländern geltenden Geschwindigkeitsbeschränkungen eine „unerlässliche Maßnahme zur Verbesserung der Straßenverkehrssicherheit". Allerdings werde eine ausdrückliche Aufforderung an die Bundesrepublik abgelehnt, wie alle anderen EG-Mitgliedsstaaten eine Geschwindigkeitsbeschränkung auf Autobahnen einzuführen. Im Oktober 1986 lehnt das Parlament in Straßburg mit 130 gegen 103 Stimmen bei neun Enthaltungen eine Entschließung ab, die prinzipiell für gemeinschaftsweite Höchstgeschwindigkeiten eintritt, eine Festlegung für Personenwagen auf Autobahnen jedoch vermeidet. Die Entschließung wird mit Hinweis auf Verkehrssicherheit, Umweltschutz, Energieverbrauch und den Erfordernissen von Straßenbau und Automobilindustrie begründet. Darin werden als Pkw-Höchstgeschwindigkeiten für Schnellstraßen (110 km/h), für Straßen außerhalb geschlossener Ortschaften (100 km/h) und innerhalb geschlossener Ortschaften (50 km/h) gefordert. Da Änderungsanträge keine Mehrheit finden, wird in der Schlussabstimmung der gesamte Entwurf abgelehnt.

Es sollte dann noch bis Dezember 1986 dauern, bis sich die Kommission der EG dafür ausspricht, auf den Autobahnen im EG-Raum eine generelle Höchstgeschwindigkeit von 120 km/h für Personenkraftwagen und Motorräder einzuführen. Als Begründung werden die Senkung der Unfallzahlen und die Verringerung der Umweltbelastung genannt.

Die EG-Kommission teilt dann Anfang 1987 dem deutschen Rat für Umweltfragen mit, dass man einen Vorschlag zur Vereinheitlichung der Geschwindigkeitsbegrenzung in der Gemeinschaft vorlegen werde. Die angekündigte EG-Richtlinie sieht ein Tempolimit von etwa 120 km/h auf Autobahnen und ein niedrigeres Tempolimit für Landstraßen vor. CDU/CSU und FDP lehnen dies umgehend mit den schon bekannten, mäßig originellen Argumenten strikt ab[122]:

– Dem Rat fehle es an einer Kompetenz für derartige Regelungen auf dem Gebiet des Straßenverkehrs. – Autobahnen seien die sichersten Straßen. –

Der Abgas-Großversuch habe keine wesentliche Verminderung der Schadstoffe ergeben. – Die Geschwindigkeitsbegrenzungen auf Autobahnen würden die Weiterentwicklung der Kraftfahrzeugtechnik behindern. (Das Gegenteil ist der Fall: Sie fördern das Downsizing der Autos und damit ihre Zukunftsfähigkeit; W. Z.)

SPD und Grüne stimmen für die EG-Vorlage aus folgenden Gründen: – Es ergibt sich ein gleichmäßigerer Verkehrsfluss. – Die Unfälle gehen zurück. – Der Treibstoffverbrauch vermindert sich und damit der Schadstoffausstoß. – Die Bundesrepublik ist das einzige Land ohne Tempolimit. – Eine einheitliche Regelung ist gerade bei einem Transitland nötig.

Mit Stimmenmehrheit von CDU/CSU und FDP kommt es zu folgender Empfehlung: „Der Bundestag wolle beschließen: Die Bundesregierung wird ersucht, sich in den weiteren Verhandlungen in Brüssel entschieden gegen den Erlass einer Richtlinie über Geschwindigkeitsbegrenzungen in der Gemeinschaft auszusprechen." Umgehend erfolgt auch gleich noch, quasi zur Sicherheit, die Ablehnung im Bundesrat, der noch den Zusatz verabschiedet: „An einer einheitlichen Regelung für eine Höchstgeschwindigkeit auf Gemeinschaftsebene besteht keinerlei Bedarf."

Durch den Widerstand, den die Bundesrepublik in Brüssel leistet, wird die Kommission ausgebremst und es kommt zu keiner Richtlinie, die dann in deutsches Recht umzusetzen gewesen wäre. Die unverbindliche Richtgeschwindigkeit, nicht mehr als ein bloßes Wort, bleibt weiterhin gültig. Diese Entwicklung ist weitreichender, als man denkt, und dauert bis 2007 an. So können die deutschen Autobauer ihre Höchstgeschwindigkeitsmodelle und damit die Aggressivität exportieren: Man vergleiche die Diskussion zur freiwilligen Selbstverpflichtung beim CO_2-Ausstoß von Anfang 2007.

Ende Oktober 1988 tritt die EG-Kommission erneut für die Einführung einheitlicher Tempolimits auf allen Straßen und Autobahnen in der Europäischen Gemeinschaft ein. Der zuständige EG-Kommissar Stanley Clinton Davis kündigt an, noch im gleichen Jahr Pläne für eine Angleichung der unterschiedlichen Regelungen in den einzelnen EG-Staaten vorzulegen. Die Geschwindigkeiten sollen sich wahrscheinlich an der Empfehlung von 1987 orientieren, nämlich 120 km/h auf Autobahnen.

Die bayerische CSU-Regierung will sich umgehend den Überlegungen der EG-Kommission zu einem europaweit gleichen Tempolimit widersetzen. Der bayerische Minister für Bundesangelegenheiten und Europafragen, Georg von Waldenfels (CSU) informiert, dass die Kommission wieder eine ihrer alten Ideen aus dem Jahr 1986 ausgegraben habe und ein gleiches Tempolimit auf den Straßen der Gemeinschaft anstrebe. Die geplante Regelung nennt er im Namen der bayerischen Staatsregierung für die Bundesrepublik mit ihrem hohen Sicherheitsniveau und dem guten Ausbauzustand ihrer Autobahnen „so überflüssig wie einen Kropf". In Sachen Maßnahmen zur Verkehrssicherheit „brauchen wir keine Nachhilfestunde aus Brüssel". Ohnehin gebe es nur noch fünf Prozent des bundesdeutschen Straßennetzes ohne Tempolimit. Auf die Frage, ob es nicht auch andere, etwa ökologische Gründe für ein Tempolimit geben könne, antwortet Waldenfels: „Ich kenne im Moment keine Aspekte, unter denen wir dem doch zustimmen könnten, ich bin aber lernfähig."[123] Waldenfels ist nicht lernfähig, sondern zynisch: Er ignoriert sämtliche gesicherten Erkenntnisse über den Rückgang der Unfallzahlen, der Toten und Verletzten und den Rückgang der Luftverschmutzung durch ein Tempolimit.

Anfang Dezember kann sich die EG-Kommission nicht zu einer Empfehlung an den Ministerrat entschließen, die Geschwindigkeit für Autobahnen auf 120 km/h und für zweispurige Schnellstraßen auf 110 km/h zu begrenzen.Bundesumweltminister Klaus Töpfer (CDU) kündigt dann Mitte Juni 1989 an, dass die EG-Kommission im Jahr 1990 weitere Vorschläge für ein einheitliches Tempolimit auf allen europäischen Autobahnen vorlegen werde. Er habe sich nicht gegen eine Diskussion über ein Tempolimit gesperrt, aber auch keine Zusagen gemacht.

Die Forderung nach einem europaweiten Tempolimit wird in einem Umweltantrag für den CDU-Bundesparteitag im September in Bremen wieder gestrichen. In einem Entwurf der „Leitsätze zur Umweltpolitik" waren noch „Geschwindigkeitsbegrenzungen in europäischer Harmonisierung" als geeignete Maßnahmen für die Umwelt genannt. In der *Südeutschen Zeitung* schreibt ein risikofreudiger Kommentator „Die Wette gilt: Der Binnenmarkt 1992 beschert den Bundesbürgern ein allgemeines Tempolimit auf den Autobahnen." Die Wette hat er bis heute verloren.

Im April 1989 wird Friedrich Zimmermann neuer Bundesverkehrsminister. Im September äußert er, er sei sich mit seinem französischen Kollegen und Ratsvorsitzenden Michel Delebarre einig, dass ein Tempolimit nicht auf die Tagesordnung der Verkehrsminister der EG gesetzt werden solle. Großbritannien, Dänemark und die Bundesrepublik bestreiten grundsätzlich, dass die Europäische Gemeinschaft Kompetenzen bei der Verhaltenspflicht im Straßenverkehr habe, und die drei Staaten hätten eine „Sperrminorität". Da Zimmermann aber misstrauisch ist und der EG langfristig nicht über den Weg traut, lässt er eine Kölner Anwaltskanzlei im Auftrag des Bundesverkehrsministeriums ein Gutachten ausarbeiten, das im März 1990 zu dem erwünschten Ergebnis kommt: Die Europäische Gemeinschaft besäße nicht die Zuständigkeit, eine europaweite allgemeine Geschwindigkeitsbegrenzung festzulegen. Regelungen über das Verhalten von

Verkehrsteilnehmern könnten nur dann von der EG getroffen werden, wenn sie der Verwirklichung des gemeinsamen Marktes dienten. Zimmermann sieht mit dem Gutachten seinen Standpunkt bestätigt, wonach die EG für Fragen der Verkehrssicherheit keine Kompetenz besitze.

Diverses I

Auf dem Kölner Autobahnring bleibt es bei Tempo 100: Eine Auswertung des Großversuchs von 1985 mit Tempo 100 hat ergeben, dass die Zahl der Verkehrsunfälle seit der Geschwindigkeitsbegrenzung um mehr als 20 Prozent zurückgegangen ist; die Zahl der Verletzten zwischen dem 1. Dezember 1984 und dem 30. November 1985 ist sogar um 35,4 Prozent gesunken. Der nordrhein-westfälische Verkehrsminister Zöpel fordert aufgrund der weiteren dortigen positiven Entwicklung 1988 so rasch wie möglich eine bundesweite Höchstgeschwindigkeit von 130 km/h auf Autobahnen. Und Anfang Dezember 1994 gibt der Kölner Regierungspräsident Franz-Josef Antwerpes dann bekannt, dass die zehn Jahre Tempo 100 auf dem Kölner Autobahnring nach Schätzungen fast 100 Menschen das Leben gerettet hätten; auf einer der meistbefahrenen Autobahnen Deutschlands seien jährlich acht bis zehn Menschen weniger getötet und 100 weniger verletzt worden.

Im März 1986 klagt ADAC-Präsident Franz Stadler auf einer Delegiertenversammlung, dass 1985 für den ADAC kein leichtes Jahr gewesen sei wegen diverser „Umweltgeschichten" wie der Diskussion um Tempo 100. Der damalige bayerische Finanzminister Max Streibl (CSU) lobt auf dieser Versammlung den ADAC als „eine gewaltige Organisation" und bläst umweltpolitisch ins selbe Horn: ein klares Nein zu Tempo 100. „Damit wird die Ursache des Schadstoffausstoßes nicht beseitigt … Mit Technikfeindlichkeit kommen wir nicht voran", sagt Streibl. Und dort bekräftigt er, sechs Wochen vor der Tschernobyl-Katastrophe: Es komme darauf an, mit Technik und Atomenergie verantwortungsvoll umzugehen.

Als Ministerpräsident war Streibl später in die sogenannte Amigo-Affäre verwickelt und musste 1993 wegen eines umstrittenen Einsatzes für Rüstungsaufträge und wegen privater Urlaubseinladungen von seinem Amt zurücktreten.

Im Mai 1986 gibt das saarländische Kabinett von Ministerpräsident Oskar Lafontaine (SPD) bekannt, dass es noch vor den Sommerferien auf einem Großteil seines Autobahnnetzes zusätzliche Geschwindigkeitsbeschränkungen einführen wolle, um auf weiteren 26 Teilstrecken mit einer Gesamtlänge von 61 Kilometern aus Sicherheits- oder Lärmschutzgründen nur noch eine Höchstgeschwindigkeit von 80 oder 100 km/h zu erlauben. Damit gäbe es auf 28 Prozent des saarländischen Autobahnnetzes mit insgesamt 442 Kilometern Richtungsfahrbahnen ein Tempolimit. Auch der nordrhein-westfälische Verkehrsminister Zöpel kündigt eine Ausweitung der Tempolimitzonen auf Autobahnen an; die Begrenzung auf Tempo 100 bei mindestens 400 weiteren Autobahnkilometern in Nordrhein-Westfalen sei „im allgemeinen Sicherheitsinteresse" notwendig. Nach Erscheinen der jüngsten Unfallzahlen steht im Juli in der *Süddeutschen Zeitung* der Kommentar „Der Zynismus der Autogesellschaft":

> „Der Preis der Freiheit für den Monat Mai des Jahres 1986: 166 823 Unfälle auf den Straßen der Republik, mehr als 50 000 Verletzte, 823 Tote. Alarmierende Zahlen? Man soll sich da keinen Illusionen hingeben … Im Vergleich zu 1985 ist in den ersten fünf Monaten dieses Jahres die Zahl der Unfälle um 4 Prozent gestiegen, diejenige der Verletzten um 7,3 und die der Toten gar um 7,6 Prozent. Kein Wunder, sagen die Fachleute; schließlich sei das Benzin billiger gewesen als im Jahr zuvor. Wir verstehen das so: Wenn der Preis der Munition sinkt, steigt automatisch die Zahl der Opfer."[124]

Gleichzeitig wird zunehmend auf den Autobahnen gerast. Eine Untersuchung der Polizeidirektion Ansbach zeigt, dass im Frühjahr 1985 auf einer Messstrecke an der Autobahn Heilbronn-Nürnberg 9,27 Prozent der Fahrer schneller als 150 Stundenkilometer fuhren. Ein halbes Jahr später war deren Anteil schon auf 23,12 Prozent gestiegen; im Frühsommer 1986 fuhren dort fast 30 Prozent schneller als 150 km/h. Hessen will im Sommer 1986 mit 15 Schildern die Autofahrer veranlassen, auf Autobahnen freiwillig Tempo 100 einzuhalten. Wie der hessische Verkehrsminister Ulrich Steger (SPD) berichtet, mussten die von den Bundesautobahnen einsehbaren Hinweistafeln an den Böschungen von Landesstraßen befestigt werden, weil die Bundesregierung die Aufstellung unmittelbar neben den Fahrspuren der Autobahnen untersagt habe. Dabei ergab auch ein zweijähriger Versuch mit Geschwindigkeitsbeschränkungen auf hessischen Autobahnabschnitten nach Auskunft des hessischen Verkehrsministers Steger (SPD) deutlich niedrigere Unfallzahlen besonders bei schweren Verkehrsunfällen.

Anfang November legt Bundeslandwirtschaftsminister Ignaz Kiechle den neuen Waldschadensbericht vor und räumt ein, dass die Luftschadstoffe eine wesentliche Ursache für die Waldschäden darstellten. Daraufhin fordern die fünf größten Umweltverbände erneut ein Tempolimit für den Autoverkehr, da der Ausstoß an schädlichem Stickoxid um weitere vier Prozent zugenommen hat und werfen der Bundesregierung „Verdummungspolitik" vor.

Im Oktober 1986 wird eine bislang unveröffentlichte Studie der Bundesanstalt für Straßenwesen (BASt) bekannt, wonach ein Tempolimit von 100 km/h auf Autobahnen und 80 km/h auf Landstraßen die Zahl der Verkehrsunfälle um 14 000 bis 18 000 verringern würde; das wären 15 bis 21 Prozent der Unfälle auf diesen Straßen. Die Studie ist ein Nebenprodukt des von Bonn veranlassten Abgas-Großversuchs zwischen Dezember 1984 und November 1985. Der zynische Kommentar von Verkehrsminister Dollinger zu der Untersuchung: „Die meisten Unfälle ereignen sich innerhalb von Ortschaften." Ende Dezember 1986 unterstreicht Dollinger noch einmal, dass es auf den deutschen Straßen kein Tempolimit geben werde, und bringt ein ganz „neues" Argument: Bei den Diskussionen werde leider übersehen, dass für 480 000 Kilometer Straßen im Bundesgebiet bereits Geschwindigkeitsbeschränkungen gälten und dass auf den 8400 Kilometern der Autobahnen, die aber nur 1,5 Prozent des gesamten Straßennetzes ausmachten, Richtgeschwindigkeiten gelten würden. (Dort wird aber, wie schon erwähnt, fast ein Drittel des gesamten Verkehrs abgewickelt, und die Richtgeschwindigkeit war und ist kein Tempolimit.) Würde man Autobahngebühren oder Tempolimit einführen, so Dollinger, würden die Autofahrer „unsere sichersten Straßen", die Autobahnen, meiden, und die Unfallgefahr auf den anderen Straßen würde sich erhöhen. Die Ansprache des Bundesverkehrsministers zum Neuen Jahr mit den alten Kalauern …

Im August 1988 fordert der saarländische Innenminister Friedel Läpple (SPD) die Einführung von Tempo 30 innerorts und Tempo 130 auf Autobahnen. Man könne nicht tatenlos zusehen, dass auf „unseren Straßen Menschen getötet, in manchen Fällen ermordet werden oder schwere Verletzungen erleiden". Fünfzig Prozent der Unfälle würden durch zu hohe Geschwindigkeit verursacht. Der nordrhein-westfälische Verkehrsminister Christoph Zöpel (SPD) schlägt auf der Verkehrsministerkonferenz am 28. Oktober in Frankfurt a. M. die Einführung eines Tempolimits von 130 km/h auf den Autobahnen vor und hofft dabei auch auf die Unterstützung unionsregierter Länder wie Hessen. „Die erschreckenden Unfallzahlen in diesem Jahr machen deutlich, dass uns nicht mehr viel Zeit bleibt, um uns auf ein vernünftiges Tempo auf den Autobahnen zu verständigen", sagt Zöpel. „Tempo 130 ist bei allen Autofahrern im Prinzip konsensfähig." In Nordrhein-Westfalen steigt die Zahl der Verkehrstoten im ersten Halbjahr insgesamt um 18,7, auf den Autobahnen sogar um 26,2 Prozent.

Die Zahl der Verkehrstoten in Schleswig-Holstein nimmt im ersten Halbjahr 1988 um 21 Prozent gegenüber dem Vorjahr zu. Deshalb will die neue Kieler SPD-Landesregierung ebenfalls auf mehreren Autobahnabschnitten Tempolimits einführen. Auf 70 Kilometern Länge dürfen dann aus Gründen der Verkehrssicherheit und des Umweltschutzes nur noch 100 oder 120 km/h gefahren werden. Bisher galten nur auf 18 von 386 Autobahnkilometern Tempolimits. Das Verkehrsministerium in Schleswig-Holstein kündigt an, das Tempolimit auf Autobahnen aus Gründen der Verkehrssicherheit auf weitere 70 Autobahnkilometer auszuweiten. Im Januar 1990 entzieht dann das Bundesverkehrsministerium dem Bundesland Schleswig-Holstein bereits bewilligte 20 Millionen Mark für den Straßenbau mit dem ausdrücklichen Hinweis auf die angekündigten neuen Tempolimits auf den Autobahnen. Der schleswig-holsteinische Verkehrsminister Franz Froschmaier (SPD) erklärt dazu, Bundesverkehrsminister Friedrich Zimmermann habe es „für richtig erachtet, das Land abzustrafen, weil wir versuchen, unsere Verkehrspolitik umweltfreundlicher und sicherer zu gestalten".

Die Diesel-Euphorie

Die Diskussion über Rußpartikel und Feinstaubbelastung der Innenstädte wird in Deutschland erst nach Vorgaben der EU in den Jahren 2003 bis 2006 ernsthaft geführt und mit der verspäteten Einführung von Partikelfiltern nach französischem Vorbild vorläufig abgeschlossen. Diese Staubfraktion enthält kleinste Partikel, die tief in die Lunge gelangen können und Atemwegs- und Herz-Kreislauf-Erkrankungen auslösen können. Die grundlegenden Probleme der gefährlichen Rußpartikel des Dieselmotors waren aber schon sehr früh bekannt. Das Bundesinnenministerium hatte bereits im Juli 1983 angekündigt, Dieselmotoren über den Einbau von Keramikfiltern entgiften zu wollen. Im *Stern* war schon Anfang 1985 auf demnächst von der Bundesregierung vorgeschriebene Rußfilter hingewiesen worden.

Die Unsicherheit über die Entwicklung des Katalysatorautos respektive seiner Förderung bringt einen rasanten Zuwachs bei Diesel-Pkw. Allein beim Golf steigt der Dieselanteil vom September bis Dezember 1984 von 15 auf 45 Prozent. Zimmermanns Prognose oder eher Zweckoptimismus, dass 1986 bereits 50 Prozent aller neu zugelassenen Autos schadstoffarm sein würden, wird durch die Entwicklung konterkariert. Also rechnet sein Ministerium einfach die Dieselfahrzeuge zu den schadstoffarmen Fahrzeugen, obwohl der aus dem Auspuff kommende Ruß bekanntermaßen krebserregend ist. Die Begründung: Da Dieselmotoren im Vergleich zum Benzinmotor weniger Stickoxide und Kohlenmonoxid emittieren, gelten sie jetzt umgehend als „schadstoffarm".

Die Steuervorteile für schadstoffarme Autos werden im Sommer 1986 auch für die vor dem 1. Januar 1985 erstmals zugelassenen sogenannten Alt-Dieselfahrzeuge gewährt, wenn sie mindestens „bedingt schadstoffarm" sind: Deshalb steigt also plötzlich der Anteil der „Umweltautos" sprunghaft an. 1,5 Millionen Fahrzeughalter dürfen davon profitieren, schätzt das Bundesfinanzministerium. Durch diese Maßnahme wird der Anteil „schadstoffarmer Fahrzeuge" in der Zimmermann-Bilanz schlagartig künstlich erhöht.

Der Dieselanteil an den Neuzulassungen steigt im Februar 1986 auf knapp 30 Prozent.

Auf diese Weise wird Ende 1986 schon mehr als die Hälfte der im Inland neu zugelassenen Pkw als „schadstoffarm" eingestuft. Für 1987 rechnet die Autobranche bereits mit einem Marktanteil von drei Viertel bei den Neuzulassungen. Aber der Siegeszug des Katalysators lässt mit rund 15 Prozent noch immer auf sich warten. Von 26 Millionen Personenkraftwagen Gesamtbestand haben im Frühjahr 1986 nur 83 000 Fahrzeuge einen Katalysator: das sind 0,3 Prozent. Und im November 1986 gibt das Kraftfahrt-Bundesamt bekannt, dass von den im Oktober neu zugelassenen 253 000 Pkw nur jeder siebte Pkw (34 400) ein „Kat-Pkw" sei. Ende 1986 schreibt der *Spiegel*:

> „Knapp 75 Prozent der mit Steuerprämien verbilligten Autos verbrauchen Dieselöl – mit einem absurden Ergebnis: Die eigentlich angestrebte Erleichterung für den Wald findet nicht statt. Die Belastung mit gefährlichen Rußpartikeln hingegen hat sich unter dem Deckmantel des Umweltschutzes schon jetzt drastisch vermehrt – von 7000 Tonnen im Jahr 1980 auf 22 000 Tonnen in diesem Jahr."[125]

Und Dieter Hawranek schreibt im Februar 1987 im *Spiegel*:

> „Aus Flensburg kommt die frohe Kunde, im vergangenen Jahr sei schon mehr als jeder zweite neu zugelassene Wagen ein schadstoffarmes Gefährt … Die Lobby verkündet bereits: ‚Unser Land ist schon um über eine Million Autos sauberer geworden.' Und der Bürger glaubt es ja nur zu gern, das Märchen von der schönen neuen Autowelt … Ein Blick in die Statistik ist ernüchternd: Die neue Automobilgeneration unterscheidet sich nur wenig von ihren Vorfahren. Einen geregelten Katalysator, der allein die Abgase so wirksam wie möglich filtert, hat gerade jedes zehnte angemeldete Benzinauto … Weil gleichzeitig aber immer mehr Fahrzeuge zugelassen werden und wieder schneller gefahren wird, sinkt die Abgasmenge insgesamt kaum."[126]

1980 lag der Anteil der Dieselfahrzeuge bei sechs Prozent, 1986 erhöht sich dieser Anteil auf rund 15 Prozent; bei den Neuzulassungen liegt der Dieselanteil am Gesamtbestand schon über 27 Prozent, womit das Problem krebserregender Substanzen im Straßenverkehr noch verschärft wird. Käufer kassieren beim Dieselkauf seit Mitte 1985 eine Prämie von 100 Mark. So kommt es zu dem hohen Dieselanteil an den Neuzulassungen. Bereits im Juli 1986 fordert der stellvertretende SPD-Fraktionsvorsitzender Volker Hauff den nach der Reaktorkatastrophe von Tschernobyl am 6. Juni 1986 neu „installierten" Bundesumweltminister Walter Wallmann (CDU) auf, endlich Rußgrenzwerte auch für Dieselfahrzeuge vorzuschreiben. Durch den EG-Kompromiss bei Diesel liegt der Grenzwert dann bei 1,1 bis 1,4 Gramm pro Zyklus – in den USA dagegen nur bei 0,6 Gramm.

Erika Emmerich, Präsidentin des VDA und frühere Präsidentin des Kraftfahrt-Bundesamtes, bedauert noch im August 1989 die Diskriminierung des Diesels: Moderne Dieselmodelle seien ebenso schadstoffarm wie Pkw mit geregeltem Katalysator. Diese Äußerung Frau Emmerichs ist schlicht unverantwortlich. Sie hätte bereits 1989 unbedingt über die Problematik des Diesels und seiner Rußpartikel informiert sein und darüber korrekt berichten müssen.

Walter Wallmanns Trick

Die Deutschen kaufen also statt Katalysatorautos Dieselautos, deren Rußpartikel seit Langem als erbgutschädigend gelten. Zahlreiche amerikanische, japanische, schweizerische und deutsche Untersuchungen bestätigten den Verdacht, dass Dieselabgase Lungenkrebs fördern. Der steigende Anteil des Dieselmotors und die Erkenntnisse über die mit dem Dieselruß verbundenen Gesundheitsschädigungen bringen Bundesumweltminister Wallmann in ein Dilemma:

> „Kommt es zu dem faulen EG-Kompromiss, fällt Wallmann die Rolle zu, der Umweltposse einen weiteren Akt anzufügen. Dann stünde rund 700 000 Altfahrern von Dieselautos der Steuererlass zu, ohne dass sie an ihren Fahrzeugen irgendetwas ändern müssten … Verhindert Wallmann eine Brüsseler Entscheidung, ist er auch nicht besser dran ... Für die Umwelt könnte Wallmann angesichts des EG-Dilemmas nur eines tun: die Steuervergünstigung für Diesel wieder streichen und dies mit der Krebsgefahr begründen. Doch Wallmann ist angetreten, seinem Kanzler Kohl Wähler zuzutreiben, nicht die Wähler wegzujagen. In den ersten zehn Monaten dieses Jahres kauften schließlich 622 345 Bundesbürger einen steuerbegünstigten Diesel.“[127]

Das UBA lädt am 3. 11. 1986 führende Wissenschaftler vom Fraunhofer Institut in Hannover, vom Batelle-Institut in Genf und vom Medizinischen Institut für Umwelthygiene in Düsseldorf zu einem Fachgespräch nach Berlin. Nach übereinstimmender Meinung der Experten begründen Tierversuche den starken Verdacht, dass Dieselabgase Krebs auslösten.[128] In einem Papier an den UBA-Präsidenten von Lersner heißt es: „Das erkennbare gesundheitliche Risiko muss auch im Hinblick auf das Vorsorgeprinzip Anlass zum Handeln geben. Die Partikelemissionen von Dieselfahrzeugen sind so niedrig wie möglich zu halten.“

Wallmann beharrt trotz der Berichte über mögliche krebserregende Wirkungen der Abgase von Dieselfahrzeugen bei der Einstufung dieser Fahrzeuge als „schadstoffarm“ und begründet dies in der Bundespressekonferenz mit der Bemerkung, es gebe keine wissenschaftlich gesicherte Erkenntnis über das Krebsrisiko von Dieselabgasen. Das habe ihm das UBA ausdrücklich bestätigt. Die Zusammenfassung der Ergebnisse des UBA-Berichtes beginnt allerdings mit den Worten: „Auf der Grundlage der tierexperimentellen Inhalationsstudien ist grundsätzlich mit einem krebserzeugenden Potenzial von Dieselabgas auch für den Menschen zu rechnen." Dazu gibt es wie so oft in diesem Umfeld eine pikante Vorgeschichte, die ein Bericht im *Spiegel* enthüllt.

> „Bundesumweltminister Walter Wallmann und Staatssekretär Christian Wagner trafen sich in Bonn mit Armin Haße, Biologe im Berliner UBA, zu einer vierstündigen Unterredung. Das Ergebnis wurde aufgeschrieben und kurz darauf die ‚nachgeordnete Behörde' in Berlin informiert. UBA-Präsident Heinrich von Lersner signierte das Schriftstück, und so entstand eine Pressemitteilung des Amtes über die krebserregende Wirkung von Dieselabgasen. Kernsätze: ‚Befunde über eine tatsächliche Gesundheitsgefährdung des Menschen liegen nicht vor.' Und: ‚Die Behauptung, es gäbe bezüglich der Bewertung von Partikeln in Dieselabgasen eine unterschiedliche Bewertung zwischen dem Bundesumweltminister und dem Bundesumweltamt, trifft nicht zu.' Jetzt nicht mehr."[129]

Wallmann schafft es also, UBA-Präsident von Lersner zur Unterschrift unter eine Pressemitteilung zu bewegen, die im völligen Widerspruch zu den Erkenntnissen des UBA steht. Nun steht Wallmann vor dem Dilemma, dass diese Sorte Autos amtlich als krebserzeugend gebrandmarkt ist; gleichzeitig werden sie aber zur Schönung der Statistik über umweltfreundliche Autos dringend gebraucht und daher üppig mit Steuergeldern gepäppelt. So antwortet er am 3. Dezember in der Bundespressekonferenz auf eine Frage nach den wissenschaftlichen Erkenntnissen über die Krebsgefahr von Rußpartikeln: Diese „wissenschaftlich gesicherten Erkenntnisse" gebe es nicht.

Das Kraftfahrt-Bundesamt in Flensburg meldet dann auch, dass am 31. Dezember 1988 in der Bundesrepublik 29 190 322 Personenwagen zugelassen waren, von denen lediglich 8,75 Prozent die US-Abgasnorm erfüllt hätten, nämlich die knapp zwei Millionen bundesdeutschen Pkw mit Katalysator.

Unfallbilanz II

1987 steigen die Zulassungszahlen für immer größere, stärkere und schnellere Autotypen weiter. Die Unfallhäufigkeit stand und steht in Korrelation mit den PS-Zahlen:

> „Von den Besitzern schwach motorisierter Kleinstwagen meldete (im Berichtszeitraum 1985) nur jeder zwölfte einen Haftpflichtschaden an, bei Autos mit mehr als 150 PS hingegen jeder siebente. Chauffeure eines Porsche 911 Carrera (231 PS) verursachen jährlich drei- bis viermal so häufig Unfälle wie die Lenker eines VW Golf oder Jetta mit 55 PS-Maschine.

Besitzer der stärksten Mercedes-190-Version (185 PS) verunglücken doppelt so oft wie die Eigentümer der Diesel-Ausführung mit 72 PS. ‚Jeder zusätzliche Buchstabe in der Typenbezeichnung am Heck', registrierte Peter Gauly vom HUK-Verband der Autoversicherer in Bonn, ‚verstärkt die Unfallgefahr, vom G über GT bis hin zum risikoreichen GTI.'"[130]

Angesichts der zunehmenden Raserei melden sich die Befürworter eines generellen Tempolimits wieder zu Wort. So äußert der SPD-Umweltpolitiker Volker Hauff: „120 auf Autobahnen ist auf jeden Fall besser als gar nichts" und verweist auf die Zahlen aus dem Großversuch (23,2 Prozent weniger Unfälle an ehemaligen Vollgasstrecken, auf denen Tempo 100 getestet wurde) oder von den hessischen Autobahnen, wo ebenfalls die Unfallzahlen zurückgingen. Bundesverkehrsminister Dollinger wehrt wie üblich alle Ergebnisse in diese Richtung ab. Obwohl die Bundesanstalt für Straßenwesen „mit aller wissenschaftlich gebotenen Vorsicht" prognostizierte, dass sich durch Tempolimits auf Autobahnen (100) und Landstraßen (80) 14 000 bis 18 000 Unfälle vermeiden ließen, hält Dollinger das nur für „einen relativ geringen Rückgang". Das Bundesverkehrsministerium erscheint von jeher als eine Wagenburg, besser, Autoburg für Autofetischisten, Autoclubs, Autolobbys, Tempoindustrielle, Raser – euphorisch ermuntert von einigen Motorjournalisten ohne Verantwortungsgefühl.

Mit steigender Geschwindigkeit steigen damit auch auf den ach so sicheren Autobahnen die Unfallzahlen weiter an. So erhöht sich auf den bayerischen Autobahnen die Zahl der Unfälle drastisch um 16 Prozent auf über 19 000 im Vergleich zum Vorjahr mit 166 Verkehrstoten und 5863 Verletzten.

Auf dem Verkehrsgerichtstag im Januar 1987 kritisiert der Präsident des Deutschen Verkehrsgerichtstages, Richard Spiegel, dass zu viele Kraftfahrer bewusst die der jeweiligen Situation noch angepasste Geschwindigkeit missachten und sich die Bundesrepublik bei der Geschwindigkeitsbegrenzung und bei dem Problem der Trunkenheit am Steuer, der zweitwichtigsten Unfallursache, von allen anderen Staaten isoliert habe. Spiegel bescheinigt auch den Autofahrern zugleich „ein ausgesprochen neurotisches Verhältnis zur Geschwindigkeit". Richard Wienstein, der Verbandsvorsitzende des HUK-Verbandes, stellt fest, dass nicht nur die Zahl der Schäden, sondern auch ihre Schwere zugenommen habe. Wienstein nennt als vermutliche Ursache die weiter gestiegene Zahl der zugelassenen Kraftfahrzeuge, die erhöhte Fahrleistung je Fahrzeug und nicht zuletzt die Tatsache, dass wieder schneller gefahren werde. „Von 0 auf 100 in 6 Sekunden – das ist der Traum des Autofahrers. Von 100 auf 0 in 0,6 Sekunden –so spielt sich der tägliche Albtraum auf unseren Straßen ab. An jedem Tag kommen in der

Bundesrepublik 27 Menschen bei Verkehrsunfällen ums Leben, im Jahr fast 10 000."[131] Hermann Langer schreibt in einem Leserbrief Mitte Juni 1987: „Leider wird in Deutschland die große Freiheit für die Autofahrer (und -branche) gepflegt. Mir unverständlich bleibt, wie eine Regierung zwar lautstark den Geburtenrückgang beweint, aber so wenig tut, die Geborenen am Leben zu halten."

Auch der neue Bundesverkehrsminister Jürgen Warnke (wiederum CSU) erteilt pauschalen Geschwindigkeitsbeschränkungen auf Autobahnen umgehend eine Absage, da sie kein geeignetes Mittel zur Unfallverhütung seien. Das ist die Logik bundesdeutscher Verkehrspolitik: Entweder weiß es der jeweilige Minister nicht besser, dann stellt sich die Frage, warum er Minister wurde – vermutlich, weil er es nicht besser wusste. Oder er weiß es sehr wohl besser: Dann betrügt er die Öffentlichkeit und verhöhnt die Opfer.

Jürgen Lewandowski schreibt in seinem Kommentar „Sicherheit ist eingebaut, Verstand nicht": „Natürlich können die neueren Fahrzeuge höhere Kurvengeschwindigkeiten erreichen, später abgebremst werden und Fahrfehler korrigieren … Die Autofahrer haben es ihnen (den Technikern; W. Z.) gedankt, indem sie nun nicht mit 120, sondern 140 von der Landstraße fliegen."[132]

Der weiter steigenden Zahl von Verkehrsopfer widmet der *Spiegel* schließlich eine Titelgeschichte: „Da verstümmelt sich eine Generation"[133]. Der Psychologe Hanns Heinrich von der Bundesanstalt für Straßenwesen (BASt) resümiert, dass sich lediglich während der Ölkrise 1973 die Autofahrer vernünftig verhalten hätten und Raser als „Verbrecher an der Gesellschaft" und „Umweltverschmutzer" tituliert wurden: „Das war ein Klima der sozialen Kontrolle, wo jeder jeden argwöhnisch beäugte, der zu schnell fuhr. Das hat wieder aufgehört." Die Gesamtunfallzahlen in den Jahren 1975 bis 1985 gingen vor allem wegen eines einzigen, billigen und von der Autoindustrie lange verachteten Zubehörs zurück: des Sicherheitsgurts.

Das Vollgas-Sterben der geburtenstarken Jahrgänge hatte und hat Ausmaße angenommen, die den Verkehrstod bei den 18- bis 24-Jährigen an die erste Stelle der Todesursachen rücken. Jeder vierte Verkehrstote ist jünger als 25: jeder dritte stirbt bei einem Unfall. Der Münchner Unfallchirurg Thomas Hewel urteilt: „Da verstümmelt sich die Generation der Zwanzigjährigen." Und der hannoversche Verkehrspsychologe Werner Winkler sieht in der steten Hatz „charakteristisch nationale Züge, mehr, als wir uns das zugeben". Frank Müller von der BASt stellt fest: „Denn die eigentliche Gefahr ist doch, dass die Schnellen immer schneller fahren." Der SPD-Verkehrsexperte Klaus Daubertshäuser fordert, dass die Bundesregierung „aufhören muss, den Totschlag auf unseren Straßen billigend in Kauf zu nehmen. Unsere Straßen sind kein Kriegsschauplatz."

763 Menschen sterben 1986 allein auf bundesdeutschen Autobahnen, das sind 14 Prozent mehr als 1985. Die Zahl der Unfälle mit schweren Sachschäden steigt auf den „Paradestrecken des PS-Kults" um 12,5 Prozent, die Verletztenrate klettert gar um 19,5 Prozent. Die BASt ermittelt aus regelmäßigen Stichproben an 15 Messstellen des Autobahnnetzes, dass sich die mittlere Geschwindigkeit seit 1981 von 121,6 auf 127,4 Kilometer pro Stunde gesteigert hat – pro Jahr um durchschnittlich 1 km/h. Das ist nur scheinbar ein geringer Anstieg. 1981 fuhr höchstens jeder hundertste Autobahnfahrer 170 km/h; 1986 ist es schon jeder zehnte.

Eine Antwort der besonderen Art zum Tempolimit geben dazu die Daimler-Benz-Vorstände im Herbst 1986 zu diesem Thema. Keines ihrer künftigen Modelle soll schneller als 250-km/h fahren, die berühmte „freiwillige Abregelung". BMW schließt sich an. Wie schon erwähnt, wird gerade aktuell im Jahr 2006 und 2007 versucht, selbst diese irrwitzig hohe Begrenzung zu Fall zu bringen – und zwar nach oben hin, ohne Abregelung. Andererseits: Wenn die Autoelektronik bei 250 km/h abregelt, kann sie dies auch bei 120 km/h tun. Werner Meyer spricht sich in der *Abendzeitung* für ein Tempolimit aus: „Die Luft wird besser, der Lärm geringer, die Zahl der Unglücksfälle sinkt, und das Ganze ist auch noch gut für die Nerven. Aber das Wundermittel, das all dies anderswo bewirkt, hat bei uns keine Chance, eingeführt zu werden."[134]

Nicht zuletzt kommt die Raserei teuer zu stehen. Der Automobilclub Kraftfahrzeugvereinigung Deutscher Beamter (KVDB) informiert 1987, dass die deutsche Volkswirtschaft durch Straßenverkehrsunfälle jährlich mit rund 45 Milliarden DM (rund 23 Milliarden Euro) belastet wird. Der Wert der deutschen Autoproduktion beträgt 105 Milliarden Mark (rund 53 Milliarden Euro). Für verkehrserzieherische Maßnahmen stehen gerade einmal 90 Millionen Mark (rund 46 Millionen Euro) zur Verfügung. Und die Rechnung bezahlt die Allgemeinheit: über gestiegene Prämien für die Kraftfahrzeugversicherung, gestiegene Beitragssätze zur Krankenkasse – plus aufwendigste Autobahnbauten mit extremen Kurvenradien, effizientem Rettungswesen, Einsatzkräften ohne Ende usw. So fragt im Juni die *Abendzeitung*: „Erhöhen die Kfz-Versicherer ihre Beiträge –nur weil die deutschen Autofahrer zu sehr rasen?" Und der Vorstandschef der Hamburger Volksfürsorge-Versicherung, Werner Schulz antwortet: „Es wird einfach krimineller gefahren … Nicht zuletzt durch ‚Kamikaze-Autofahrer' seien die Aufwendungen für Unfallschäden in den ersten fünf Monaten dieses Jahres um rund fünf Prozent gestiegen." Die Albingia-Versicherungs-AG, Hamburg kündigt im Juli

1987 eine Erhöhung der Prämien in der Kfz-Versicherung an, da ein deutlicher Anstieg von Serien- und Massenunfällen zu verzeichnen sei. Die häufigsten Unfallursachen seien zu schnelles und zu rücksichtsloses Fahren.

Autobahn Nürnberg-München: Allershausen
Selbst die Behörden müssen manchmal zugeben, dass ein Tempolimit gegen Serienunfälle helfen kann. Diese Situation tritt ein, als sich auf der Autobahn Nürnberg-München bei Allershausen eine Massenkarambolage nach der anderen ereignet. Offenkundig hat es sich noch nicht herumgesprochen, dass dieser Autobahnabschnitt im Landkreis Freising die unfallträchtigste Autobahnstrecke der Bundesrepublik ist. Von Januar bis Mitte Juli 1987 kommt es auf der neuralgischen Passage zwischen der Holledauer Hopfengegend und der bayerischen Hauptstadt zu 990 Karambolagen mit sechs Todesopfern und 351 Schwerverletzten. Innerhalb von nur acht Tagen stoßen bei drei Massenkarambolagen 225 Fahrzeuge zusammen. Bei der größten am 23. Mai rasen mehr als 150 Fahrzeuge ineinander: Zwei Menschen kommen ums Leben, 84 werden verletzt.

Im August 1987 führt die Polizei Radarmessungen auf der A 9 Richtung München durch: Auf der linken Fahrbahn der dreispurigen Autobahn wird mit durchschnittlich 180 bis 190 km/h gerast; die Schnellfahrer haben Windschattenabstände von teilweise unter fünf Metern. Schließlich wird zunächst Richtung München Tempo 100 km/h bei Nässe verordnet. Später soll eine millionenteure Telematikeinrichtung den Verkehr verlangsamen, weil nicht eingestanden wird, dass ein generelles kostenloses Tempolimit den gleichen Dienst leisten würde: Die Raser-Ideologie verbietet es.

Im Juli 1987 ist der Sprecher für Verkehrssicherheit der CSU-Landtagsfraktion und stellvertretende Vorsitzende der Verkehrswacht in Bayern, Franz Xaver Werkstetter, der erste CSU-Politiker, der sich für ein Tempolimit auf Autobahnen ausspricht: „Tempo 130 wäre ein Limit, über das man reden könnte." Sofort distanziert sich der verkehrspolitische Sprecher der Unionsfraktion im Bundestag, Günter Strassmeir (CDU), von Werkstetters „Alleingang" und sagt, an den „Vorschriften" (! W. Z.) solle nicht gerüttelt werden. Strassmeir wendet sich auch gegen Werkstetters Argument, ein Tempolimit könne die Zahl der Verkehrstoten verringern.

Auch jetzt lehnt die Bundesregierung die Einführung eines generellen Tempolimits auf Autobahnen als Konsequenz aus den schweren Massenunfällen der letzten Wochen ab. Bundesverkehrsminister Jürgen Warnke (CSU) sagt in einer von den Grünen beantragten Aktuellen Stunde im Bundestag, dass die Massenunfälle, Nebelzusammenstöße und die Auffahrserien auf der Autobahn München-Nürnberg bei Allershausen Konsequenzen fordern.

Die Einführung einer allgemeinen Höchstgeschwindigkeit sei allerdings „nicht sachgerecht und nicht hilfreich“ und werde von der Bundesregierung nicht in Betracht gezogen. Auch die bayerische CSU-Regierung plant kein generelles Tempolimit für die berüchtigte Einfallstrecke nach München. Die fast schon wieder originelle Begründung lautet, dass sich die Autofahrer nicht daran hielten, solange Verstöße nicht konsequent geahndet würden, denn, so Polizeirat Jürgen Karl vom bayerischen Innenministerium: „Das Personal reicht hinten und vorn nicht aus, um überall zu kontrollieren.“ Der bayerische Innenminister August Lang (CSU) nennt als wesentliche Ursachen der Serienunfälle zu hohe Geschwindigkeit und zu geringen Sicherheitsabstand und ruft die Autofahrer auf, ihre Geschwindigkeit jeweils den Verhältnissen anzupassen. Er spricht sich gleichzeitig gegen die Einführung eines Tempolimits aus; eine generelle Geschwindigkeitsbeschränkung bringe nicht automatisch mehr Sicherheit.

1986 waren in Bayern die Unfallzahlen und die Zahl der Toten und Verletzten erneut gestiegen. Zwar mache dies zusätzliche Maßnahmen zur Erhöhung der Verkehrssicherheit nötig, weitere allgemeine Tempolimits würden von der Regierungsfraktion aber nicht für erforderlich gehalten, stellt der innenpolitische Sprecher der CSU, Hermann Regensburger, im September 1987 vor der Landtagspresse fest. Zur Erinnerung: Auf den Schweizer Autobahnen ging die Unfallrate nach Einführung des Tempolimits von 130 km/h im Jahr 1980 um 35 Prozent zurück.

Auch im Wirtschafts- und Verkehrsausschuss des bayerischen Landtags findet der von den Grünen erneut vorgetragene und von der SPD unterstützte Antrag nach einem allgemeinen Tempolimit von 100 km/h auf Autobahnen und 80 auf sonstigen außerörtlichen Straßen bei der CSU keine Zustimmung. Deren Vertreter Adolf Dinglreiter verwahrt sich dagegen, die Deutschen als „Volk der Raser“ hinzustellen. Der stellvertretende Ausschussvorsitzende Rolf Seebauer (SPD) äußert, das Auto sei für viele wieder zur „Geheimwaffe für den Geltungsdrang“ geworden. Ein schärferes Tempolimit sei heute nötig. Der Grünen-Verkehrssprecher Christian Magerl stellt eine „Aufrüstung“ bei den Autos fest, die ein immer erschreckenderes Ausmaß erreiche und den Geschwindigkeitsrausch fördere. Der CSU-Verkehrsexperte Franz Xaver Werkstetter bekennt sich erneut zu Tempo 130 auf Autobahnen. Mit sinkender Geschwindigkeit steige eindeutig die Verkehrssicherheit. Allerdings sei Tempo 100 auf Autobahnen wegen der Ermüdungsgefahr „absolut tödlich“. Der Grünen-Abgeordnete Magerl antwortet: „Ich fahre seit Jahren Tempo 100 und lebe erstaunlicherweise immer noch.“

Der bayerische Innenstaatssekretär Peter Gauweiler (CSU) erteilt im November 1987 einer generellen Geschwindigkeitsbeschränkung auf Autobahnen eine Absage: Es gebe keinen Anhaltspunkt, dass ein allgemeines Tempolimit auf Autobahnen einen wesentlichen Sicherheitsgewinn bringen würde.

Rückschritt in Hessen

Am 23. 4. 1987 wird Walter Wallmann Ministerpräsident in Hessen. Als eine der ersten Maßnahmen hebt der neue hessische Verkehrsminister Alfred Schmidt (FDP) eine Woche nach Amtsantritt die zwei Jahre zuvor verfügten Geschwindigkeitsbegrenzungen auf Abschnitten der südhessischen Autobahnen teilweise wieder auf. Die Beschränkung auf 120 km/h auf der Autobahn A 5 von Darmstadt bis zur baden-württembergischen Landesgrenze entfällt, dazu das Tempolimit am Offenbacher Kreuz bis Egelsbach. Diverse Limits werden von 100 auf 130 km/h angehoben.

„In Hessen lässt CDU-Regierungschef Walter Wallmann, kaum an der Macht, die von seinen rot-grünen Vorgängern aufgestellten Tempo-100- und -120-Schilder wieder abmontieren, obwohl auf diesen Strecken die Unfälle mit Toten und Schwerverletzten um die Hälfte zurückgegangen waren. Einen Tag nach der Aufhebung des Tempolimits kam bei Langen ein Beifahrer zu Tode, der Pkw-Lenker gab selbst zu Protokoll, zu schnell gefahren zu sein.“[135]

Nicht einmal fünf Monate später, Mitte September 1987, muss Alfred Schmidt schon erklären, dass man wieder über Geschwindigkeitsbegrenzungen nachdenken müsse, wenn die Zahl der Unfalltoten nicht anders gesenkt werden könne. Ende August 1988 stellt er schließlich eine Initiative zu verstärkten Reglementierungen im Straßenverkehr einschließlich Geschwindigkeitsbegrenzungen vor und begründet seinen Vorstoß mit der rapide gestiegenen Unfallzahl durch eine zunehmend unvernünftige und rücksichtslose Fahrweise. Auch eine Wiedereinführung beziehungsweise Senkung der erst vor Monaten abgeschafften oder angehobenen Geschwindigkeitsbegrenzungen auf drei hessischen Autobahnabschnitten stellt Schmidt in Aussicht. Schließlich explodieren die Unfallzahlen auf der A 66, bis die Tempolimits wieder verfügt werden.

Diverses II

Im Juni 1987 fordern die deutschen Waldbesitzer Entschädigungen für ihre kranken Wälder und treten für die Einführung eines Tempolimits für Autos ohne Katalysator ein. Der *Spiegel* zieht im selben Monat folgende Bilanz über die deutsche Luftverschmutzungspolitik:

„Denn Anfang der 80er-Jahre, als das Waldsterben das große Thema war, hatte der damalige Innenminister Zimmermann angekündigt, der deutschen Industrie die scharfen amerikanischen Grenzwerte für Autoabgase notfalls im Alleingang aufzuzwingen. Zwei Jahre nach dem gefeierten Kompromiss von Luxemburg gibt es in der EG noch immer keine rechtlich verbindlichen Abgas-Grenzwerte. Der ohnehin lang gestreckte Zeitplan für die Umstellung auf umweltfreundlichere Fahrzeuge ist nicht einzuhalten."[136]

Die *Abendzeitung* fragt Ende Juni 1987: „Doch Tempolimits?" Denn der neue Bundesumweltminister Klaus Töpfer (CDU) hatte sich dafür ausgesprochen, das Instrument der Geschwindigkeitsbegrenzung „zwar nicht flächendeckend, aber doch stärker zu nutzen". Aber schon im Juli rudert Töpfer zurück und lehnt es ab, ein Tempolimit auf Autobahnen zur Reduzierung der Abgase einzuführen. Ein Tempolimit unter dem Gesichtspunkt des Umweltschutzes sei nicht zu rechtfertigen, wie der im Auftrag der Bundesregierung durchgeführte Großversuch ergeben habe. Für ihn stehe unstrittig fest, dass eine nachhaltige Entlastung der Umwelt von Stickoxiden nur mit Hilfe des Autokatalysators erreicht werden könne.

Zum Stichtag 1. Mai 1987 verkündet die Bundesregierung dann stolz, dass 18,3 Prozent der gesamten Autoflotte abgasreduziert sei. Doch die meisten der angeblich sauberen Autos sind, wie schon erwähnt, alte und neue Diesel. Der Anteil der Kat-Pkw liegt aber noch immer bei nur drei Prozent. Und nach Berechnungen des IFEU Heidelberg ist, wie vorhergesagt, die in der Bundesrepublik in den vergangenen zwei Jahren erreichte Schadstoffreduzierung durch höhere Fahrleistungen und durch den stärkeren Giftausstoß von Lkw und Bussen mehr als kompensiert worden.

Nun haben die anderen europäischen Länder mit Autoproduzenten wie Großbritannien, Frankreich und Italien keine Eile bei der Einführung des Katalysators, und somit ist ein Zeitplan nicht mehr einzuhalten. Denn der von Zimmermann 1985 ausgehandelte Beschluss besagt nur, dass die EG-Länder von 1988 an strengere Grenzwerte einführen dürfen – sie müssen es nicht. Die europäischen Konkurrenten wollen zunächst auf dem heimischen Markt der deutschen Autoindustrie mit „schmutzigeren" und somit billigeren Autos verloren gegangene Marktanteile wieder abjagen. Die deutschen Automobilbauer wollen dagegen außerhalb der Bundesrepublik weiterhin Modelle ohne Abgasreinigung verkaufen. In der Zwischenzeit haben Schweden, Finnland, Norwegen, Österreich und die Schweiz die schärferen US-Grenzwerte eingeführt. Die höheren europäischen Grenzwerte können bestenfalls noch in der Bundesrepublik und vielleicht in den Benelux-Ländern eingeführt werden. Im restlichen Europa bleibt alles beim Alten. Somit wird in wichtigen Reiseländern wie Frankreich, Spanien und Italien der Druck beseitigt, flächendeckend bleifreies Benzin anzubieten. Damit und auch durch den entfallenden Steuerbonus wird die deutsche Nachfrage nach

Katalysatorautos deutlich gedämpft. Und nach wie vor besteht keine Aussicht auf Grenzwerte für krebserzeugende Dieselpartikel.

Verstöße gegen die Verkehrsordnung sind auf den Autobahnen bis zum Sommer 1987 nahezu ungeahndet geblieben, weil die Polizei nicht präsent war oder sie ignorierte. Die Massenunfälle der letzten Wochen sollen nun mit verstärkter Verkehrsüberwachung vermieden werden. Bundesverkehrsminister Warnke appelliert in diesem Zusammenhang erneut an das Verantwortungsbewusstsein der Autofahrer, die „besser als ihr Ruf" seien. Der „mündige Bürger" brauche kein Tempolimit, da er wisse, dass er seine Geschwindigkeit nach den Gegebenheiten zu richten habe.

Bayerns Innenminister Lang muss dagegen Mitte Juli erklären, dass die „mündigen Bürger" respektive Autofahrer auch nach den jüngsten Massenkarambolagen auf Bayerns Autobahnen unbeeindruckt weiterrasen. Er sei „mit dem Latein am Ende", lehne ein allgemeines Tempolimit jedoch ab, da er „kein Volk von Vorbestraften" schaffen wolle. Die durch überhöhte Geschwindigkeit verursachten Massenkarambolagen der jüngsten Zeit hätten sich zudem überwiegend auf Strecken ereignet, auf denen es bereits ein Tempolimit gebe. Auf die Idee, dass die Raserei von den Strecken ohne Tempolimit kommt, kann und darf der Minister wohl nicht kommen.

Der damalige VW-Chef Carl H. Hahn charakterisiert auf der IAA im September 1987 die Stimmungslage der Branche so: „Mit dem Katalysator wird das Auto als Schadstoffquelle schon in wenigen Jahren praktisch gar keine Rolle mehr spielen." Leider vergessen Hahn und seine Kollegen die Probleme Kohlendioxid, Klimaerwärmung, sich verknappende Energie und einiges mehr.

Im Mai 1988 äußert der bayerische Innenminister August Lang auf der Jahresmitgliederversammlung der Landesverkehrswacht in Rosenheim erneut, dass er nichts davon hält, auf Landstraßen Tempo 80 oder in Städten Tempo 30 einzuführen. Er begründet dies damit, dass die aktuell geltenden Geschwindigkeitsbeschränkungen bereits jetzt von fast der Hälfte der Kraftfahrer nicht eingehalten würden. Damit wird der Rechtsstaat letztlich ad absurdum geführt; es ist zudem einer der wenigen Fälle, in denen eine Missachtung der Gesetze durch die Bürger nicht nur nicht geahndet, sondern äußerst willkommen zu sein scheint.

Im Sommer 1988 registrieren Fachleute wie der Schwarzwälder Förster Walter Trefz akute Ozonschäden an Laubbäumen. Unter der UV-Strahlung der Sonne entstehen aus Stickoxiden und Kohlenwasserstoffen sogenannte Photooxidantien, von denen Ozon das aggressivste Umwelt- und Pflanzengift ist.

Im Jahr 1988 wurden 2,9 Millionen Tonnen giftige Stickoxide in der Bundesrepublik emittiert. Der größte Teil davon, nämlich über 53 Prozent, stammt aus dem Straßenverkehr. Seit 1983, dem Beginn der Bonner Offensive gegen Luftverschmutzung und Waldsterben, ist damit die Gesamtemission an Stickoxiden aus Verkehr und Haushalten um sieben Prozent gestiegen. Dagegen war in der von der Bundesregierung beim TÜV Rheinland in Auftrag gegebenen Studie aus dem Jahr 1985 prognostiziert worden, dass sich die Stickoxidmenge der Pkw bis 1988 um 25 Prozent verringern sollte. Zwischen ihrer Prognose für 1988 und dem tatsächlichen NO_x-Ausstoß liegt eine Differenz von 48 Prozent!

Anstieg der Stickoxidemissionen des Pkw-Verkehrs in der Bundesrepublik in Tausend Tonnen pro Jahr, darunter die Prognose der Bundesregierung

1983: 978	1984: 1024	1985: 1009	1986: 1061	1987: 1100	1988: 1110
Prognose der Bundesregierung für:			1986: 980	1987: 900	1988: 750

Quelle: *Der Spiegel* 10. 10. 1988: „Giftige Schwaden“

„Bonner Politiker wie der Staatssekretär im Innenministerium, Carl-Dieter Spranger, hatten die Stickoxidwarnungen der Umweltforscher noch 1985 als ‚politisch gefärbte’ Schwarzmalerei denunziert. Mittlerweile mussten auch die Ministerialbeamten ihre Vorhersagen über die Entwicklung der Giftwolke bis zum Jahr 1995 laufend nach oben korrigieren.“[137]

Im Herbst 1988 wird knapp ein Drittel aller westdeutschen Personenwagen als schadstoffarm oder bedingt schadstoffarm eingestuft, wie erwähnt sind die meisten davon sogenannte Alt- oder Neu-Dieselfahrzeuge. Nur jedes fünfte der als umweltfreundlich geförderten Autos (nämlich 5,9 Prozent aller zugelassenen Privat-Pkw) hat einen geregelten Drei-Wege-Katalysator und vermindert damit wirklich entscheidend die Stickoxidgefahr. Im Sommer 1988 klettern die Ozonwerte in Süd- und Südwestdeutschland dann auf Spitzenwerte von über 300 Mikrogramm pro Kubikmeter. In der Bundesrepublik gibt es noch immer keinen gesetzlichen Grenzwert. In der Schweiz dagegen liegt der geltende Kurzzeitgrenzwert bei 120 Mikrogramm.

Im Jahr 2003 werden in Deutschland immer noch 1,428 Millionen Tonnen NO_x emittiert, davon 49 Prozent aus dem Verkehrsbereich.[138]

Der Vizepräsident des Bundesgerichtshofs, Hannskarl Salger, hält im Oktober 1988 die Einführung eines Tempolimits von 170 km/h durch Richterspruch für möglich. Niemand dürfe schneller fahren, als er sein Fahrzeug auf Dauer beherrschen könne: „Das wäre dann das richterliche Tempolimit." Der ehemalige Verkehrsrichter Remigius Karch schreibt dazu in einem Leserbrief, einem Tempolimit könne sehr wohl zugestimmt werden, abgesehen davon, „dass mir ein Tempolimit von 170 km/h für Kraftfahrer ebenso realitätsbezogen scheint wie ein Tempolimit für 120 km/h für Dreiradfahrer".

Im Oktober 1988 distanziert sich die CSU von dem bisher von der Bundesregierung als Argument gegen das Tempolimit verfolgten Grundsatz „Freie Fahrt für freie Bürger". Der CSU-Verkehrsexperte Dionys Jobst lehnt jedoch sogleich die vom Stuttgarter Regierungspräsidenten Manfred Bulling beabsichtigten zeitweiligen Fahrverbote für Autos ohne Katalysator als „nicht praktikabel" ab. Solche Maßnahmen müssten sinnvoll sein, da sie sonst vom Bürger als „Schikane" empfunden würden.

Ein Tempolimit für Deutschland verlangen in einer Debatte des Bundestages über den 4. Immissionsschutzbericht auch die SPD und die Grünen. Die SPD fordert als „Notopfer" zur Rettung des Waldes und der menschlichen Gesundheit die schnelle Einführung eines Tempolimits, das zunächst auf vier Jahre begrenzt sein soll, bis sich der geregelte Drei-Wege-Katalysator auf dem Markt durchgesetzt habe.

Widerstand

Durch eine Klage beim Verwaltungsgericht Köln soll im Juli 1987 Bundesverkehrsminister Jürgen Warnke gerichtlich zum Erlass eines Tempolimits gezwungen werden. Einer der Kläger, der Theologe Horst Kaller, sagt, als Diakon sei er nicht nur zum Trost der Hinterbliebenen von Verkehrstoten verpflichtet, vielmehr solle der Staat „aktiven Lebensschutz" praktizieren. Dr. med. Ruth Kern schreibt in einem Leserbrief zum Tempolimit Ende Juli: „Die noch zu erwartende jahrelange Diskussion könnte man abkürzen, wenn man diesmal einen kurzen Besuch in neurochirurgischen Abteilungen, in Unfallkrankenhäusern wie Murnau und in Rehabilitationszentren wie Heidelberg zur Beurteilung der Gesamtsituation heranziehen würde."

Zweihundert Umweltschützer demonstrieren im September am Kamener Kreuz bei Unna als „lebende Tempolimitschilder" für ein Tempolimit von 100 km/h auf den Autobahnen und 80 km/h auf Landstraßen. Im November fordert der Deutsche Alpenverein (DAV) die sofortige Einführung eines Tempolimits von 80 km/h auf Landstraßen und von 100 km/h auf Autobahnen. Der DAV-Naturschutzreferent (und heutige DAV-Präsident) Heinz Röhle erklärt, die Alpen seien als Lebensraum durch den Autoverkehr akut gefährdet und weitere „verkehrspolitische Sandkastenspiele" angesichts der ernsten Lage seien ein „Akt der Verantwortungslosigkeit". Zur selben Zeit spricht sich der Freiburger Unfallchirurg und Präsident der 5. deutsch-österreichisch-schweizerischen Unfalltagung in Berlin Eugen Kuner für ein Tempolimit auf bundesdeutschen Autobahnen aus.

„Es müsse zu denken geben, dass ‚wir in ganz Europa das einzige Land ohne Tempolimit auf den Autobahnen sind und wir offensichtlich weder durch das Sterben des Waldes noch durch das der Menschen zu beeindrucken sind'. Vernunft und die Erfahrungen anderer Länder würden ein ‚sinnvolles Tempolimit' gebieten. Unfallchirurgen würden mit immer schwereren Verletzungen vor allem bei Motorradfahrern konfrontiert … Kuner erinnerte daran, dass Patienten nach einem Verkehrsunfall zwar oft das Leben gerettet werden könne, eine Wiederherstellung bis hin zur vollen Funktionsfähigkeit des Körpers aber nicht die Regel sei."[139]

Das italienische Tempolimit

Auf Italiens Autobahnen wird im Juli 1988 ein Tempolimit von 110 km/h auf Autobahnen und 90 km/h auf Landstraßen eingeführt. Die italienischen Behörden begründen die Neuregelung mit der hohen Zahl an Verkehrstoten in der Hauptreisezeit: Jedes Jahr sind 2000 der 7000 Verkehrstoten Opfer überhöhter Geschwindigkeit. Eine Überschreitung des neuen Limits um bis zu zehn Stundenkilometer kostet ein Bußgeld von umgerechnet 14 bis 28 Euro; wer noch schneller fährt, muss umgerechnet zwischen 70 und 420 Euro bezahlen. Der SPD-Bundestagsabgeordnete Klaus Lennartz fordert, auf deutschen Autobahnen in der Hauptreisezeit ebenfalls Tempo 100 einzuführen. Dies wird von der Bonner Kohl-Regierung als „abenteuerlich" bezeichnet und abgelehnt.

Im Herbst 1988 beschreibt der Italien-Korrespondent der *Süddeutschen Zeitung*, Klaus Arnsperger, eine nicht überraschende Entwicklung des italienischen Tempolimit:

„Mythen führen ein zähes Leben. Zum Beispiel denken wir an die von der Autoindustrie und den ihr angeschlossenen Interessenverbänden in Fahrt gesetzte Behauptung zwischen der Geschwindigkeit einerseits und der Häufigkeit oder Schwere von Unfällen andererseits bestehe kein ursächlicher Zusammenhang … In Italien ist dieser Tage das Märchen von der ‚an sich' harmlosen Geschwindigkeit aufs Neue widerlegt worden. Seit am 24. Juli das Höchsttempo von 140 auf 110 Stundenkilometer gesenkt wurde, hat es vollkommen unwiderlegbar weniger Unfälle, weniger Verstümmelte und weniger Tote gegeben … 2200 Unfälle weniger, mindestens 1900 Verletzte weniger, 150 Tote weniger, 34 Milliarden Lire weniger Schaden (ca. 34 Mill. DM oder 17 Mill. Euro; W. Z.). Aller Voraussicht nach wird jetzt auch Italien beim Tempolimit bleiben – möglicherweise höchstens 120 Stundenkilometer zugestehen. Ein lautes Bravo hat sich die Regierung in Rom verdient. Im Gegensatz zum Gezeter der italienischen Interessenverbände haben nämlich Umfragen klar bewiesen, dass eine Mehrheit der Italiener mit kürzeren Bremswegen durchaus zufrieden ist."[140]

Anfang 1989 zieht Arnsperger dann erneut Bilanz:

„Verglichen mit dem Jahr zuvor hat es 1988 auf Italiens Straßen 569 Tote weniger gegeben. 17 366 Menschen blieben Verletzungen und vielen für den Rest ihres Lebens nicht wieder zu behebende Verstümmelungen erspart. Allein im August 1988, der Hauptreisezeit, ist die Zahl tödlicher Unfälle auf den italienischen Autobahnen um 37,5 Prozent zurückgegangen – verglichen mit den Zahlen des Vorjahres ... Gianni Agnelli, der Chef des Fiat-Konzerns, des mittlerweile größten europäischen Automobilherstellers, zählt übrigens keineswegs zu den grundsätzlichen Widersachern von Geschwindigkeitsbegrenzungen."[141]

Ende Juli 1988 wendet sich Bundesverkehrsminister Jürgen Warnke (CSU) wieder einmal gegen eine allgemeine Geschwindigkeitsbegrenzung auf Autobahnen. Bonn bleibe auch angesichts des neuen italienischen Tempolimits und entsprechender Forderungen von SPD-Politikern bei einem eindeutigen „Nein"; unter Sicherheitsaspekten seien die deutschen Autobahnen in Europa unerreicht. Diese gebetsmühlenartig vorgetragene Behauptung aus dem Textbaukasten „Kein Tempolimit" wird auch durch endlose Wiederholungen nicht wahrer. Wieso sind die deutschen Autobahnen in Europa unerreicht? Und gerade hier kann man etwas immer noch sicherer machen und Menschenleben retten.

Nach Ansicht des (damaligen Grünen-)Politikers Otto Schily würden „nicht nur das Mitgefühl und die Trauer über die Tausende von Toten und die Hunderttausende von Verletzten, die der Moloch Autoverkehr fordert, sondern auch die einfache wirtschaftliche Vernunft" ein Tempolimit gebieten; er weist auch auf die wirtschaftlichen Schäden durch Verkehrsunfälle in Höhe von 38 Milliarden Mark (etwa 19,5 Mrd. Euro) hin. Hubert Weinzierl wirft der Bundesregierung einmal mehr „massives Versagen" vor: „Es ist ein unbegreifliches Phänomen, dass man sich an diese Zerstörung der Natur offenbar schon als unabwendbares Schicksal gewöhnt hat, statt über Gegenmaßnahmen zu sprechen." Ende August schreibt Christian Schütze in seinem Kommentar „Ernte auf den Straßen":

„Die hysterische Reaktion auf das italienische Tempolimit hat gezeigt, dass man in Bonn unruhig wird, wenn andere Länder das nur noch kleine Lager der Raser-Nationen verlassen. Inzwischen ... liegt die Zahl der schweren Unfälle um 40 Prozent niedriger als in früheren Ferienmonaten. Da wurden Leben gerettet, und viele wurden nicht verkrüppelt. In der Bundesrepublik dagegen gab es 10,5 Prozent mehr Tote und 12,7 Prozent mehr Verletzte."[142]

Umkämpftes Tempolimit auf der AVUS

Mitte Mai 1989 protestieren mehr als 1000 Berliner gegen das neue Tempolimit von 100 km/h auf der Schnellstraße Avus. CDU-Sprecher bezeichnen das Tempolimit als „Folterwerkzeug aus der Horrorkiste" und „ökologisch unnötige Schikane". Anfang Juni demonstrieren erneut 5500 Kraftfahrzeuge und 1000 Motorräder gegen das Avus-Tempolimit, die allerdings im selbst verursachten Stau steckenbleiben.

Zu einer Demonstrationsfahrt *für* Tempolimits gehen Ende Juni etwa 4000 Radfahrer bei sonnigem Sommerwetter in Berlin an den Start. Eine Demonstration von Anhängern der ‚Bürgerinitiative gegen Tempolimit' auf der Avus am Tag vorher erweist sich dagegen als Fehlschlag. Statt der erwarteten 10 000 Teilnehmer zählt die Bürgerinitiative nach eigenen Angaben nur zwischen 500 und 800 Fahrzeuge, deren Autodemonstration im allgemeinen Verkehrschaos in der Innenstadt untergeht.

Marianne Heuwagen beschreibt in ihrem Artikel „Das Gaspedal als letztes Stückchen Freiheit" sehr anschaulich, wie die Autorepublik funktioniert: Der Automobilklub ADAC legte Ende 1988 ein eigenes verkehrspolitisches Konzept vor, um der „autofeindlichen Politik" des Senats bzw. dem Tempolimit auf der Avus entgegenzutreten. Daraufhin treten 400 Mitglieder aus; einige schreiben dem Berliner *Tagesspiegel*, dass „es dem ADAC nicht anstehe, Politik zu machen". Der *Tagesspiegel* berichtet über diese Protestwelle, und sein Lokalchef Günter Matthes befürwortet in seinen Kommentaren die Geschwindigkeitsbegrenzung. Daraufhin sieht sich die Zeitung einem Anzeigenboykott ausgesetzt: ein Möbelhaus zieht seine wöchentliche halbseitige Anzeige zurück; eine Werbeagentur schreibt, sie könne den *Tagesspiegel* als Werbeträger nicht mehr empfehlen. Der ADAC wirft dem Blatt in einem Brief „blinden Hass" vor. Lokalchef Günter Matthes berichtet, dass die Leserbriefschreiber mehrheitlich das Tempolimit begrüßt hätten.[143]

Das im Mai 1989 eingeführte Tempolimit wird im April 1991 vom Berliner Verwaltungsgericht bestätigt. Es weist die Klage von drei Kraftfahrern ab, dass das Tempolimit Bundesrecht widerspreche, wonach auf Autobahnen Geschwindigkeitsbeschränkungen nur auf Strecken mit besonderer Verkehrsgefährdung zulässig seien. Das Verwaltungsgericht sieht demgegenüber eine erhöhte Unfallgefahr auf der Avus als gegeben an.

Unfallbilanz III

Bundesverkehrsminister Zimmermann äußert im Frühsommer 1989 wieder einmal, dass die deutschen Autobahnen mit Abstand die sichersten Straßen seien. 93 Prozent aller tödlichen Unfälle ereignen sich nach Zimmermann bei einem Tempo unter 100 km/h. Der *Spiegel* kommentiert dies:

„Auf überfüllten Autobahnen kann eine Geschwindigkeitsbegrenzung natürlich die Verkehrssicherheit erhöhen. Unbestritten ist auch, dass der Benzinverbrauch bei Vollgas überproportional wächst. Und kaum zu überlegen ist die Erkenntnis, dass umso mehr Schadstoff den Auspuff verlässt, je schneller der Motor dreht. Auch der Kat ist kein Freibrief für Raser: Er zügelt zwar die Stickoxide, die Boden und Wasser versauern und die Wälder sterben lassen, kann aber das klimaschädigende Kohlendioxid nicht zurückhalten. Je mehr Benzin verbraucht wird, desto dichter werden Smog und Treibhausglocke, eine Binsenweisheit für jeden Ökologen.“[144]

Anfang Juni 1989 sprechen sich die Verkehrsminister der elf Bundesländer in Bremen mit sechs zu fünf Stimmen für ein Tempolimit von 130 km/h auf Autobahnen aus: Der Beschluss hat aber keine Gesetzeskraft, denn dafür bedürfte es einer Mehrheit im Bundesrat, in dem Berlin keine Stimme hat. Bundesverkehrsminister Friedrich Zimmermann kann die knappe Mehrheit für den Beschluss seiner Kollegen aus den Ländern nicht verhindern, denn der kontinuierliche Anstieg der Unfallzahlen auf den Bundesautobahnen nötigt förmlich zur Einführung einer Geschwindigkeitsbeschränkung. Umgehend lehnen zahlreiche Politiker der Bonner Koalition das Tempolimit von 130 km/h auf Autobahnen ab, das die Länder-Verkehrsminister der SPD gefordert haben. So spricht sich der FDP-Vorsitzende Otto Graf Lambsdorff gegen ein pauschales Tempo 130 auf Autobahnen aus: Dies sei die falsche Antwort auf die steigende Zahl von Verkehrstoten und die zunehmende Belastung der Umwelt. Eine Begründung für eine solch absurde Aussage wird in der Regel von den verantwortlichen Politikern weder gegeben noch anscheinend erwartet oder eingefordert.

Im Juli 1989 stellt der bayerische Innenminister Stoiber fest, dass mehr als jeder zweite tödliche Verkehrsunfall auf überhöhte Geschwindigkeit zurückzuführen ist und nennt die Raserei bei Nebel auf den Autobahnen „haarsträubend und verantwortungslos“. Die Einführung eines Tempolimits lehnt Stoiber jedoch erneut ab, da es folgerichtiger und Erfolg versprechender sei, die Einhaltung der geltenden Regeln durch eine strengere Verkehrsüberwachung durchzusetzen. Die Autobahnen seien nach wie vor die relativ sichersten Straßen. Obwohl sie 30 Prozent des gesamten Verkehrs zu bewältigen hätten, seien dort lediglich acht Prozent der Verkehrstoten zu beklagen – die alte Argumentation.

Auf der Internationalen Automobilausstellung (IAA) im September 1989 in Frankfurt a. M. fordert der Verkehrsclub Deutschland (VCD) ein Verbot des Motorsports, auf den zunehmende Aggressivität und Rücksichtslosigkeit im Straßenverkehr zurückgeführt werde. Der VCD fordert darüber hinaus ein Werbeverbot für Pkw mit mehr als 100 PS und die sofortige Einführung von Tempolimits auf allen Straßen.

Mitte September verwirrt Bundesumweltminister Klaus Töpfer erneut Bundeskanzleramt und Bundesverkehrsministerium, da er bei der Vorlage eines Berichts des UBA ein Tempolimit ins Gespräch bringt. Das Kanzleramt verkündet, die „nach wie vor gültige Linie der Bundesregierung" laute, dass generelle Geschwindigkeitsbegrenzungen nicht eingeführt werden sollten. Ebenso äußert sich Bundesverkehrsminister Zimmermann und sagt dann auf der IAA, diejenigen wollten „den Bürger für dumm verkaufen", die ihm einredeten, er solle Tempo 100 oder Tempo 120 auf der Autobahn fahren. Es sei müßig, über Geschwindigkeitsbegrenzungen zu reden, die es nicht geben werde, solange er der zuständige Minister sei. Zu der Zeit schreibt Jürgen Lewandowski in der *Süddeutschen Zeitung* den Kommentar „Das Tempolimit kommt":

> „Auf unseren Straßen macht sich eine Herrenmensch-Mentalität breit, die einerseits durch die Modellpolitik rivalisierender Autofirmen gefördert wird, die sich andererseits aber auch in einer Gesellschaft breitmachen musste, die ihr Selbstwertgefühl nur noch an dem misst, was man erreicht hat ... Die Industrie hat jedoch – und dies könnte ihr kapitaler Denkfehler gewesen sein – die Umweltdiskussion anfänglich nicht mit der Priorität behandelt, die dieses Thema verdient hätte. Man braucht sich nur an die unsäglichen Beiträge zu den Themen *bleifreies Benzin* und *Katalysator* zu erinnern, um zu erkennen, dass hier eine der Schlüsselindustrien nicht in der Lage war, *visionär* zu denken ... Kein Zweifel: Das Tempolimit wird kommen ..."[145]

Im Januar 1990 spricht sich VDA-Präsidentin Erika Emmerich erneut gegen Tempolimits aus: Nur 4,6 Prozent der Unfälle würden sich auf den Autobahnen ereignen, die eine Fahrleistung von 27 Prozent hätten. Klaus-Peter Jörns stellt dagegen einen relativen Zuwachs der Autobahntoten fest: 1980 gab es in Relation zur Zahl aller Verkehrstoten 6,2 Prozent Tote auf den Autobahnen; 1988 waren es 8,7 Prozent und 1989 dann 9,7 Prozent.

> „Die Statistik lässt erkennen, dass der Prozentsatz der auf den Autobahnen Getöteten stetig steigt, und zwar dadurch, dass die Zahl der tödlichen Unfälle auf den übrigen Straßen zurückgegangen ist. Der Anteil der Toten auf der BAB an der Gesamtzahl der Verkehrstoten ist von 1980 nach 1989 um 52,2 Prozent gestiegen! ... Der Anteil der Unfälle mit Personenschaden auf der BAB an der Gesamtzahl dieser Unfälle ist von 1980 bis 1989 um 44,2 Prozent gestiegen!"

Jörns zieht das Fazit: „Während alle anderen Straßen sicherer geworden sind, ist das Fahren auf den Autobahnen, gemessen am übrigen Straßennetz, mit einem wachsenden Risiko verbunden, verletzt oder getötet zu werden."[146] Diese Tendenz bleibt im Übrigen ansteigend: im Jahr 2000 lag der Anteil der Autobahn-Verkehrstoten bei 12,0 Prozent und 2007 bei 12,3 Prozent.[147]

Der *Spiegel*-Artikel „Forsch ins Pedal“ im Herbst 1992 beleuchtet kritisch den Zusammenhang zwischen Pkw mit hoher Motorisierung und ihrem Anteil am Unfallgeschehen. 1991 gibt es jeden Tag 30 Verkehrstote auf deutschen Straßen, insgesamt rund 11 000. Und je stärker die Autos motorisiert sind, desto häufiger sind sie auch in tödliche Unfälle verwickelt, wie aus der Verkehrsunfallstatistik einiger (westlicher) Bundesländer hervorgeht:

– In Niedersachsen waren Fahrzeuge mit einer zulässigen Höchstgeschwindigkeit von über 200 km/h fünfeinhalb Mal öfter an tödlichen Unfällen beteiligt als Wagen, die nur 140 km/h fuhren.

– In Baden-Württemberg verursachten 4,2 von 10 000 Fahrzeugen mit über 122 PS einen Unfall mit Todesfolge, aber nur 1,5 von 10 000 Wagen mit weniger als 55 PS.

– In Bayern und Nordrhein-Westfalen verursachten Fahrzeuge mit über 122 PS doppelt so oft einen tödlichen Unfall als Wagen mit einer Leistung unter 55 PS.[148]

Eine Studie des britischen Verkehrsministeriums ergibt ebenfalls, dass Fahrzeuge, die in weniger als zehn Sekunden auf 100 km/h beschleunigen, zweieinhalb Mal öfter an tödlichen Unfällen beteiligt sind als Pkw, die länger als zehn Sekunden benötigen. Auch der deutsche HUK-Verband registriert „schon länger, dass die Häufigkeit der Schäden mit höheren Motorleistung steigt“. Ein gezieltes Tempolimit könnte nach einer Studie dieses Verbandes für bestimmte Verkehrssituationen und Fahrergruppen die Zahl der Todesopfer bei Unfällen auf deutschen Autobahnen um bis zu 20 Prozent senken. Vorgeschlagen werden: ein Tempolimit und eine niedrigere Promillegrenze für Führerscheinneulinge sowie ein generelles Tempolimit bei Dunkelheit und Nässe auf Autobahnen.

1990 bis 1994: Wiedervereinigung, Umwelt und Tempolimit

Im Januar 1990 schlägt der Landrat des Landkreises München, Joachim Gillessen (CSU), der Autobahndirektion Südbayern ein generelles Tempolimit auf Autobahnen im Landkreis München vor, um Anlieger vor Lärm und Abgasen zu schützen. Auf den Autobahnen soll tagsüber nicht schneller als 100 km/h und nachts 80 km/h gefahren werden. Landrat und Kreisausschuss weisen auch auf die größere Verkehrssicherheit hin, die eine Geschwindigkeitsbeschränkung mit sich brächte. Der Stellvertretende Präsident der Autobahndirektion, Günter Grießemer, hält den Vorschlag des Landrats „für wenig konkret“. Dem geringen Nutzen eines generellen Tempolimits dürfe nicht der Verkehrsfluss geopfert werden. (! W. Z.) „Tempo 100 bringt höchstens ein bis zwei Dezibel Lärmdifferenz, erst drei sind jedoch vom Ohr zu unterscheiden“, sagt Grießemer.

Eine Reduzierung von 3 dB(A) bedeutet schon eine Reduzierung der Lautstärke um die Hälfte. Das UBA in Berlin stellt 1992 fest, dass gegenüber einem Pkw mit 120 km/h ein Pkw mit 150 km/h rd. 3 dB(A) lauter im Vorbeifahrtpegel ist, d.h. ein Pkw mit 150 km/h ist so laut wie zwei Pkw mit 120 km/h. Ein Pkw mit 180 km/h ist rund 5 dB(A) lauter im Vorbeifahrtpegel, d.h. ein Pkw mit 180 km/h ist so laut wie drei Pkw mit 120 km/h.[149] Schon Mitte der Achtzigerjahre fühlten sich übrigens laut Bayerischem Landesamt für Umweltschutz 64 Prozent der Bevölkerung vom Straßenlärm belästigt. Nicht zu vergessen: Ein Tempolimit ist die billigste Lärmschutzmaßnahme.

Anfang 1990 prognostiziert in einer internen Studie ein Spitzenmanager bei Ford USA, Ernie Savoie, die Entwicklung bis zum Jahr 2005. Er kommt zu dem Ergebnis: Die drohende Klimakatastrophe, der Treibhauseffekt und die Zerstörung der Ozonschicht werden die Fahrzeugbranche zu schwerwiegenden Änderungen ihrer Produktion und ihrer Produkte zwingen – und zwar sehr schnell. „Autoabgase sind derzeit verantwortlich für die Hälfte der gesamten Luftverschmutzung in Europa." Deshalb müssen der Benzinverbrauch weiter gesenkt und alternative Antriebsstoffe gefördert werden, damit weniger Kohlendioxid aus den Auspuffrohren kommt.[150]

Kein Tempolimit in der ehemaligen DDR
Bereits im Februar 1990 schreibt Bundesverkehrsminister Zimmermann in *Bild* den Gastkommentar „Freie Fahrt statt Sozialismus": „Und der Sozialismus hat schon seit je ein gestörtes Verhältnis zum Auto ... Wiedervereinigung bedeutet auch Schluss mit sozialistischen Straßenverkehrsideologien. (! W. Z.) Millionen Autofahrer danken es."[151] Und im März 1990 erklärt er: „Ich gehe davon aus, dass sich unser bewährtes Verkehrsrecht durchsetzen wird. Dann wird es auf dem Gebiet der heutigen DDR kein Tempolimit 100 mehr auf Autobahnen geben." Dionys Jobst, der Vorsitzende des Verkehrsausschusses des Bundestages, fordert gleichzeitig die neu gewählte Regierung der DDR auf, „schnellstens das Tempolimit auf den Straßen der DDR generell aufzuheben". Er sei sicher, „dass Zigtausende bundesdeutscher und DDR-Autofahrer sehr dankbar wären für eine rasche Aufhebung des Tempolimits drüben, damit sie endlich den Blick vom Tacho auf die Straße wenden können"[152]. Wieder einmal bleibt einem wenig anderes übrig, als kopfschüttelnd die neuerlichen Aktivitäten des Bundesverkehrsministers und des Vorsitzenden des Bundestags-Verkehrsausschusses zur Kenntnis zu nehmen. Da die dortigen Straßen nicht für solche Geschwindigkeiten ausgelegt und die Fahrer nicht geschult waren, lässt das zu erwartende Blutopfer nicht lange auf sich warten. Wieder siegt Ideologie über Hirn.

Natürlich spricht sich nach der deutschen Wiedervereinigung auch der ADAC gegen ein Tempolimit auf Autobahnen aus. In vorauseilendem Gehorsam kündigt im Juni 1990 Verkehrsminister Horst Gibtner (Ost-CDU) an, auf einigen Abschnitten der DDR-Autobahnen das gültige Tempolimit von 100 km/h künftig auf 120 und 130 km/h zu erhöhen. Eine Befragung der BASt ergibt Ende 1990 für Westdeutschland, dass 56 Prozent für ein Tempolimit auf Autobahnen und nur 32 Prozent dagegen sind. In den neuen Bundesländern sind 73 Prozent für ein Tempolimit auf den westdeutschen Autobahnen und nur 14 dagegen; für die ostdeutschen Autobahnen waren 89 Prozent für ein Tempolimit und nur 4 Prozent dagegen. Aber sie sollten keine Chance bekommen.

Die SPD stellt Mitte 1991 den Antrag, die nach dem Einigungsvertrag bis Ende 1991 oder Ende 1992 geltenden Geschwindigkeitsregelungen der früheren DDR und die Endfristen der Umstellung wenigstens so lange zu verlängern, bis zumindest der Straßenzustand eine Anhebung auf 90 km/h außerorts und 120 km/h auf den Autobahnen ermöglicht. Die Antwort des neuen Bundesverkehrsministers Günther Krause (CDU) kommt prompt: Der Anstieg der Unfälle im Jahr 1991 sei nicht auf das Fehlen eines Tempolimits zurückzuführen, weil schließlich noch Tempo 100 gegolten habe – das aber, wie Heinrich Praxenthaler anmerkt, kaum mehr überwacht wurde.

Für Pkw und Motorräder besteht also bis Ende 1991 auf den Autobahnen in der ehemaligen DDR eine Geschwindigkeitsbegrenzung von 100 km/h. Ab dem 1. 1. 1992 wird dann auch in den neuen Bundesländern die Richtgeschwindigkeit 130 km/h eingeführt. Schon vorher erreichen die Unfallzahlen und die Zahl der im Verkehr Getöteten dramatische Höhen. Das Statistische Bundesamt teilt für 1991 mit, dass in den neuen Bundesländern im Verhältnis zur Einwohnerzahl fast doppelt so viele Menschen ums Leben kamen wie in Westdeutschland. Heinrich Praxenthaler bringt einen weiteren erschreckenden Zahlenvergleich: 1991 liegt auf westdeutschen Autobahnen die Rate der Getöteten pro 1 Mrd. Kfz-km bei 6,8; in den neuen Bundesländern liegt diese Rate bei 39,7. Dietmar Klenke schreibt in seinem Buch *Freier Stau für freie Bürger*:

> „Es bedurfte erst der äußerst angespannten Finanzlage im Zuge der Wiedervereinigung, um die Verkehrspolitik zu veranlassen, angesichts des hohen Ausbaubedarfs das Tabu der Hochgeschwindigkeits-Spurbreite von 3,75 Meter zu brechen. Die im Frühjahr 1994 überarbeiteten Richtlinien sahen nur noch eine Breite von 3,50 Meter vor ... Von einer stärkeren Reduzierung bis auf 3,25 Meter nahmen die Planer Abstand, weil sie nach wie vor das für diesen Fall unumgängliche Autobahn-Tempolimit für nicht

durchsetzbar hielten. Hier erwies sich die historisch gewachsene Autobahnfreiheit einmal mehr als äußerst zählebig."[153]

Für einen Gesetzesantrag im Bundestag im Mai 1991 fordern die Sozialdemokraten statt wie bisher Tempo 100 km/h nunmehr Tempo 120 km/h. Sie greifen damit einen vier Jahre alten Vorschlag der EG-Kommission auf, der Geschwindigkeitsbegrenzungen von 120 km/h auf Autobahnen, 90 km/h auf Landstraßen, 50 km/h auf Vorfahrtsstraßen innerhalb geschlossener Ortschaften und 30 km/h für alle anderen innerörtlichen Straßen vorsah. Dagegen erklärt die CDU/CSU-Fraktion, ein generelles Tempolimit nütze weder der Sicherheit noch dem Umweltschutz.

Der CSU-Arbeitskreis Umweltsicherung und das Tempolimit

Der Geschäftsführer des VDA, Achim Diekmann, gibt im Oktober 1990 bekannt, dass sich die Autohersteller gegenüber der Bundesregierung verpflichtet hätten, die Kohlendioxidemissionen des Straßenverkehrs unabhängig von der weiteren Zunahme des Fahrzeugbestands bis zum Jahr 2005 um mindestens ein Viertel zu verringern. Die Enquete-Kommission *Schutz der Erdatmosphäre* des Deutschen Bundestages gibt für das Jahr 1988 folgende Werte an: „Der individuelle motorisierte Personenverkehr ist für 66 Prozent der CO_2-, 61 Prozent der NO_x-, 51 Prozent der SO_2-, 89 Prozent der VOC (flüchtige organische Substanzen) und 95 Prozent der CO-Emissionen im Verkehrsbereich verantwortlich."[154]

Seit Januar 1990 entwirft die Arbeitsgemeinschaft Umwelt in der CSU ein neues Umweltprogramm der bayerischen Regierungspartei, das auch Forderungen nach einem Tempolimit auf Autobahnen in der gesamten EG enthält. Im Juni 1991 billigt die Landesversammlung des CSU-Arbeitskreises Umweltsicherung in Neumarkt (Oberpfalz) das „Umweltprogramm für die 90er-Jahre", das auf dem Kleinen Parteitag der CSU im Juli in Ansbach Grundlage für die gesamte Partei werden soll. Das Umweltprogramm sieht ein generelles Tempolimit von 120 km/h auf Autobahnen und Tempo 30 in geschlossenen Wohngebieten vor und hält die Betonung der Geschwindigkeit für „nicht mehr zeitgemäß". Das Auto habe „langfristig nur in Kombination mit dem öffentlichen Verkehr" eine Zukunft. Außerdem nimmt der Umweltarbeitskreis offiziell Abschied vom Slogan „Freie Fahrt für freie Bürger", mit dem ein „überholter und falscher Freiheitsbegriff" verbunden sei.

Die SPD begrüßt den CSU-Vorstoß für ein Tempolimit und bietet der CSU umgehend eine Umwelt-Allianz an. CSU-Fraktionschef Glück hält die vom CSU-Arbeitskreis Umweltsicherung vorgeschlagene Tempobegrenzung auf den Autobahnen für „keine zentrale Frage der Verkehrspolitik". Da beispielsweise der CSU-Verkehrsexperte im Bundestag, Dionys Jobst, dem Tempolimit eine deutliche Absage erteilt habe, warnt Glück davor, diese Diskussion nun zu „überhöhen".

Der Münchner Umweltschutzreferent und Vorsitzende der CSU-Umweltprogrammkommission, Rüdiger Schweikl, tritt nachdrücklich für die Einführung eines Tempolimits in der Bundesrepublik ein: Umweltverträglichkeit und Energieeinsparung müssten endlich höher bewertet werden als Höchstleistung und Höchstgeschwindigkeit. Für Schweikl ist das Tempolimit die einzige Maßnahme der Verkehrspolitik, die sofort und ohne zusätzliche Kosten zu einer spürbaren Verringerung der Schadstoffbelastung führe. Er befürwortet deshalb auch die von der EG-Kommission vorgeschlagene Höchstgeschwindigkeit von 120 km/h, deren EG-weite Einführung am Veto der Bundesrepublik gescheitert ist. Schweikl führt weiter aus: „Ein paar Gewohnheitsraser – darunter vielleicht auch Politiker – müssten allerdings wohl ihre Terminpläne strecken, auf Intercityzüge umsteigen oder die Möglichkeiten der Telekommunikation besser nutzen, anstatt sich selbst und die Umwelt zu gefährden."[155]

Innenminister Edmund Stoiber sagt vor dem Kleinen Parteitag, die Staatsregierung sehe keinen Anlass, ihre Haltung zu ändern, sein Ministerium favorisiere stattdessen verstärkt „Wechselverkehrszeichen" auf Autobahnen, mit denen der Verkehr situationsabhängig beeinflusst werden könne. Das war und ist die teuerste Lösung für den Steuerzahler, aber gleichzeitig ein gutes Geschäft für die Industriekonzerne. Wie erwähnt: Der VDA bezifferte bereits 1994 das europäische Marktvolumen künftiger Verkehrsleitsysteme bis zum Jahr 2010 auf rund 200 Milliarden DM.[156]

Auf dem Kleinen Parteitag in Ansbach wird der CSU-Arbeitskreis Umweltsicherung dann vom Beschluss des Parteivorstandes überrascht, die Abstimmung über das Umweltprogramm auf den großen Parteitag im November 1991 zu verschieben. Die Befürworter eines Tempolimits auf Autobahnen in der CSU fühlen sich aber keineswegs ausgebremst. Der Vorsitzende des Gremiums, der 40-jährige Forstwirt Josef Göppel, ist der Meinung, dass die Zusammensetzung der 1000 Delegierten auf dem CSU-Parteitag im November „für unser Anliegen sogar günstiger ist".

Mit dem Arbeitskreis Umweltsicherung propagiert zum ersten Mal ein Gremium der CSU ein Tempolimit – und erzeugt Widerspruch. Göppel sei wohl ein „blutiger Laie", sagt der niederbayerische Landstagsabgeordnete Günther Müller, und sein Bundestagskollege Herbert Frankenhauser beteuert: Mit der CSU werde es „kein Tempolimit" geben. (Frankenhauser ist im Hauptberuf Angestellter bei der Münchner Mercedes-Niederlassung). Der bayerische Umweltminister Peter Gauweiler, der vom Parteivorstand beauftragt wird, Göppel das Tempolimit auszureden, bezeichnet die Auseinandersetzung mit den Vorschlägen des Arbeitskreises als „Scheindebatte", die den „Stammtischen vorbehalten werden soll". Der Vorsitzende des CSU-Umweltausschuss im Bundestag, Gerhard Friedrich, wendet sich gegen Geschwindigkeitsbegrenzungen auf Autobahnen, „weil's nix bringt".

Der Kleine Parteitag der CSU am 13. Juli 1991 in Ansbach, auf dem der Entwurf für das CSU-Ökoprogramm mit dem Vorschlag eines Tempolimits verabschiedet werden sollte, der dann aber überraschend auf den Parteitag im November verschoben wurde, hat eine erst im Herbst 1991 bekannt gewordene Vorgeschichte. Es ist einer der seltenen Fälle, in denen die exemplarische Einflussnahme der Autoindustrie auf die Politik zur Verhinderung des Tempolimits öffentlich wurde.

Am 3. Juli 1991 nimmt der Präsident des Landesverbands der Bayerischen Industrie, der BMW-Vorstandsvorsitzende Eberhard von Kuenheim, in einem Brief an Ministerpräsident Max Streibl massiv Stellung gegen den Programmentwurf. Kuenheim spricht sich dabei vor allem gegen ein Tempolimit und gegen Umweltabgaben aus und schreibt: „Dieses Programm enthält so viele wirtschaftsfeindliche Aussagen, dass es für mich unverständlich ist, auf welcher Basis die bislang doch so hervorragend dem Gemeinwohl dienenden Beziehungen zwischen Politik und Wirtschaft in Bayern beruht haben können." Kuenheim weist Streibl darauf hin, dass zwischen der politischen Grundausrichtung der CSU und der bayerischen Industrie ein „tiefer und in langen Jahren gewachsenen Grundkonsens besteht. Von daher neigen wir dazu, dieses sogenannte ‚Umweltprogramm' bestenfalls als eine politische Episode zu betrachten." Die Einführung eines Tempolimits von 120 km/h auf Autobahnen und weitere Einschränkungen für den Autoverkehr würden laut Kuenheim nicht nur die bayerische Autoindustrie, sondern die bayerische Industrie „als ganzes nachhaltig treffen".

Fünf Tage nach dem Vorstoß des Industriepräsidenten beim Regierungschef beschließt der CSU-Vorstand am 8. Juli, die Verabschiedung des Umweltprogramms nicht beim Kleinen Parteitag Mitte Juli in Ansbach vorzunehmen, sondern auf den eigentlichen Parteitag im November in München zu verschieben. CSU-Generalsekretär Erwin Huber begründet dies im Juli damit, dass beim Umweltprogramm noch Diskussionsbedarf bestehe und beteuert später, dass der Brief des Industriepräsidenten Kuenheim für die Vertagung „nicht ursächlich" gewesen sei. Die *Süddeutsche Zeitung* listet dazu die Großspender der CSU im Jahr 1990 auf: Die Daimler-Benz AG, Stuttgart steht mit 400 000 DM (rund 204 000 Euro) an der Spitze. Die Bayerischen Motorenwerke (BMW) folgen mit 315 000 Mark (rund 161 000 Euro). An dritter Stelle steht der Verein der Bayerischen Metallindustrie e.V.

München mit 240 000 Mark (rund 123 000 Euro). War es wirklich so einfach: Wes' Brot ich fress, des Lied ich sing? Zumindest ein wichtiger Beweggrund war es mit Sicherheit. Pecunia non olet …

Der Verbandspräsident und BMW-Chef Kuenheim protestiert am 21. Oktober 1991 in einem weiteren Brief an den CSU-Bundestagsabgeordneten Gerhard Friedrich (Leiter des Arbeitskreises Umwelt der CDU/CSU-Fraktion) gegen die Absicht, den Autofirmen gesetzliche Grenzen für den Benzinverbrauch ihrer Fahrzeuge vorzuschreiben. Im Kuenheim-Brief heißt es: „Bestimmten Herstellern der gehobenen Marktsegmente" drohe damit eine übermäßige Belastung. Klaus Ott schreibt dazu in der *Süddeutschen Zeitung:*

> „Dass es hierbei gezielt darum ging, die Interessen der Firmen BMW und Daimler zu wahren, die 1990 die Liste der Geldspender bei der CSU anführten, belegt ein Vorstoß des CSU-Politikers Wolfgang Gröbl. Zehn Tage vor dem Parteitag teilte Gröbl, Staatssekretär im Bundesverkehrsministerium, dem CSU-Generalsekretär Erwin Huber mit, die vom Umwelt-Arbeitskreis vorgeschlagene Regelung des Benzinverbrauchs würde einseitig BMW und Daimler treffen, während Automobilhersteller mit breit gefächerter Modellpalette bei ihren größeren Modellen nachlässiger verfahren könnten. Dieser Einwand, mahnte Gröbl, solle bei der internen Beratung vor dem Parteitag über die endgültige Fassung des Programmentwurfs berücksichtigt werden, was dann auch geschah. Beim Parteitag selbst bezog Gröbl zusammen mit dem Vorsitzenden Theo Waigel, dem stellvertretenden Parteichef Edmund Stoiber und Bundeslandwirtschaftsminister Ignaz Kiechle massiv Stellung gegen ein Tempolimit auf Autobahnen."[157]

Im April 1992 wird Gröbl anlässlich der Eröffnung des Verkehrsleitsystems auf der A 9 dann erneut ein allgemeines Tempolimit ablehnen: Dies sei lediglich ein „ideologisches Ziel" (! W. Z.) und erklären: „Wir setzen auf die angepasste Geschwindigkeit."

Zum Auftakt des CSU-Parteitages im November 1991 fordert dann der Vorsitzende des Arbeitskreises Umweltsicherung, Josef Göppel, eine Kursänderung in der Verkehrspolitik und wirbt auf einem Umweltforum für die Forderung nach einem Tempolimit auf Autobahnen im Umweltprogramm der Regierungspartei. Eine Geschwindigkeitsobergrenze mache den Weg frei für eine Automobilentwicklung, die statt zu immer mehr Tempo und PS zu mehr Umweltverträglichkeit und Sicherheit führe, betont Göppel, dem nur wenige CSU-Delegierte beistehen. Innenminister Edmund Stoiber erklärt, er sei sofort für ein Tempolimit, wenn es „die Garantie für mehr Sicherheit" im Straßenverkehr böte. Es gebe aber „keine Daten, dass die allgemeine Raserei an schweren Unfällen entscheidend schuld" wäre. Der Parteitag erteilt dann der Forderung nach einem Tempolimit auf Autobahnen eine klare Absage: Über 90 Prozent der Delegierten stimmen dagegen.

Die bayerische SPD-Vorsitzende Renate Schmidt spricht von einer „vertanen Chance“. Der Beschluss gegen ein Tempolimit zeige, „dass der CSU die Kraft fehlt, einmal richtig Erkanntes in die Tat umzusetzen“. Hier habe die CSU ganz offensichtlich dem Druck der Wirtschaft nicht widerstanden. Nach Ansicht der bayerischen Grünen hängt die CSU am Gängelband der Industrie und huldige weiter der Ideologie „Freie Fahrt für freie Bürger“. Waldsterben, Klimakatastrophe und Verkehrstote seien für die „Auto- und Betonpartei CSU“ nur eine ‚zu vernachlässigende Randgröße“. Für die ÖDP marschiert die CSU „an der kurzen Leine der Industrie“.

Im Mai 1994 spricht sich der Umweltarbeitskreis der CSU bei seiner Landestagung in Forchheim wieder für ein Tempolimit auf deutschen Autobahnen aus und verlangt eine einheitliche europäische Geschwindigkeitsobergrenze. Der anwesende bayerische Umweltminister Thomas Goppel lehnt erneut ein generelles Tempolimit auf deutschen Autobahnen ab mit der Begründung, die Mobilität von Gütern und Personen sei das Lebenselixier wirtschaftlichen Handelns und persönlicher Freiheit. Auch der verkehrspolitische Sprecher der CSU im Landtag, Adolf Dinglreiter, spricht sich gegen eine Geschwindigkeitsbegrenzung aus. Trotzdem stimmen die Delegierten der über 5000 Mitglieder des Arbeitskreises der Resolution zu.

Unverdrossen wiederholt auch noch im Oktober 2005 der Arbeitskreis Umweltsicherung und Landesentwicklung (AKU) der CSU die Forderung nach einem generellen Tempolimit auf deutschen Autobahnen, das den Energieverbrauch senken und auch die Unfallzahlen reduzieren würde.

Bundesverkehrsminister Günther Krause

Seit dem 18. Januar 1991 ist Günther Krause (CDU) aus Mecklenburg-Vorpommern neuer Bundesverkehrsminister und hat sich folgende Meinung zum Tempolimit gebildet: „Ich kann Ihnen sagen, was bei einem Tempolimit 130 auf deutschen Straßen passieren würde. Auf drei Spuren kaum benutzter Autobahnen würde jeder Kleinwagen links fahren.“ Im Juli 1991 wird ein unter Mitwirkung der Bundesanstalt für Straßenwesen konzipierter Vorstoß für ein Tempolimit auf Autobahnen im Bundesministerium für Verkehr unternommen. Daraufhin lässt Krause den zuständigen Abteilungsleiter, Ministerialdirektor Philipp Nau, in den einstweiligen Ruhestand versetzen. Heinz Blüthmann und Fritz Vorholz beschreiben in der *Zeit*, wie Nau, der langjährige Chef der Abteilung Straßenverkehr, das Stammtischniveau dieses Arguments und den dürftigen Erfahrungsschatz des Verkehrsministers in Fragen seines Ressorts entlarvt hat – und dafür gleich mit seinem Job bezahlen muss.[158] Nau widerspricht Krause, indem er eine vierzehnseitige süffisante Stellungnahme zum Thema Tempolimit schreibt, in der es u. a. heißt:

„Die von Herrn Minister in mehreren Interviews geäußerte Auffassung, ein Tempolimit führe zu einem sprunghaften Ansteigen der Linksfahrer und zu mehr Aggressivität auf den Autobahnen, steht im Gegensatz zu den durch empirische Untersuchungen erhärteten Erkenntnissen der Verkehrspsychologie ... Persönliche Erfahrungen können nur einen Teil des Gesamtspektrums erfassen und sollten daher nur sehr bedingt zur Urteilsfindung einbezogen werden."

Für Blüthmann und Vorholz steckt die wahre Brisanz des Nau-Papiers aber in einem anderen Satz: „Die von uns gegen das Tempolimit vorgetragenen Argumente halten einer ernsthaften Überprüfung nicht stand." Im Nau-Papier steht auch, dass „wissenschaftlich die deutlichen Vorteile eines Tempolimits für die Verkehrssicherheit als gesichert gelten", denn ein großer Teil der Unfälle sei „durch Geschwindigkeiten über 130 km/h verursacht". Der Verkehrsfachmann informiert seinen Minister, dass „ein angemessenes Tempolimit" von 120 oder 130 Stundenkilometern „zu einem deutlichen Rückgang der Unfallzahlen auf den Autobahnen, insbesondere der Getöteten und Schwerverletzten, führen würde".

Zur selben Zeit spricht sich in einer Ipos-Umfrage im Auftrag des Bundesumweltministeriums wieder einmal eine Mehrheit der Deutschen für ein Tempolimit aus: 72 Prozent der Befragten sind für Geschwindigkeitsbeschränkungen: im Westen für 120 km/h, im Osten etwas darunter. Heinz Blüthmann schreibt dazu in der *Zeit*:

„Beinahe drei Viertel für ein Tempolimit? Das klingt gut, denn so viele waren es noch bei keiner Untersuchung. Solche Resultate erhöhen den Druck auf Verkehrsminister Günther Krause, der die freie Fahrt auf den Autobahnen mit dem dünnen Argument verteidigt, durch ein Tempolimit nähme die Aggressivität im Straßenverkehr zu. Das Gegenteil stimmt – zu erleben auf ausländischen Schnellstraßen. Mit Tempolimit müssten weniger Menschen sterben oder als Krüppel weiterleben, reduzierte sich außerdem der Spritverbrauch und damit der Ausstoß des Klimagases CO_2 ... Die entspannte, umweltschonende und weniger unfallträchtige Fahrweise sollte dann auch die Prioritäten der Entwickler für neue Autos entscheidend verschieben. Die Zukunftsmobile dürfen höchstens noch fünf Liter auf hundert Kilometer verbrauchen, müssen billiger statt immer nur teurer in der Anschaffung werden und mehr Spaßvehikel als Renommierobjekt sein. Wenn die deutschen Autohersteller sich nicht darauf einstellen, wird ihnen jemand anderes eine Lektion erteilen: die Konkurrenz aus Japan."[159]

Für Winfried Wolf war Verkehrsminister Krause jemand, „der jegliche Kritik an der Autogesellschaft gleichsetzt mit einer Kritik an der Marktwirtschaft und einer Rückkehr zu einer von oben dekretierten Planwirtschaft".

Mehrere in der Öffentlichkeit als Affären behandelte Vorgänge, zum Beispiel der Verkauf der ostdeutschen Autobahnraststätten 1990 sowie die sogenannte Putzfrauenaffäre 1993 waren schließlich ausschlaggebend für Krauses Rücktritt am 6. 6. 1993. Er wurde am 23. 12. 2002 wegen Untreue, Betrug und Steuerhinterziehung zu einer Haftstrafe von 3 Jahren und 9 Monaten verurteilt. Dieses Urteil wurde am 7. 7. 2004 vom Bundesgerichtshof aufgehoben.

Autobahn-Unfallbericht II: Porsche gegen Opel auf der A5 bei Frankfurt a. M.

Das „Aktuelle Lexikon" der *Süddeutschen Zeitung* verzeichnet unter „Richtgeschwindigkeit": „Dieser Name führt ohnehin in die Irre: Man muss sich nämlich gerade *nicht* danach richten, und ein Richter kann weder Bußgeld noch Strafe verhängen, wenn der Autofahrer sich nicht daran hält." Im März 1992 entscheidet der Bundesgerichtshof (BGH), dass die Richtgeschwindigkeit auf Autobahnen von 130 km/h eine verbindliche Wirkung habe. Wer schneller fährt und dadurch einen Unfall verursacht, haftet künftig unabhängig vom Verschulden. Die Richtgeschwindigkeit basiere auf der für eine zivilrechtliche Haftung bedeutsamen Erfahrung, dass oberhalb dieser Schwelle wesentlich schwerere Unfälle passierten. „Wer 130 überschreitet, geht solche Gefahren ein und ist dafür verantwortlich." Der BGH-Korrespondent der *Süddeutschen Zeitung*, Helmut Kerscher, schreibt dazu: „In Deutschland darf weiter gerast werden, wie es einem beliebt – aber die Fahrer haften von sofort an für ‚unverschuldete' Unfälle nach Höchstgeschwindigkeiten. Der Bundesgerichtshof hat damit kein Tempolimit eingeführt. Aber er hat den Einstieg in ein Tempolimit vollzogen."[160]

Der BGH hatte einen Verkehrsunfall zu verhandeln, bei dem der Beklagte seine Geschwindigkeit mit maximal 183 angegeben und der Gutachter des Klägers sie mit 251 Stundenkilometer errechnet hatte. Das BGH-Urteil kommt durch den Prozess um einen Unfall mit einem Porsche zustande, den Manfred Stelz in der *Zeit* beschreibt:

> Der 21-jährige Heizungsbauer S. aus Herne fuhr mit seinem Freund F. am 19. Juli 1986 in einem Opel Kadett auf dem Weg nach Spanien. Sie kamen bis Kilometer 488 an der A 5 bei Frankfurt, als die Ladekontrolllampe des Opels aufleuchtete. Sie hielten an der nächsten Notrufsäule auf der Standspur an. F. kroch von vorne unter den Wagen, um ein herabhängendes Kabel wieder mit der Lichtmaschine zu verbinden. Über den geöffneten Kofferraum seines Opel Kadett gebeugt, sah S., wie der schleudernde Porsche 911 des Marburger Jungunternehmers N. krachend einen Wohnwagen auf den Opel schob. Durch den Unfall wurden Arme, Beine, Schulterblätter und Schlüsselbeine von S. gebrochen; er war achtzehn Monate

krank und konnte seinen Beruf als Heizungsbauer nicht mehr ausüben. F. erlitt unter dem Auto einen Mehrfachbeckenbruch, Blasenriss und ein gebrochenes Stirnbein: Er ist seither zu dreißig Prozent berufsunfähig. Sechs Jahre später entschied der Bundesgerichtshof, dass Porschefahrer N. ein Mitverschulden traf, obwohl dieser behauptete, nichts falsch gemacht zu haben, weil angeblich ein BMW-Fahrer vor ihm auf die linke Spur ausscherte, der allerdings nie gefunden wurde.[161]

Der ADAC hält nach diesem Urteil eine Reaktion des Gesetzgebers „für überflüssiger denn je" und plädiert für die Beibehaltung der Richtgeschwindigkeit von 130 km/h. Schon das erhöhte Schadensrisiko für Schnellfahrer werde ausreichend zur „Beruhigung des Verkehrs" beitragen. Dem widersprechen Vertreter der Versicherungswirtschaft. Die Auswirkungen des jüngsten Urteils auf das allgemeine Verkehrsverhalten würden allenfalls zwei Wochen anhalten. Werner Dornwald, der Vorsitzende der Schadenskommission des HUK-Verbands, plädiert deshalb für die Einführung einer generellen Höchstgeschwindigkeit. Nach dem Urteil des BGH fordert die Gewerkschaft der Polizei eine Höchstgeschwindigkeit von 120 km/h. Die Deutsche Gesellschaft für Verkehrsmedizin spricht sich für eine Begrenzung der Höchstgeschwindigkeit auf 130 km/h auf Autobahnen aus, auch weil immer mehr ältere Verkehrsteilnehmer auf Straßen und Autobahnen unterwegs seien. Eine Umfrage des *Stern* ergibt, dass 65 Prozent aller Autofahrer ein Tempolimit von 130 km/h befürworten. Heribert Prantl schreibt in der *Süddeutschen Zeitung*:

> „Einen gesetzgeberischen Handlungsbedarf für die Umwandlung der Richtgeschwindigkeit zur Pflichtgeschwindigkeit sieht indes derzeit weder Bundesverkehrsminister Günther Krause (CDU) noch der Vorsitzende des Verkehrsausschusses des Bundestags, Dionys Jobst (CSU). Jobst räumte freilich gegenüber der SZ ein, dass vom BGH-Urteil ein ‚gewisser Druck' in Richtung Tempolimit 130 ausgehe. Geschwindigkeitsbeschränkung bei freier Autobahn bedeute aber ein ‚langweiliges Fahren' und habe eine sinkende Aufmerksamkeit des Fahrers zur Folge."[162]

Der schon mehrfach erwähnte Jobst, immerhin Vorsitzender des Verkehrsausschusses des Bundestags, suggeriert hier wieder, dass Langsamfahren wesentlich gefährlicher sei als Schnellfahren: wiederum ein „Argument" aus der bekannten Schublade *Ideologie*.

Deutschland verhindert ein EG-Tempolimit II

Die größte Gefahr droht dem deutschen Geschwindigkeitswahn weiterhin aus Brüssel – eine unendliche Geschichte. Wie schon erwähnt, machte sich bereits 1986 der damalige EG-Umweltkommissar Stanley Clinton Davis vergeblich für ein einheitliches Tempolimit stark. Im März 1990 empfiehlt ein von der Brüsseler Kommission einberufenes Expertengremium unter Leitung des ehemaligen französischen Regierungsbeauftragten für Verkehrssicherheit, Christian Gerondeau, eine Maximalgeschwindigkeit von 130 km/h. In der *Zeit* steht dazu:

„Jeden Vorstoß des Bonner Umweltministers Klaus Töpfer, die Abgasgrenzwerte zu verschärfen, kontern deshalb die EG-Partner mit bohrenden Fragen nach einem Tempolimit ... Langsam werden auch die Deutschen mürbe. Zwar steht Bundeskanzler Helmut Kohl zu seinem Wort aus dem Jahr 1984: ‚Unter meiner Regierung wird es kein Tempolimit geben.' (Dito natürlich später unter „Automann" Gerhard Schröder; W. Z.) Auch die FDP sperrt sich beharrlich. Aber Umweltminister Klaus Töpfer ist nachdenklich geworden."[163]

Im September 1990 sagt der französische Umwelt-Staatssekretär Brice Lalonde in einem *Spiegel*-Interview:

„Mercedes und BMW haben sich geeinigt, die Höchstgeschwindigkeit für ihre Wagen auf 250 Stundenkilometer festzusetzen. Das ist viel zu viel. Das hat mich schockiert. Wir werden nie zu einer weltweiten Einigung im Kampf gegen den Treibhauseffekt und die Luftverschmutzung durch Automobilabgase kommen, wenn wir nicht Normen für Geschwindigkeit und gegen Umweltverschmutzung festsetzen … Wenn wir von unseren Konstrukteuren fordern, Autos zu bauen, die nicht allzu schnell sind, erwidern die: Unmöglich, es gibt die Deutschen … Ein Drittel der Wagen in Deutschland kann schneller fahren als 180 Stundenkilometer. Da wird es Zeit, dass die Politiker sagen: Halt! ... Doch der Katalysator ist eine Falle. Die Menschen glauben, wenn der eingebaut ist, kann man immer mehr und immer größere Autos bauen, um mit denen dann am Kiosk um die Ecke seine Zeitung zu holen … Der Katalysator ist wirkungslos gegen Kohlendioxid, den Hauptverursacher des Treibhauseffekts … Es gibt einen direkten Zusammenhang zwischen Treibhauseffekt durch Kohlendioxid, Benzinverbrauch und Geschwindigkeit."[164]

Im Juli 1990 fordert das Europa-Parlament ein allgemeines Tempolimit für Personenwagen von 120 km/h auf allen Autobahnen der Europäischen Gemeinschaft, auf Schnellstraßen von 100 km/h, auf allen übrigen Straßen von 80 km/h und innerorts von 50 km/h. Die Resolution wird in Straßburg mit knapper Mehrheit der Sozialisten verabschiedet; die Christdemokraten lehnen allgemeine Geschwindigkeitsbeschränkungen strikt ab und erklären die EG dafür als unzuständig. Im Dezember 1990 verkündet dann der EG-Umweltkommissar Carlo Ripa di Meana, er wolle eine Geschwindigkeitsbeschränkung von 120 km/h für Personenwagen in allen Staaten der Europäischen Gemeinschaft (EG) durchsetzen. Heinz Blüthmann und Fritz Vorholz kommentieren in der *Zeit*:

„Die deutsche Autoindustrie hat es sich selbst zuzuschreiben, dass wieder über eine Tempobeschränkung diskutiert wird. Denn ihre Manager machten es sich in den vergangenen Jahren zu leicht. Das unzeitgemäße PS-Wettrüsten ging einfach weiter und feierte Exzesse wie die neue S-Klasse von Mercedes mit Zwölf-Zylinder-Motoren, über 400 PS und mehr als zwei Tonnen Gewicht. Der Benzinverbrauch solcher Ungetüme ist auch bei ruhiger Fahrweise kaum unter zwanzig Liter pro hundert Kilometer zu drücken."[165]

Das kann man erst recht im Jahr 2007 schreiben, in dem der Klimawandel vor allem durch CO_2-Emissionen bedrohliche Ausmaße angenommen hat.

Die meisten deutschen Autohersteller behaupten ständig, ein Tempolimit werde ihnen Einbußen bringen, weil ihr Hochleistungs- und Qualitätsimage darunter leide. Der damalige VW-Chef Daniel Goeudevert äußert dagegen 1991, „dass die Einführung eines Tempolimits in keinem Fall zu einer Verschlechterung der Autos führen muss", und ergänzt: „Vielleicht hätte ich sagen müssen, dass ich mit einem Tempolimit leben muss, wenn es kommt, und als Unternehmer so zu reagieren habe, dass dadurch mein Produkt in seinem Image im In- und Ausland nicht leidet."[166]

Ein Bericht unabhängiger Verkehrsexperten, den die EG-Kommission angefordert hat, kommt im Februar 1991 zu dem Ergebnis, dass in den EG-Staaten bei Verkehrsunfällen jährlich etwa 50 000 Menschen ums Leben kämen und mehr als 1,5 Millionen verletzt würden. Der wirtschaftliche Schaden beläuft sich nach ihren Schätzungen auf umgerechnet 140 Milliarden Mark (etwa 71,5 Mrd. Euro) im Jahr. Um die Zahl der Verkehrstoten in der Europäischen Gemeinschaft bis zum Jahr 2000 um 20 bis 30 Prozent zu senken, schlagen die Experten einheitliche Tempobegrenzungen von 100 bis 130 km/h, schärfere Kontrollen und eine Reihe technischer Verbesserungen an Autos und Straßen vor. Falls die EG die Sicherheitsstandards der USA erreiche, könne die Zahl der Unfalltoten sogar um die Hälfte reduziert werden.

Im Juni 1991 scheitern strengere Abgasregelungen im Europa-Parlament. Nach dem Grundsatzbeschluss des EG-Ministerrats hätten künftig alle Pkw mit einem Drei-Wege-Katalysator ausgerüstet werden müssen. Die Abgeordneten, die die Grenzwerte weiter verschärfen wollen, bringen aber keine Mehrheit zustande: Damit ist der Versuch gescheitert, eine strengere Abgasregelung ab 1995 festzuschreiben. Der Berichterstatter des Umweltausschusses, der Sozialdemokrat Kurt Vittinghoff, bezeichnet das Abstimmungsergebnis als Sieg der Automobillobby, die sich mit unfairen Mitteln durchgesetzt habe.

Auf ihrer Tagung in Luxemburg Anfang Oktober 1991, noch vor dem Kyoto-Protokoll, befürworten die EG-Umweltminister ein weiteres Mal ein EG-weites Tempolimit und eine schadstoffbezogene Kraftfahrzeugsteuer. Sie unterstützen damit ein Konzept der EG-Kommission zur Minderung von Kohlendioxid, das bis zum Jahr 2000 auf das Niveau von 1990 begrenzt und anschließend gesenkt werden soll. Da die Verträge von Maastricht den Befürwortern eines Tempolimits zu Hoffnungen Anlass geben, beschließt im Dezember 1992 der Verkehrsausschuss des Bundestages mit den Stimmen der CDU/CSU-FDP-Koalition (gegen die Stimmen von SPD, Bündnis 90/Die Grünen und PDS/Linke Liste) folgende Stellungnahme:

> „Der Verkehrsausschuss nimmt zur Kenntnis, dass der Vertrag die Kompetenz der Gemeinschaft in der Verkehrspolitik um Maßnahmen zur Verkehrssicherheit erweitert. Er hält es für unbedingt notwendig, wegen der nationalen und regionalen Besonderheiten das Subsidiaritätsprinzip gerade auch in diesem Bereich anzuwenden.“[167]

Das Subsidiaritätsprinzip besagt, dass ein Staat (bzw. hier die EG) nur für den Aufgabenbereich zuständig sein soll, den eine nachgeordnete Institution (hier ein Mitgliedsland) nicht bewältigen kann; damit sollen individuelle Freiheit und Verantwortung vor staatliches Handeln gestellt werden. Heinrich Praxenthaler schreibt dazu: „Einstimmigkeit im Rat ist dabei nach wie vor gefordert. Das bedeutet: Bis auf Weiteres Regelung durch die einzelnen Staaten, von der ‚normalen Höchstgeschwindigkeit' bis zur freien Fahrt.“ Das Europäische Parlament fordert trotzdem Geschwindigkeitsbeschränkungen für sämtliche Fahrzeugtypen und schlägt die Einrichtung eines europäischen Verkehrssicherheitsrates vor, der auch zwei Jahre später auf europäischer Ebene gebildet wird und dann mit großer Mehrheit ein Autobahn-Tempolimit für geboten hält.

Im Mai 1996 beschäftigt sich die Konferenz der europäischen Verkehrsminister (CEMT) erneut mit der „nicht zu leugnenden Rolle exzessiver und nicht angepasster Geschwindigkeit“ im Unfallgeschehen. Sie formuliert auch Empfehlungen für harmonisierte Geschwindigkeitsbeschränkungen in Europa, wogegen die Bundesrepublik Deutschland als einziger Mitgliedsstaat wie erwartet Einwände erhebt. Die meisten Autobahnunfälle würden unterhalb der projektierten Höchstgeschwindigkeit von 120 km/h passieren. Außerdem habe Deutschland eine relativ günstige Bilanz hinsichtlich der tödlichen Unfälle im Vergleich zu einigen Staaten mit Tempolimits.

Töpfer: Ein Schritt vorwärts, zwei zurück

Wie schon erwähnt, spricht sich im Juni 1987 der neue Bundesumweltminister Klaus Töpfer für mehr Tempolimits auf Autobahnen aus, die er im

Juli 1987 dann wieder ablehnt mit der Begründung, dass es unter dem Gesichtspunkt des Umweltschutzes nicht zu rechtfertigen sei, wie der Großversuch ergeben habe.

Im Februar 1989 strebt Töpfer eine Selbstverpflichtung der deutschen Autoindustrie an, von 1991 an nur noch Personenwagen mit Drei-Wege-Katalysator auszuliefern. Aber nicht einmal dazu sind die deutschen Autohersteller bereit. Der Geschäftsführer des VDA, Achim Diekmann, sagt, Töpfers Vorschlag gehe an der Realität vorbei, denn die Käufer könnten auf ausländische Marken ausweichen, die keinen Katalysator hätten und billiger seien. „Dies hätte Auswirkungen auf die Beschäftigungslage in der Bundesrepublik." Der umweltpolitische Sprecher der SPD-Bundestagsfraktion, Harald Schäfer, wirft Töpfer vor, er sei wieder einmal „eingeknickt" und von seinen „vollmundigen" Erklärungen zur weiteren Reduzierung der Schadstoffbelastung sei nichts übrig geblieben. Mit seiner Ablehnung des Tempolimits bleibe Töpfer „am Gängelband der Automobilindustrie".

In einem *Spiegel*-Interview äußert sich der niedersächsische Verkehrsminister Peter Fischer (SPD) im Sommer über Tempo 120 km/h:

> „Es gibt dafür drei ins Auge springende Gründe. Der eine ist die Verkehrssicherheit. Die Bundesanstalt für Straßenwesen hat jüngst festgestellt, dass trotz zunehmender Verkehrsbelastung immer schneller gefahren wird. Die Folge ist eine drastische Erhöhung der Verkehrsunfälle auf den Autobahnen. In den alten Bundesländern stieg die Zahl der Unfälle zwischen 1989 und 1990 um 15 Prozent; bei Unfällen mit Toten waren es sogar 20 Prozent mehr. Deshalb muss dringend etwas geschehen, und alle neueren Untersuchungen bestätigen, dass ein Tempolimit die Verkehrssicherheit erheblich erhöhen kann."

Als zweiten Grund nennt Fischer die Verbesserung des Verkehrsflusses und die Steigerung der Aufnahmekapazität. „Der dritte Grund ist natürlich der Umweltschutz. Auch darüber gibt es neuere Untersuchungen. Danach reduziert ein Tempolimit von 120 den Ausstoß von Schadstoffen spürbar – beim Kohlenmonoxid um 21 Prozent." Zu den Bemerkungen von Bundesverkehrsminister Krause, dass ein Tempolimit die Autofahrer aggressiver machen und die Unfallgefahr erhöhen würde, erklärt Fischer: „Das ist Unsinn. Es gibt Untersuchungen, die besagen, dass ein Tempolimit ein insgesamt gelasseneres Verkehrsumfeld bewirkt." Auf einzelne Forderungen aus der CDU nach einem Tempolimit antwortet Fischer: „Meines Wissens hat sich der Bundesumweltminister Töpfer bereits für ein Tempolimit ausgesprochen. Es gibt auch innerhalb der CDU entsprechende Appelle … Also: Die politische Bereitschaft, dieses Thema jetzt anzupacken, ist da."[168]

Töpfer spricht sich dann Anfang September 1991 wieder für ein Tempolimit auch auf westdeutschen Autobahnen aus. „Ich glaube, dass wir auch auf Teilen der Autobahn, auf denen noch heute freie Fahrt gewährt wird, zu einer weiterreichenden Geschwindigkeitsregelung und -begrenzung kommen müssen. Die deutsche Automobilflotte verbraucht bei Tempo 160 die Hälfte mehr Benzin als bei Tempo 120."[169] Wenn man die Tabelle von *Auto-Bild* ansieht, stimmt diese Relation. Und exponentiell weiter steigen die Kurven noch für Tempo 180, 200, 220 km/h! Töpfers Wunschvorstellung ist, dass Kleinwagen bei 4,1 Liter liegen, Mittelklassewagen mit Ottomotor im Jahr 2005 nicht mehr als 5,1 Liter auf 100 Kilometer verbrauchen sollen und schwerere Wagen 6,5 Liter. Das wäre kein schlechtes Ziel gewesen. Leider liegt heute ein 7er BMW im Normverbrauch zwischen 10,1 und 13,6 Liter, die Mercedes S-Klasse zwischen 8,5 bis 14,3 Liter, ein Audi A 8 zwischen 9,9 und 14,7 Litern. Dabei sind das noch unrealistische, da viel zu niedrige Testwerte!

Am 20. September 1989 hatte Jürgen Lewandowski in der *Süddeutschen Zeitung* den Kommentar geschrieben: „Das Tempolimit kommt". Am 6. September 1991 veröffentlicht er einen weiteren Kommentar mit dem Titel: „Und das Tempolimit kommt doch":

> „Nachdem sich nun anscheinend auch die CDU in der Person von Bundesumweltminister Klaus Töpfer mit einem Tempolimit anfreunden kann, hat diese Diskussion offensichtlich eine neue Dimension erreicht ... Vor einigen Jahren wurde noch gerne kolportiert, dass selbst die Japaner ihre Luxusschlitten ... auf den Autobahnen abstimmen und vollgasfest bekommen. Aus dieser Zeit muss auch die verhängnisvolle Meinung stammen, dass *hohe Geschwindigkeiten* gleich *High-Tech* sei ... Der Kunde fragt nur noch bedingt nach Leistung, für ihn sind andere Aspekte – Umweltfreundlichkeit, Recyclingfähigkeit, Sicherheit und vor allem der Preis – wichtiger ... Die deutsche Autoindustrie besitzt noch immer Weltruf – sie sollte ihr Know-how dafür einsetzen, diesen Ruf in einer sich verändernden Welt mit neuen Denkansätzen zu verteidigen."

Kurz danach rudert Töpfer zurück und schwenkt auf den Kurs von Verkehrsminister Günther Krause ein. Dieser verkündet, er habe sich mit Töpfer darauf geeinigt, dass es für die 2,3 Prozent Bundesfernstraßen, die bisher ohne Geschwindigkeitsbegrenzung seien, kein generelles Tempolimit geben werde. Töpfer erklärt später, dass er sich nicht für ein „generelles" Tempolimit auf Autobahnen eingesetzt habe; er habe in einem Interview nur dafür plädiert, auf den Autobahnabschnitten, auf denen es noch keine Begrenzung gebe, „weiter reichende Geschwindigkeitsregelungen und -begrenzungen" einzuführen, also keine generelle Beschränkung auf einen bestimmten Wert wie Tempo 100 oder 130, sondern eine jeweils der Verkehrssituation angepasste Begrenzung empfohlen. Diese mehrmalige Bekehrung eines Umweltministers erinnert an den Spruch des bayerischen Komikers Karl

Valentin: „Mögen täten wir schon wollen, aber dürfen haben wir uns nicht getraut." Andererseits kann man sich vorstellen, unter welchen Druck Töpfer bei seinen Vorstößen geraten ist. Dabei hätte es genügend Partner für ein Tempolimit gegeben, und die Zeit wäre günstig gewesen.

Im September 1991 spricht sich auch der Bundesfachausschuss „Umweltpolitik" der CDU für die Einführung eines Tempolimits von 120 oder 130 km/h auf Autobahnen aus. Klaus Töpfer wagt sich jetzt wiederum vor und plädiert daraufhin für „weiter reichende Geschwindigkeitsbegrenzungen" als bisher. Der Bundeskongress der Deutschen Angestellten-Gewerkschaft (DAG) tritt im Oktober 1991 für Tempo 100 auf Autobahnen und 80 km/h auf Landstraßen ein, ebenso der Umweltausschuss der Bundesärztekammer im November; dieser fordert dazu einen autofreien Sonntag im Monat und weitere Maßnahmen, da immer mehr Menschen Opfer der wachsenden Luftverschmutzung seien, die zu zwei Drittel auf das Konto der Autos gingen. Die Belastungen durch Luftschadstoffe und Ozon seien drastisch gestiegen, deshalb häuften sich die Erkrankungen der oberen Luftwege, Schädigungen des Immunsystems und die Zahl der Krebserkrankungen. Im November spricht sich auch das Vorstandsmitglied der Volkswagen AG, Ulrich Steger, für die Einführung einer Geschwindigkeitsbegrenzung von 130 km/h auf deutschen Autobahnen aus; er halte „ein Tempolimit für sinnvoll und auch nötig". Und selbst der ADAC rückt im Herbst 1991 von seinem Slogan „Freie Fahrt für freie Bürger" ab.

Diverses III

Roman Herzog, der damalige Präsident des Bundesverfassungsgerichts, plädiert bei der Eröffnung des 30. Verkehrsgerichtstages in Goslar Ende Januar 1992 für eine generelle Geschwindigkeitsbeschränkung auf Autobahnen: „130 km/h sind verfassungsrechtlich drin." Der höchste deutsche Richter könne sich „als Mensch und Christ" auch mit einer noch niedrigeren Geschwindigkeitsbegrenzung anfreunden und verweist auf die Schutzpflicht des Staates für Leben und Gesundheit. Es bestünde kein Zweifel daran, dass die Gefahren für die Rechtsgüter Leben und Gesundheit mit jedem Stundenkilometer anwachsen; gleichzeitig fordert Herzog, dass ein Gesetzgeber, der zur Geschwindigkeitsbegrenzung greife, auch für ihre Durchsetzung sorgen müsse.

Reflexhaft wird von CDU/CSU und FDP umgehend der Tempo-130-Vorstoß des Präsidenten des Bundesverfassungsgerichts scharf kritisiert. Der bayerische Innenminister Edmund Stoiber hält es für unmöglich, ein Tempolimit auf Autobahnen lückenlos zu überwachen: Dafür seien Tausende von Polizisten nötig. (Mit der erwähnten Tempoüberwachung durch ein akustisches Signal ab z. B. 120 km/h würde sich dies erübrigen.) Der FDP-Vorsitzende Otto Graf Lambsdorff äußert, dass durch Tempo 130 weder der Verkehr sicherer noch der Ausstoß der Schadstoffe im Vergleich zur bisherigen „Richtgeschwindigkeit 130“ gesenkt werde. Der Bonner Bundestagsabgeordnete Rudolf Kraus erklärt für die CSU, dass nicht alles verfassungsrechtlich Mögliche auch sinnvoll sei und man zur Verbesserung von Verkehrsfluss und -sicherheit den Schwerpunkt auf Forschung und Entwicklung computergesteuerter Verkehrsleitsysteme legen müsse. „Die ideologisch (! W. Z.) fundierte Forderung nach einem allgemeinen Tempolimit ist hingegen nicht in der Lage, die anstehenden Probleme zu lösen.“ Vom Vorwurf der Ideologie wird hier nicht einmal der Präsident des Bundesverfassungsgericht und CSU-Mitglied Roman Herzog ausgenommen.

Der Präsident des Berliner Umweltamtes, Heinrich von Lersner, spricht sich Anfang Februar 1992 erneut für Tempo 120 km/h aus: Deutschland sei „das letzte Land auf der Welt ohne Tempolimit auf Autobahnen“. Die Raserei auf Deutschlands Straßen koste jährlich eine „dreistellige Zahl von Todesopfern“. Auch zur Vermeidung des Schadstoffausstoßes müsse auf den Autobahnen die Geschwindigkeit auf 120 km/h begrenzt werden, auf Landstraßen 80 km/h gelten und in Ortschaften Tempo 30. Dadurch könne es sofort zu einer spürbaren Entlastung der Umwelt kommen.

Eine Temporegelung mit Hilfe moderner Leitsysteme statt eines Tempolimits befürwortet dagegen Verkehrsminister Krause. Der stellvertretende CDU/CSU-Fraktionsvorsitzende Michael Glos bekräftigt das Nein seiner Fraktion zu einem Tempolimit, da eine solche Regelung „wirtschaftspolitisch schädlich“ sei. Ausländische Erwerber deutscher Autos sollten auch in Zukunft davon ausgehen können, dass sie ein in der Bundesrepublik unter allen Fahrbedingungen entwickeltes Produkt bekommen, und dazu gehöre auch, dass deutsche Kraftfahrzeuge für Straßen gebaut würden, auf denen hohe Geschwindigkeiten möglich sind. Heute, im Jahr 2007, sollte man eigentlich erkannt haben, dass dies im Zeitalter der Klimaerwärmung und hoher Kraftstoffpreise eine absolut kontraproduktive Argumentation ist – aber selbst jetzt hat sich das noch nicht in der deutschen Autoindustrie und Politik herumgesprochen, wie weiter unten noch zu zeigen sein wird.

Der verkehrspolitische Sprecher der SPD-Bundestagsfraktion, Klaus Daubertshäuser, setzt sich Mitte Februar 1992 erneut für ein Tempolimit ein und beschwört im März Bundesverkehrsminister Krause: „Hören Sie doch bitte auf, Hunderte von Millionen DM in elektronische Warnanlagen zu pumpen, die Sie eben intelligente Lösungen nannten. Ich nenne sie idiotische Lösungen, weil … das gleiche Ziel sofort mit einem Tempolimit zum Nulltarif erreicht werden kann.“

Die Bedrohung durch ein Tempolimit auf deutschen Autobahnen veranlasst die Redakteure der *Bild*-Zeitung zu der Überschrift: „Tempo 130. Wann werden wir angekettet?" Aber selbst eine ADAC-Umfrage unter 3000 Mitgliedern zeigt die Bereitschaft, ein Tempolimit auf Autobahnen zu akzeptieren: 50 Prozent der deutschen Auto- und Motorradfahrer sind für ein Tempolimit, 49 Prozent dagegen. Die Befürworter führen als Gründe für ihre Entscheidung mehr Sicherheit und den Umweltschutz an; die meisten sind für ein Limit von 130 km/h. In einem Interview sagt Hannskarl Salger, der oberste deutsche Verkehrsrichter:

> „Und der ideale Mensch fährt eben Tempo 130 … Es gibt einfach eine oberste Grenze, bei der man sagen muss, das ist nicht mehr den Straßenverhältnissen einer Autobahn angemessen … Wir sind auf der Suche, wo diese Grenze ist. Es muss doch irgendeine Grenze geben, sonst könnte man ja Raketen auf vier Rädern bauen … Es kann doch nicht angehen, dass wir immer schnellere Autos bauen, immer mehr Verkehr auf der Autobahn haben und immer schneller fahren …"[170]

Nach einer im Auftrag des UBA erstellten Prognose des Heidelberger IFEU vom August 1992 würde der unter anderem durch den Straßen- und Luftverkehr verursachte CO_2-Ausstoß von 1987 bis 2005 um 50 Prozent steigen, falls die Politik nicht mit drastischen Mitteln gegensteuere. Bundesumweltminister Klaus Töpfer (CDU) äußert zu dieser Prognose, man dürfe dies nicht hinnehmen. Er hält eine Erhöhung der Mineralölsteuer um eine DM bis zum Jahre 2005 für „durchaus realistisch".

Der Bund Naturschutz-Vorsitzende Hubert Weinzierl reicht eine Klage gegen die Bundesregierung ein, um sie zur Einführung von Tempo 100 auf Autobahnen und 80 km/h auf Landstraßen zu zwingen. Das Regensburger Verwaltungsgericht verweist die Klage aus Zuständigkeitsgründen an das Verwaltungsgericht Köln, den Sitz der beklagten Bundesregierung. Dieses Gericht hat bereits 1989 eine ähnliche Klage abgewiesen.

Das Tempolimit zwischen Nürnberg und Hof

Aufgrund der hohen Unfallzahlen ordnet Ende 1990 das Bundesministerium für Verkehr bei Hof für die Fahrtrichtung von Nürnberg nach Thüringen eine durchgehende Geschwindigkeitsbeschränkung von 120 km/h an und verfügt für einige Abschnitte sogar eine Beschränkung auf 100 beziehungsweise 80 km/h. Ende März 1992 wird bekannt, dass nach der Einführung dieses Tempolimits auf der Autobahn die Zahl der Unfälle deutlich gesunken ist. Deshalb bleibt das ursprünglich bis März befristete Tempolimit nach Angaben des Ministeriums ebenso bestehen wie die bisherigen Richtgeschwindigkeiten und Geschwindigkeitsbeschränkungen auf der Gegenfahrbahn.

Wegen der konkreten Erfahrungen auf der A 9 von Nürnberg nach Hof leisten nach Ansicht der Regierung von Mittelfranken „Geschwindigkeitsbegrenzungen einen erheblichen Beitrag zur Verkehrssicherheit"; deshalb sei die Einführung eines Tempolimits auf Autobahnen geboten. Für Stoiber stellt sich Anfang März 1993 die Situation anders dar: „Die Unfallzahlen zeigen, dass ein Tempolimit kein Allheilmittel gegen schwere Unfälle und gefährliches Fahren ist." Dem widerspricht umgehend die Regierung von Mittelfranken vehement, denn der vom Innenministerium erweckte Eindruck, das Tempolimit habe „nichts gebracht", sei „sachlich nicht haltbar". Die Bezirksregierung wirft dem Innenministerium vor, „eindeutig positive Ergebnisse der angeordneten Geschwindigkeitsbegrenzung zu verfälschen". Auf der A 9 von Nürnberg nach Hof war die Unfallrate nach Einführung des Tempolimits um 31,5 Prozent zurückgegangen, während die Häufigkeit der Unfälle auf der Gegenfahrbahn (Richtgeschwindigkeit mit teilweisem Tempolimit) 1991 im Vergleich zum Vorjahr nahezu gleich geblieben war. Bei den Unfällen mit Schwerstverletzten war die Entwicklung noch eindeutiger. Dem drastischen Rückgang in der Fahrtrichtung von Nürnberg nach Hof um 42,5 Prozent nach Einführung des Tempolimits stand ein ebenso drastischer Anstieg auf der Gegenfahrbahn um 44 Prozent von 1990 auf 1991 gegenüber. 1990 hatten sich auf der A 9 in Richtung Hof noch 1,08 Unfälle pro einer Million gefahrener Kilometer ereignet; nach Einführung des Tempolimits sank die Unfallrate den neuesten Angaben des Innenministeriums zufolge auf 0,74 im Jahr 1991 und auf 0,61 im Jahr 1992. Deshalb kommt die Regierung von Mittelfranken zu dem Schluss, der deutliche Rückgang auf der A 9 müsse ein allgemeines Tempolimit auf Autobahnen nach sich ziehen.

Weil nicht sein kann, was nicht sein darf, reagiert Stoiber noch am selben Tag auf die Argumentation der Regierung von Mittelfranken. Die Unfallentwicklung auf der A 9 von Nürnberg nach Hof biete keine Handhabe für die Einführung einer generellen Geschwindigkeitsbegrenzung auf Autobahnen. Nicht abstreiten kann Stoiber, dass die Geschwindigkeitsbegrenzungen einen erheblichen Beitrag zur Verkehrssicherheit leisten. Er nennt es „abwegig und unseriös", im Zusammenhang mit dem Tempolimit einen „politischen Einfluss der Autoindustrie auf die Staatsregierung zu konstruieren", wie es die bayerischen Grünen getan hatten, als bekannt wurde, dass Autofirmen den beiden CSU-Politikern Streibl und Stoiber kostenlos Urlaubs- und Testwagen zur Verfügung gestellt hatten. Stoiber bemerkt dazu: „Hier werden von Leuten, die für ihre abstrusen verkehrspolitischen Vorstellungen mit einer Verteufelung des Automobils keine politische Mehrheit finden und eine sachliche Auseinandersetzung mit der Staatsregierung nicht zu führen imstande sind, unverschämte Unterstellungen in die Welt gesetzt."[171]

Im Dezember 2000 können sich die bayerischen Behörden dann doch nur noch mit einem Tempolimit von 130 km/h auf der A 9 Nürnberg-Hof zwischen dem Bindlacher Berg und Marktschorgast behelfen, um die Zahl der Unfälle zu reduzieren. Nach dem sechsspurigen Ausbau hat sich auf dem 12 Kilometer langen Streckenabschnitt die Zahl der schweren Unfälle fast verdoppelt.

Sommersmog und Tempolimit

Auch Sommersmog und Ozonbelastung sollen kein Grund für ein Tempolimit sein. Schon Ende Mai 1989 haben Umweltminister Töpfer (CDU) und Sprecher der Regierungsparteien im Bundestag erneut Forderungen von SPD und Grünen nach einem Tempolimit und Fahrverboten abgelehnt, die diese wegen des sogenannten Sommersmogs durch erhöhte Ozon-Konzentrationen stellten. BMW schaltet Anfang Juli 1991 eine Anzeige: „Klartext zum Ozon: Das Auto ist nicht das Problem.“, deren Inhalt vom UBA und ökologischen Forschungsinstituten vehement kritisiert wird.

Mitte Juli 1993 tritt in Hessen eine Verordnung in Kraft, die alle Kraftfahrer bei Sommersmog zu Tempo 90 km/h auf hessischen Autobahnen und zu 80 km/h auf Landstraßen verpflichtet, sobald an drei von 33 hessischen Messstationen Ozonwerte von mindestens 240 Mikrogramm pro Kubikmeter Luft gemessen werden und gleichzeitig eine sogenannte austauscharme Wetterlage (Hochdruck ohne Wind) herrscht. Die niedersächsische Umweltministerin Monika Griefahn, in der Mannschaft von SPD-Kanzlerkandidaten Rudolf Scharping für Umweltpolitik zuständig, fordert schärfere Maßnahmen gegen den Sommersmog und steigende Ozonkonzentrationen und ein generelles Tempolimit auf Autobahnen, da es mit einer ganzjährig geltenden Höchstgeschwindigkeit von 100 oder 120 km/h insgesamt weniger Vorläufersubstanzen wie Stickoxide gebe, aus denen sich Ozon bildet. Greenpeace will ab 1990 mit einer Klage den Freistaat Bayern zwingen, verkehrsbeschränkende Maßnahmen aufgrund der hohen Ozonwerte zu erlassen; diese wird schließlich vom Bayerischen Verwaltungsgericht im März 1993 abgewiesen.

Ende August 1993 beklagt der bayerische CSU-Umweltminister Peter Gauweiler, dass die „Katalysatordichte“ auf den international genutzten Autobahnen in Deutschland immer noch erst bei 25 Prozent liege. Trotzdem lehnt er ein Tempolimit entschieden ab, weil es auf den Autobahnen den Schadstoffausstoß nur geringfügig mindern könne und ohnehin nur wenige Autofahrer „ganz schnell“ unterwegs seien. Bayerns Innenminister Günther

Beckstein spricht sich im Mai 1994 gegen ein generelles Tempolimit auf Autobahnen aus; der bayerische Wirtschaftsminister Otto Wiesheu betont im Juni die Notwendigkeit der Einführung individueller Verkehrsleitsysteme. Auch der seit Mai 1993 als Nachfolger Günther Krauses amtierende Bundesverkehrsminister Matthias Wissmann (CDU) wendet sich bei der Eröffnung der „Transport '94" in München gegen ein generelles Tempolimit auf Autobahnen.

Nach mehr als einjähriger Wartezeit und im achten Anlauf findet schließlich im Juni 1994 im Raum Heilbronn der Großversuch zur Untersuchung der Ozonbelastung der Luft statt. In dem viertägigen Test soll herausgefunden werden, ob durch Fahrverbote für Autos ohne geregelten Katalysator und durch Einschränkungen für die Industrie die hohen Ozonwerte gesenkt werden können, die bei hochsommerlichen Temperaturen auftreten. Im Raum Heilbronn und Neckarsulm dürfen nur noch Personenwagen mit geregelten Katalysatoren sowie schadstoffarme Lkw und Dieselfahrzeuge fahren. Auf der Autobahn bei Heilbronn gilt Tempo 60 km/h. Die Beschränkung wird nach Angaben der Polizei weitgehend beachtet.

Der Versuch von Heilbronn zeigt, dass sich auch die Benzolkonzentration in der Luft durch Fahrverbote und Tempolimits drastisch senken lässt. Benzol gehört zu den Kohlenwasserstoffen und ist hochgiftig. Es wird über Einatmung oder über die Haut aufgenommen und kann Knochenmark, Leber und Nieren schädigen, Leukämie hervorrufen und gilt als krebserregend. Die Konzentration des Schadstoffs geht innerhalb eines Tages von 13 auf drei Mikrogramm je Kubikmeter Luft zurück, die Konzentration der Stickoxide geht um 40 Prozent zurück, die der Kohlenwasserstoffe um 36 Prozent. Dazu sinkt der Lärmpegel für die Anwohner der Autobahn durch die Geschwindigkeitsbeschränkung um bis zu fünf Dezibel.

Umgehend lehnt die Bundesregierung die Forderung des baden-württembergischen Umweltministers Harald Schäfer (SPD) ab, als Konsequenz aus dem Ozonversuch auf Autobahnen tagsüber 130 km/h und nachts 60 km/h in der Nähe von Wohngebieten vorzuschreiben. Verkehrsminister Matthias Wissmann propagiert stattdessen Verkehrslenkung per Computer und eine europaweite Verringerung der Abgasschadstoffe, die zum Sommersmog führen. Tempo 60 sei abwegig, und ein Tempolimit bei 130 km/h anstelle der jetzigen Richtgeschwindigkeit 130 km/h lasse keine nennenswerte Verringerung der Schadstoff-Vorläufersubstanzen für bodennahes Ozon erwarten. Hier wird die Irreführung durch die bedeutungslose „Richtgeschwindigkeit" besonders klar: Wissmann tut so, als ob sie ein Tempolimit sei.

Zur selben Zeit ruft der bayerische Umweltminister Thomas Goppel angesichts dramatischer Ozonwerte die Autofahrer auf, ihr Fahrzeug am

Wochenende „im eigenen gesundheitlichen Interesse“ freiwillig nicht zu benutzen. Gleichzeitig lehnt er erneut jedes Tempolimit bei hoher Ozonbelastung ab. Auch im Münchner Umweltausschuss wird über die Heilbronner Ergebnisse gestritten. Das baden-württembergische Umweltministerium geht aufgrund der Ergebnisse des Versuchs von 40 Prozent weniger Fahrzeugverkehr aus, von 50 Prozent weniger Benzol und 40 Prozent weniger Stickoxiden. Für den grünen Münchner Umweltreferenten Joachim Lorenz zeigt der Versuch, dass mit Kurzzeitsperrungen „drastische Emissionsminderungen“ zu erreichen sind. Kreisverwaltungsreferent Hans-Peter Uhl (CSU) sagt dagegen in der Sitzung: „In Heilbronn ging es um Binsenweisheiten“.

Ende Juli wird in Hessen zum ersten Mal ein Ozonalarm ausgelöst, nachdem an elf von 33 Stationen der Grenzwert von 240 Mikrogramm Ozon gemessen wurde, wodurch ein Tempolimit auf Autobahnen von 90 km/h und auf Landstraßen von 80 km/h gilt. Nach Polizeiangaben fahren fast 80 Prozent der Pkw nicht schneller als erlaubt. Bundesumweltminister Klaus Töpfer kritisiert die Maßnahme als „Symbolpolitik“, Bundesverkehrsminister Matthias Wissmann beurteilt Tempolimits auch bei hohen Ozonwerten als „nicht gerechtfertigt“. Der SPD-Umweltexperte Michael Müller fordert Töpfer auf, das Tempolimit und andere Einschränkungen nicht länger zu tabuisieren. BUND-Sprecher Klaus-Peter Weiner sagt: „Warten auf Töpfer ist vergeblich.“ Greenpeace kritisiert, dass seit fünf Jahren eine wirksame Sommersmogverordnung verschleppt werde; dies grenze an „vorsätzliche Körperverletzung“.

Hessens CDU nennt dagegen den Ozonalarm einen „missglückten PR-Gag zur Füllung des Sommerlochs“. Kritik am Tempolimit kommt auch von der Autoindustrie. In Bayern wendet sich Umweltminister Thomas Goppel gegen den hessischen Ozonalarm: Tempolimits auf Autobahnen könnten das Problem nicht lösen. Für den bayerischen Ministerpräsident Edmund Stoiber gibt es für den hessischen Alleingang mit Ozonalarm keine Rechtsgrundlage.

Töpfer sieht Ende Juli 1994 überraschend in der seit Wochen anhaltenden Schönwetterperiode „erste Anzeichen für Klimaverschiebungen in größerem Maßstab“ und kündigt ein entschiedenes Vorgehen zur Verringerung des CO_2-Ausstoßes an – bis zum Jahr 2005 soll vor allem der Benzinverbrauch der Pkw um 25 bis 30 Prozent gesenkt werden. Der umweltpolitische Sprecher der SPD-Bundestagsfraktion, Michael Müller, kritisiert Töpfer als „verantwortungslos“, weil er einerseits die Hitze als Vorboten der Klimaerwärmung bezeichnet, andererseits Sofortmaßnahmen gegen den Sommersmog ablehne. Bundeskanzler Helmut Kohl lehnt ein Tempolimit zum

Abbau der Ozonkonzentration ebenfalls ab; aufgrund der wissenschaftlichen Daten habe er nie etwas davon gehalten, mit einem Tempolimit das Problem der Ozonbelastung anzugehen.

Anfang August 1994 ergibt eine Umfrage des baden-württembergischen Umweltministeriums, dass 68 Prozent ein Tempolimit auf den Autobahnen befürworten, 84 Prozent sind für Tempo 80 km/h auf den Landstraßen. Sprecher der Aktion „Mobil ohne Auto" und des ebenfalls ökologisch orientierten Verkehrsclub Deutschland (VCD) berichten, dass nach den Erfahrungen mit der hohen Ozonbelastung im Sommer 1994 immer mehr Bürger Tempolimits und Fahrverbote akzeptieren. Die katholische Deutsche Bischofskonferenz spricht sich in einer Studie für einen „ökologischen Umbau der Wirtschaft" aus und tritt darin für ein Tempolimit, eine schadstoffbezogene Kfz-Steuer und eine höhere Mineralölsteuer ein.

Anfang August beschließt der SPD-regierte Hamburger Senat ein ganzjähriges Tempolimit für alle Straßen der Hansestadt. Von dem Beschluss des Senats sind auch knapp 20 von 81 Kilometer Autobahn auf dem Hamburger Gebiet betroffen, für die bisher keine Geschwindigkeitsbegrenzung galt und auf denen jetzt nur noch maximal 120 km/h gefahren werden darf. Die Entscheidung wird mit der Verbesserung der Verkehrssicherheit und des Lärmschutzes und der Energieeinsparung begründet. Auch Niedersachsen ordnet Mitte August bei erhöhten Ozonwerten sofortige Geschwindigkeitsbeschränkungen im Straßenverkehr an. Nach der vom Kabinett beschlossenen Verordnung gelten 90 km/h auf Autobahnen und 80 km/h auf allen anderen Straßen. Anfang September beschließt die nordrhein-westfälische Landesregierung, sich im Bundesrat für ein ganzjähriges, flächendeckendes Tempolimit zur Bekämpfung des Sommersmogs einzusetzen. Wie Hessen, Niedersachsen und Sachsen-Anhalt ordnet auch der Bremer Senat Mitte September eine Sommersmog-Verordnung mit einem Tempolimit von 90 km/h auf Autobahnen und 50 km/h auf innerörtlichen Durchgangsstraßen an, wenn an zwei Messstationen der Ozonwert von 215 Mikrogramm pro Kubikmeter Luft überschritten wird.

Der VDA sagt im August 1994 ein Plus von acht Prozent bei der Produktion von Pkw und Kombis auf 4,1 Millionen Autos voraus. Für ihn bleiben Experimente wie das von der hessischen Landesregierung erlassene regional und zeitlich beschränkte Tempolimit „ohne messbare Auswirkungen" und Verkehrsbeschränkungen und Tempolimits kein wirksames Mittel zur Reduzierung der Ozonbelastung. VDA-Präsidentin Erika Emmerich sieht als wesentlich besseren Weg „die zügige Durchsetzung des Drei-Wege-Katalysators im Gesamtbestand". Am selben Tag äußert der Umweltexperte der CSU-Bundestagsfraktion, Eberhard Sinner: „Wir hätten härter sein müssen", da die Umrüstung auf abgasarme Kraftfahrzeuge – elf Jahre nach der Einführung des Katalysators – immer noch sehr schleppend verlaufe. 22 Millionen Fahrzeuge, das sind 57 Prozent aller Pkw, fahren in Deutschland ohne Katalysator. Trotzdem lehnt Sinner ein Tempolimit erneut ab, da es angeblich umweltpolitisch weniger Sinn mache als andere Maßnahmen.

Zum Auftakt der Messe „Automechanika" 1994 spricht sich Bundesverkehrsminister Wissmann energisch gegen Geschwindigkeitsbegrenzungen aus. Laut Wissmann hänge jeder sechste Arbeitsplatz in der Bundesrepublik direkt oder indirekt vom Auto ab. (Bisher war es jeder siebte, und schon diese Zahl wurde nie seriös belegt!) Wissmann weiter: „Eine autofeindliche Politik kann keinesfalls verantwortet werden." Er lehnt auch die regionalen und zeitlich befristeten Geschwindigkeitsbeschränkungen ab, wie sie etwa in Hessen im Sommer 1994 wegen der hohen Ozonbelastung erlassen wurden, und bezeichnet sie als „Schaufensterveranstaltungen für den Fernsehabend". Der „Öko-Aktionismus" einzelner Bundesländer bringe der Umwelt wenig. Helmut Maier-Mannhart schreibt in seinem Kommentar „Wissmann und das Automobil":

> „Dass die Autoindustrie eine Schlüsselindustrie ist, steht außer Zweifel. Dass es aber wegen eines Tempolimits auf rund zwei Prozent aller in Deutschland befahrenen Straßen … demnächst zu Auftragseinbrüchen bei den Pkw-Herstellern kommen wird, das kann Wissmann doch im Ernst nicht glauben … Aber dennoch ist er sich nicht zu schade, sich als Gralshüter des Aufschwungs darzustellen, indem er Tempolimit und eine höhere Mineralölsteuer verteufelt. Diese Art der Volksverdummung ist ärgerlich, weil sie so beleidigend ungeschminkt das ganze Ausmaß an Populismus widerspiegelt, zu dem Politiker in Wahlkampfzeiten fähig sind."[172]

Bezeichnenderweise erscheint im Oktober 1994 in der Zeitschrift *auto, motor und sport* ein Artikel von Ralph Alex über die „zehn Öko-Lügen" – rechtzeitig vor der Bundestagswahl am 16. Oktober. Es werden genannt:

> „Öko-Lüge Nr. 1: Das Auto ist der größte Umweltverschmutzer; Öko-Lüge Nr. 2: Mehr Autos bringen immer mehr Abgase; Öko-Lüge Nr. 3: Regionale Tempobegrenzungen bremsen das Ozon; Öko-Lüge Nr. 4: Die Autos sorgen für den Treibhauseffekt; Öko-Lüge Nr. 5: Das Auto ist für das Waldsterben verantwortlich; Öko-Lüge Nr. 6: Generelles Tempolimit nützt der Umwelt; Öko-Lüge Nr. 7: Das Elektro-Auto löst alle Probleme[173]; Öko-Lüge Nr. 8: Diesel ist krebserregend; Öko-Lüge Nr. 9: Bio-Diesel ist der alternative Kraftstoff; Öko-Lüge Nr. 10: Die Auto-Industrie bietet keine Öko-Autos an."[174]

Der Autor dieser Lügen 1 bis 10, Ralph Alex, ist heute stellvertretender Chefredakteur von auto, motor und sport.

Karsten Smid war jahrelang mit dem Luftmessbus von Greenpeace zur Messung von Luftschadstoffen unterwegs. Er spricht sich im Oktober 1994 für ein Tempolimit aus, um medizinisch vernünftige Grenzwerte bei der Ozonbelastung zu erreichen:

„Wir kommen mit verkehrsbeschränkenden Maßnahmen, welche die Emissionen der Ozon-Vorläufersubstanzen Stickoxide und Kohlenwasserstoffe um die Hälfte reduzieren, auf maximale Ozonkonzentrationen unter 180 Mikrogramm pro Kubikmeter Luft. Das ist schon eine deutliche Senkung. Es wird sehr schwer werden, und das schaffen wir über lokale Maßnahmen nicht alleine, den Richtwert der Weltgesundheitsorganisation und des VDI, der in der Schweiz als Grenzwert gilt, von 120 Mikrogramm pro Kubikmeter flächendeckend einzuhalten. Dazu brauchen wir eine konsequente Verkehrsvermeidungspolitik."[175]

Das Märchen vom sparsamen Auto

Im November 1994 erklärt Bundeskanzler Helmut Kohl: „Wir sollten unseren Ehrgeiz dareinsetzen, dass Deutschland das erste Land ist, in dem das Fünf-Liter-Auto Standard wird." Auch Bundesverkehrsminister Matthias Wissmann fordert kurz danach das sparsame Auto: „Unser Ziel muss ein Kraftstoffverbrauch von etwas mehr als fünf Liter im Jahr 2005 bei den in Deutschland hergestellten Pkw sein." Dazu will er einen Zukunftspakt mit der Autoindustrie schließen. Wie Heinrich Praxenthaler schreibt: „Das ist fortan der Standpunkt der Bundesregierung. Man setzt auf Telematik und das Fünf-Liter-Auto, hofft auf das Drei-Liter-Auto." Wie man besonders deutlich am Auto-Modelljahr 2007 sehen kann, waren diese Aussagen nicht einmal fromme Wünsche, sondern reines Politikerpalaver: Leider sind aus drei bis fünf Liter Verbrauch eher drei bis fünf Liter Hubraum geworden und der offizielle Verbrauch liegt fast beim Doppelten der propagierten fünf Liter, wobei der realistische Verbrauch, wie beschrieben, in Wirklichkeit noch weit höher liegt. Auch die ehedem sparsamen Diesel-Pkw änderten die Verbrauchsgewohnheiten und schlucken kräftig.

Was technisch möglich sein könnte, zeigt die Entwicklung des SmILE (Sm*all*, I*ntelligent*, L*ight*, E*fficient*): Bereits 1996 präsentiert die Umweltorganisation Greenpeace auf der IAA einen modifizierten Renault Twingo, der einen tatsächlichen Verbrauch von drei Liter Kraftstoff hat. Greenpeace war seit 1991 bei jeder IAA mit einer Aktion gegen Energieverschwendung und für Tempolimits präsent.

1995 bis 1998: Verdrängen und weiterrasen

Ab dem Jahr 1995 wird dem Thema Tempolimit auffallend wenig Raum in der öffentlichen Diskussion eingeräumt. Dafür sorgt auch Bundeskanzler

Kohl direkt. Im Rückblick erinnert sich seine damalige Bundesumweltministerin Angela Merkel (1994 bis 1998) an die „gefürchteten" Anrufe von Helmut Kohl persönlich, „wenn wieder die chemische Industrie oder die Automobilindustrie vorstellig geworden war". Merkel musste dann einlenken, und die Industrie hatte wieder einmal gesiegt.[176] Ob das heute unter ihrer Kanzlerschaft wohl anders ist? Offensichtlich nicht, wie man an ihrer Antwort zur 140-Gramm-CO_2-Initiative der EU im Januar 2007 sehen kann, siehe weiter unten.

Aggression und Rasen
Der Verkehrsgerichtstag in Goslar empfiehlt im Januar 1995, dass bei Unfällen ein Überschreiten von Tempolimits grundsätzlich zur Mithaftung führen solle und dass Fahren auf Autobahnen mit mehr als 130 km/h die „Betriebsgefahr" erhöhe, um auf diese Weise Temposünder künftig stärker zur Verantwortung zu ziehen.

Tempolimits in Europa 1995

Tempo 130 km/h: Frankreich, Italien, Kroatien, Österreich
Tempo 120 km/h: Belgien, Bulgarien, Finnland, Griechenland, Jugoslawien (Rest), Luxemburg, Niederlande, Portugal, Schweiz, Slowenien, Spanien, Ungarn
Tempo 110 km/h: Dänemark, Großbritannien, Irland, Polen, Schweden, Slowakische Republik, Tschechische Republik
Tempo 90 km/h: Norwegen, Rumänien, Türkei
Kein Tempolimit: Deutschland (Tempo 130 km/h als Richtgeschwindigkeit)

Quelle: ADAC, SZ, 17. 2. 1995

Nach einer bundesweiten Infratest-Umfrage „Auto Aktuell '94" empfanden sich 60 Prozent der befragten Autofahrer als Opfer von Aggressionen, zehn Prozent von ihnen wurden massiv beschimpft. Wie der TÜV Bayern ermittelt, steigt die Zahl der Nötigungen auf der Straße mit Drängeln, Schneiden und Ausbremsen um jährlich acht Prozent. Umfragen des TÜV Rheinland ergeben, dass sich drei von vier Fahrern, die sich an Tempobegrenzungen halten, „ständig oder meistens" bedroht fühlen. In Deutschland geht zu dieser Zeit jeder dritte Unfall auf Rücksichtslosigkeit und Raserei zurück und jeder zehnte wird von Dränglern verursacht. Der Aachener Psychoanalytiker Micha Hilgers, Autor des Buches *Total abgefahren – Psychologie des Autofahrens* kommt zu folgenden Erkenntnissen:

– Mit dem Besteigen des Autos infantilisieren sich Wahrnehmung, Affekt und Verhalten, der Fahrer kehrt zu kindlich-aggressiven Größengefühlen und Allmachtsfantasien zurück.
– Mit Rammstangen, Breitreifen und Four-wheel-drive rüsten die Lenker ihre Vehikel zur Festung auf Rädern hoch und erfüllen sich den Traum von der uneinnehmbaren Ritterburg.
– Das Verrücktspielen findet im Straßenverkehr seinen legitimierten Rahmen. Gesetzesverletzungen werden augenzwinkernd als Kavaliersdelikt angesehen, Parkverbote und Geschwindigkeitsbeschränkungen gelten als unverbindliche Empfehlungen.
– Ein einzelner Drängler wirkt ansteckend wie ein Virus. Die von ihm Infizierten fahren schneller und versuchen gegenzuhalten.
– Männer brauchen das Auto als Potenzbeweis.[177]

In einer Expertenrunde des SZ-Verkehrsparlaments im Sommer 1998 weist Klaus Langwieder vom Verband der Schadensversicherer (VDS) darauf hin, dass das Unfallrisiko nicht gleichmäßig verteilt ist, denn die Fahrer von kleineren und mittleren Fahrzeugen unterliegen einem weit höheren Risiko, bei Unfällen getötet zu werden, als die Lenker von großen Limousinen: Ihr Risiko ist etwa 2,5 Mal so hoch. Professor Günter Kroj von der Bundesanstalt für Straßenwesen (BASt) zitiert eine Studie in Nordrhein-Westfalen, wonach die Fahrer leistungsstarker Wagen überproportional häufig an schweren Unfällen beteiligt sind. Gleichzeitig nehmen die Unfallursachen überhöhte Geschwindigkeit und Drängeln zu. So werden 1997 in Deutschland bei einer Gesamtzahl von 380 508 Unfällen mit Personenschaden 91 408 Unfälle mit Geschwindigkeitsüberschreitung (24 Prozent) und 52 754 mit ungenügendem Sicherheitsabstand (14 Prozent) registriert.[178]

Im Oktober 1995 ist eine Klage gegen ein erlassenes Tempolimit erfolglos. Das Bundesverwaltungsgericht in Berlin entscheidet, dass ein Tempolimit von 130 km/h und ein Überholverbot für Lastwagen auf großen Teilen der Autobahn A 61 Speyer-Koblenz rechtmäßig ist. Wie der rheinland-pfälzische Verkehrsminister Rainer Brüderle (FDP) hervorhebt, hat es seit 1991 dadurch deutlich weniger Unfälle mit Personenschaden auf der Strecke gegeben.

Im Dezember 1995 veranstaltet das Verkehrsparlament der *Süddeutschen Zeitung* ein Expertengespräch mit dem Titel: „Ein Tempolimit scheint überflüssig – Angepasstes Fahren ist viel wichtiger“.

Für das Mitglied der Geschäftsführung des ADAC, Alexander Gontard, ist das Tempolimit auf den deutschen Autobahnen „seit Jahrzehnten eines der großen Themen, das diese Größe und Bedeutung gar nicht verdient hat“. Für Gontard kann es nur zwei Gründe für ein Tempolimit geben: „Erstens zur Verbesserung der Unfallstatistik – und zweitens zur Verbesserung der Umweltbedingungen.“ Ein Tempolimit zur Verbesserung der Unfallstatistik würde aber nur marginale Resultate erbringen.

Auch für Dieter Grupe, Ministerialdirektor und Leiter der Abteilung Straßenverkehr im Bundesministerium für Verkehr, hat ein Tempolimit einen „völlig falschen Stellenwert“: „Wir können doch nicht immer unsere Bemühungen um mehr Verkehrssicherheit auf dieses eine Prozent der deutschen Straßen reduzieren, auf denen es eine Richtgeschwindigkeit von 130 km/h gibt.“

Klaus Langwieder vom Verband der Schadensversicherer berichtet von einer Untersuchung der 204 tödlichen Autobahnunfälle aus dem Jahr 1991: „30 Prozent dieser Unfälle ereigneten sich aus Geschwindigkeiten von 150 km/h und mehr, wobei etwa 20 Prozent der Pkw in diesem Geschwindigkeitsbereich fuhren.“ Er folgert daraus, dass Geschwindigkeit zweifellos ein zentraler Faktor für tödliche Unfälle sei, wie auch Alkohol, Ermüdung etc. Klaus Wagner, Vorsitzender des SZ-Verkehrsparlaments, äußert in seinem Statement am Schluss, dass er für ein generelles Tempolimit sei, da immer mehr ältere Menschen Auto fahren und es nicht angenehm sei, als Senior von der Autobahn gedrängt zu werden.[179]

Im Januar 1996 lehnt das Bundesverfassungsgericht die Klage des Verkehrsclubs Deutschland auf ein generelles Tempolimit auf Autobahnen und niedrigere Höchstgeschwindigkeiten auf anderen Straßen mangels hinreichender Aussicht auf Erfolg ab, da die geltenden Vorschriften „nicht gänzlich ungeeignet oder unzureichend seien, um die Verkehrssicherheit zu erhöhen“. Der VCD-Vorsitzende Rüdiger Wohlers kritisiert die Entscheidung angesichts der Zahl von 9700 Verkehrstoten und 500 000 Verletzten und sieht das Grundrecht auf Leben und körperliche Unversehrtheit verletzt, weil auf den Autobahnen kein Tempolimit gelte und auch die übrigen Tempobeschränkungen nicht ausreichten. Dazu der Kommentar in der *Süddeutschen Zeitung* vom 25. 1. 1996: „Das Tempolimit bleibt Thema“:

> „Der Spruch des Senats bedeutet nämlich lediglich, dass die jetzige Rechtslage nicht gegen die Verfassung verstößt. Daraus ist in keiner Weise der Umkehrschluss abzuleiten, ein Tempolimit auf Autobahnen oder strengere Vorschriften für die übrigen Verkehrswege seien grundsätzlich rechtswidrig … Die Entscheidung über ein Tempolimit obliegt der Politik. Eine allgemeine Begrenzung der Geschwindigkeit auf Autobahnen ist ein Gebot der Vernunft, aber die Deutschen beharren starrsinnig auf ihrem Sonderweg.“[180]

Im Mai 1997 sorgt eine wissenschaftliche Studie des Heidelberger Umwelt- und Prognoseinstituts (UPI) für Aufsehen, die im Auftrag der Interdisziplinären Gesellschaft für Umweltmedizin (IGUMED) durchgeführt wurde. Danach könnten mit bundesweiten Tempolimits die Zahl der Verkehrstoten in Deutschland um jährlich 2000 und die der Verletzten um 100 000 gesenkt werden. Bei den Behandlungskosten der Unfallopfer könnte jährlich gut eine Milliarde DM eingespart werden. Das Gutachten bezifferte die möglichen volkswirtschaftlichen Einspareffekte durch Unfallvermeidung auf weitere 4,7 Milliarden DM, dazu kämen die positiven Effekte durch geringeren Kraftstoffverbrauch und Reduzierung von Schadstoffen. Die Gesellschaft für Umweltmedizin fordert deshalb die Bundesregierung auf, für zunächst zwei Jahre auf Probe ein flächendeckendes Tempolimit von 30 km/h innerorts, 80 km/h auf Landstraßen und 100 km/h auf Autobahnen einzuführen.

Im August 1999 wird das Ergebnis eines Forschungsprojekts bekannt, das die „Inntal-Gemeinschaft“ (IG) zusammen mit der Münchner Universität durchgeführt hat. Die in der IG zusammengeschlossenen Inntal-Gemeinden besorgten für Messungen entlang der Autobahn einen mobilen Umwelt-Messwagen, der knapp drei Jahre lang an 144 Messplätzen Daten über die Schadstoff- und Lärmbelastung sammelte. Da im Sommer 1995 wegen einer Baustelle auf der Autobahn für ein halbes Jahr eine Geschwindigkeitsbegrenzung von 70 km/h herrschte, konnte festgestellt werden, dass trotz der hohen Verkehrsdichte während der Hauptreisezeit die Schadstoffbelastung um etwa 45 Prozent zurückging. Auch der Lärm wurde um fünf Dezibel reduziert. Deshalb fordert jetzt die Inntal-Gemeinschaft ein Tempolimit von 100 km/h für Personenwagen und für 80 km/h bei Lastwagen mit Tempokontrollen.

Im September 1999 ist dann klar, dass sich die Hoffnungen der bayerischen Inntalgemeinden auf eine Reduzierung der Verkehrsbelastungen nicht erfüllen werden. Es werde für die Inntalautobahn zwischen Rosenheim und Kufstein weder eine Geschwindigkeitsbegrenzung noch ein Überholverbot für Lkw geben. Staatssekretär Hermann Regensburger (CSU) vom bayerischen Innenministerium teilt mit, dass „keine derart große Gefahrenlage“ bestehe, dass Verkehrsbeschränkungen gerechtfertigt wären.[181]

Die mittlere Durchschnittsgeschwindigkeit auf Autobahnen

Auf eine Große Anfrage von SPD-Abgeordneten über „Geschwindigkeit und Verkehrssicherheit im Straßenverkehr“ gibt die Bundesregierung im Januar 1997 folgende Auskünfte. Durch die ständig schneller werdenden Automobile stieg auch die Durchschnittsgeschwindigkeit auf den Bundesautobahnen an. 1981 lag sie bei 120 km/h und stieg pro Jahr um fast 1 km/h. 1991 lag sie bei 131,5 km/h und 1995 bei 134 km/h. Gleichzeitig wurden die Fahrzeugabstände auf Bundesautobahnen immer kürzer. Die

85-Prozent-Geschwindigkeit der Pkw liegt 1995 bei 155 km/h, d. h. 85 Prozent der Pkw fahren 155 km/h oder schneller.[182] Heinrich Praxenthaler stellt sich die Frage, ob der Anteil der Unfälle bei Geschwindigkeiten über 130 km/h wirklich so gering ist, wie verschiedentlich angegeben wird. Eine Untersuchung von 1994 stellt fest, dass 1991 von den Unfallverursachern auf bayerischen Autobahnen 50 Prozent über 130 km/h und 30 Prozent über 150 km/h schnell waren und dass sich eine generelle Geschwindigkeitsbegrenzung im Bereich von 130 bis 150 km/h sehr wohl mit der Häufigkeit der Unfälle bei hohen Geschwindigkeiten begründen lasse.[183] Bei Unfällen mit Personenschaden auf Bundesautobahnen (BAB) liegt laut einer Antwort der Bundesregierung vom Januar 1997 der Anteil der Unfallursache „nicht angepasste Geschwindigkeit“ im Jahr 1995 bei 35,5 Prozent (1980: 34,7 Prozent) und bei der Unfallursache „ungenügender Sicherheitsabstand“ bei 19,8 Prozent (wie 1980): zusammen also bei rund 55 Prozent![184]

Die Geschwindigkeit ist in der Zwischenzeit mit Sicherheit noch weiter gestiegen. Aber der Wert von 1995 ist der letzte bekannte und von der BASt veröffentlichte. Die Bundesregierung antwortet nämlich im Januar 1997 weiter: „Die ‚Periodischen Analysen des Verkehrsablaufs im Autobahnnetz’ wurden nach 1991 in der alten Form nicht fortgeführt, weil sie im Hinblick auf die gestiegenen Fahrleistungen zu einem unrealistischen Bild führen. Seit 1992 dienen jährliche Erfassungen des Verkehrsablaufs auf BAB der modellhaften Ermittlung der fahrleistungsbezogenen Geschwindigkeitsverteilung.“ Es sollen einfach keine neueren Zahlen mehr bekannt werden. Am 19. Januar 2007 teilt mir die BASt dann auch folgerichtig mit: „Zurzeit stehen uns keine aktuellen Informationen zu durchschnittlichen Geschwindigkeiten auf Autobahnen zur Verfügung.“ Da keine neuen Untersuchungen gemacht werden, können im Januar 2007 Bundesverkehrsminister Tiefensee, der ADAC und die Autoindustrie zur Abwehr eines Tempolimits bedenkenlos eine Durchschnittsgeschwindigkeit von harmlosen 120 km/h angeben, die schon 1980 erreicht wurde.

Die SPD-Abgeordneten wollen in ihrer Großen Anfrage 1997 noch Antwort auf die Frage: „Liegen der Bundesregierung Untersuchungen darüber vor, wie sich die Einführung von Geschwindigkeitsbeschränkungen auf ausgewählten BAB-Abschnitten auf das Unfallgeschehen ausgewirkt, und wenn ja, welche Ergebnisse lassen sich feststellen?“ Die Antwort ist interessant, aber keineswegs überraschend: „Hierzu liegen der Bundesregierung derzeit keine entsprechenden aktuellen Forschungsarbeiten vor.“

Das Tempolimit im Wahlkampf

Noch bis Anfang März 1994 erklärt die SPD in ihren Eckpunkten für ein Regierungsprogramm, auf den Autobahnen eine Höchstgeschwindigkeit von 120 km/h, auf Landstraßen 90 km/h und in Wohngebieten 30 km/h einführen zu wollen. SPD-Präsidiumsmitglied Christoph Zöpel deutet dann Mitte März ein Umschwenken der SPD an, die in ihrem Regierungsprogramm keinen völligen Verzicht auf ein Tempolimit vorschlage. Es sei dort von einer „situationsbezogenen Begrenzung der Geschwindigkeiten" die Rede. Nach Zöpel könne es auch eine Obergrenze geben, die er mit 160 km/h ansetze. Da die SPD beim Straßenbau sparen wolle, müsse die vorhandene Infrastruktur besser genutzt werden und damit die Einführung elektronischer Verkehrsleitsysteme möglichst schon ab 1996 erfolgen. Falls es zu einer europäischen Einigung über ein Tempolimit kommen sollte, dürfe Deutschland nach Ansicht Zöpels nicht ausscheren, da man nicht EU-weite Regelungen für Auspuffgase wie Stickoxide oder den Kraftstoffverbrauch verlangen könne, um in anderen Fragen auf Sonderrechte zu pochen

Für die Europäische Union ist aber im März 1994 das Tempolimit kein Thema: Die Diskussion wurde auf europäischer Ebene mit dem schon erwähnten Schlagwort „Subsidiarität" zur Strecke gebracht. Der Verkehrsausschuss des Bundestages hatte ja vorsichtshalber im Dezember 1992 betont, dass das Subsidiaritätsprinzip gerade auch im Bereich Verkehrspolitik anzuwenden sei. In Brüssel argumentieren nun die Deutschen, aber auch Briten, Dänen und Niederländer, dass Schnellfahren eine „Verhaltensweise" der Bürger sei, die die Gemeinschaft grundsätzlich nichts angehe. Einstimmigkeit ist auch in der EU gefordert. Und die zuständigen Brüsseler Kommissare beteuern seit Längerem, dass sie niemals gegen den erklärten Widerstand der Bundesregierung eine Geschwindigkeitsbegrenzung vorschlagen würden.

Im April 1994 korrigiert Kanzlerkandidat Scharping den SPD-Kurs und löst damit interne Konflikte um das Tempolimit aus. Mitte Mai mischt sich der niedersächsische Ministerpräsident Gerhard Schröder in die Diskussion um das SPD-Regierungsprogramm ein und warnt seine Partei vor einem Tempolimit und einer höheren Mineralölsteuer. Als Begründung sagt Schröder der *Bild*-Zeitung: „Wir haben eine ganz wackelige konjunkturelle Situation in der Automobilindustrie. Belastungen, die diese Konjunktur zusätzlich negativ beeinflussen, können wir nicht brauchen."[185] Schröder hatte 1992 noch ganz anders geklungen: „Das Tempolimit ist ein Gebot der Vernunft. Nun wird es hoffentlich auch der verkehrspolitischen Betonriege in der Bundesregierung klar sein: Die Zeit der unbegrenzten Raserei auf Deutschlands Autobahnen ist vorbei. Wir brauchen eine Rückkehr zum menschlichen Maß."[186]

Auf einer SPD-Tagung in Garmisch-Partenkirchen Anfang August riskiert Scharping einen Konflikt mit Christoph Zöpel, der eine eindeutige Formulierung im Regierungsprogramm zugunsten eines Tempolimits vorgeschlagen hat. Wenige Tage später „präzisiert“ Scharping, die SPD habe von Anfang an gesagt, dass es Geschwindigkeitsbegrenzungen geben müsse, dass es sinnvoll sei, sie europäisch zu harmonisieren, und dass sie situationsbedingt auch variabel sein müssten. Der Parlamentarische Geschäftsführer der SPD, Peter Struck, fordert, Autos mit niedrigem Kraftstoffverbrauch mit „einer Prämie von bis zu 1000 Mark“ zu fördern: Damit würde sich ein Tempolimit erübrigen. Struck äußert auch seine Zweifel am ökologischen Nutzen von Geschwindigkeitsbegrenzungen bei Ozonalarm. VDA-Präsidentin Erika Emmerich begrüßt umgehend den Vorschlag Strucks, Benzin sparende Autos zu fördern, und spricht sich gleichzeitig gegen die Einführung eines generellen Tempolimits aus, da es die Chancen für den Absatz deutscher Autos und damit Arbeitsplätze gefährde.

Heinrich Praxenthaler beschreibt den SPD-internen Dissens im Vorfeld der Bundestagswahl 1994 so: Der SPD-Vorsitzende Scharping äußert, er halte nichts „von rituellen Debatten über Scheinsymbole“; deshalb scheidet Christoph Zöpel dann aus der SPD-Führungsspitze aus. Auch Niedersachsens Ministerpräsident Gerhard Schröder spricht sich wiederholt gegen ein generelles Tempolimit aus. So rückt die SPD-Führung im Wahlkampf 1994 langsam, aber sicher vom allgemeinen Tempolimit ab. Auch Dietmar Klenke charakterisiert den Schlingerkurs der SPD: „Der Sinneswandel der sozialdemokratische Führung war zuallererst auf ein wahltaktisches Motiv zurückzuführen: auf die Furcht, bei zahllosen Autofahrern das Image einer technikfreundlichen und zukunftsorientierten Partei einzubüßen.“[187]

Im Wahlkampf 1998 herrscht Anfang Juli große Aufregung über die grüne Verkehrspolitik. CDU/CSU und FDP, aber auch der potenzielle Koalitionspartner SPD und grüne Parteifreunde lehnen die Forderung der verkehrspolitischen Sprecherin von Bündnis 90/Die Grünen, Gila Altmann, nach einem bundesweiten Tempolimit von 100 km/h auf Autobahnen, von 80 km/h auf Landstraßen und von 30 km/h in den Städten ab. Gila Altmann hatte ein allgemeines Tempolimit als „wichtigstes Ziel“ für Koalitionsverhandlungen mit der SPD bezeichnet. Eine Geschwindigkeitsbegrenzung werde sich positiv auf Verkehrssicherheit und Verkehrsfluss sowie auf Lärm- und Abgasentwicklung auswirken.

Der Parlamentarische Geschäftsführer der Bündnisgrünen im Bundestag, Werner Schultz, sagt zum Vorstoß der Verkehrsexpertin Gila Altmann, mit solchen Forderungen wie dem generellen Tempolimit löse man einen „allgemeinen Bevormundungsschock aus“, und bezeichnet die Tempolimit-Forderungen als „alte Hüte aus grünen Programmen". (Diese Äußerungen ausgerechnet vom Parlamentarischen Geschäftsführer von Bündnis 90/Die Grünen zeigen wenig Kenntnis der Vorgeschichte zum Tempolimit – und sogar ein gerüttelt Maß Angst vor dem grünen, angeblich so mündigen Wähler.) Auch Kanzlerkandidat Gerhard Schröder distanziert sich von der Idee als „einen Griff nach alten Hüten aus noch älteren Schränken der Verkehrspolitik" und kritisiert den Zustand der Grünen. Der hessische Ministerpräsident Hans Eichel (SPD) bezeichnet den Vorschlag als „abstrusen Unsinn".

Dagegen unterstützt die nordrhein-westfälische Umweltministerin Bärbel Höhn die Forderungen Altmanns; allerdings sei das Tempolimit keine Bedingung für eine künftige Koalition mit der SPD: „Alles ist verhandelbar." Auch Michael Müller, der umweltpolitische Sprecher der Bundestagsfraktion, unterstützt Gila Altmann und geht davon aus, dass die SPD sich für ein generelles Tempolimit einsetzen werde, da es ein Gebot der Vernunft sei sowie eine „unverzichtbare Forderung für eine ökologische Erneuerung". Der rheinland-pfälzische Ministerpräsident Kurt Beck sagt, Tempolimits seien „keine ideologische, sondern eine praktische Angelegenheit".

Bundesverkehrsminister Wissmann widerspricht Altmanns Ansicht, ein Tempolimit erhöhe die Verkehrssicherheit. Die überwiegende Zahl der Unfälle ereigne sich deutlich unter der Richtgeschwindigkeit von 130 km/h. Er spricht hier bewusst von der Zahl und nicht von der Schwere; außerdem beinhaltet diese Zahl auch die Unfälle auf Landstraßen. Flexible Verkehrsregelungen seien für ihn einer allgemeinen Lösung vorzuziehen. Damit liegt Wissmann in der Tradition bundesdeutscher Verkehrsminister: sich über Tempolimits als unmittelbar einleuchtendes und nachgewiesenes Mittel zur Senkung der Unfallentwicklung hinwegzusetzen. Oder um es anders zu formulieren: Seit Jahrzehnten könnte man diese Amtsinhaber zuständig erklären für eine vermeidbar hohe Zahl von Toten und Verletzten.

CDU-Generalsekretär Peter Hintze wirft den Grünen vor, einen „Schleichzwang" auf Autobahnen einführen zu wollen, und sein CSU-Kollege Bernd Protzner spricht von einem Schritt in Richtung „Obrigkeitsstaat und Gängelung". Für FDP-Generalsekretär Guido Westerwelle ist die Forderung der „typische Reflex einer fortschritts- und technologiefeindlichen Partei". Der ADAC hält natürlich den Vorstoß von Gila Altmann für ein Tempolimit für Unsinn, weil vom rund 650 000 Kilometer umfassenden Straßennetz in der Bundesrepublik Deutschland nach Angaben des Clubs bereits 98 Prozent tempobegrenzt seien – das altbekannte „Argument". Dazu darf auch das andere Uraltargument nicht fehlen: „Außerdem sind Autobahnen statistisch gesehen auch schon jetzt die sichersten Straßen", auf denen mehr als 30 Prozent des gesamten Kraftfahrzeugverkehrs in der

Bundesrepublik abgewickelt würden, aber nur neun Prozent aller schweren Unfälle geschähen. (Noch einmal: Autobahnen haben keine Fußgänger, Radfahrer, Mopeds, übliche Kreuzungen, Ampeln, keinen Gegenverkehr etc.: Dafür sind neun Prozent schwerer Unfälle viel zu viel und mit einem Tempolimit leicht zu senken! Und die Raserei wirkt auf der Landstraße weiter.)

Martin Urban schreibt dazu in der *Süddeutschen Zeitung* den Kommentar „Wir sind der Stau“:

> „Die dümmste Verkehrspolitik ist jene, die schrankenlose Freiheit auf den Autobahnen gewährt. Sie bedingt nämlich unter anderem die schlechtest mögliche Auslastung der Straßen. Denn inzwischen kann ja fast jedes Auto hohe Tempi erreichen ... Und was hülfe ein Tempolimit? Man kann es messen. Eine vierspurige Autobahn hat bei einem Limit von Tempo 100 die gleiche Aufnahmekapazität wie eine sechsspurige Piste ohne Limit … Außerdem weiß man inzwischen: Auf Autobahn-Teststrecken mit einer Begrenzung von Tempo 130 entstehen in Deutschland 30 Prozent weniger Unfälle und sind 20 Prozent weniger Tote zu beklagen ... Österreich zählte nach Einführung eines Tempolimits etwa 15 Prozent weniger Tote und Verletzte. Geschwindigkeitsbegrenzungen verringern zudem den Spritverbrauch und andererseits die Emission von Schadstoffen.“[188]

1998 bis 2003: Die Aufrüstung geht weiter

Die rotgrüne Koalition und das Tempolimit

Am 22. September 1998 findet die Bundestagswahl statt, bei der die Regierung Kohl abgewählt wird. Umgehend werden im Hinblick auf das Tempolimit Erwartungen an eine künftige rot-grüne Koalition laut. Umweltverbände fordern Anfang Oktober die künftigen Koalitionspartner SPD und Grüne auf, Tempolimits in ihr Regierungsprogramm aufzunehmen. Diverse Umweltschutzverbände treten für Tempo 100 auf Autobahnen, 80 auf Landstraßen und 30 in Ortschaften ein. Der Präsident des UBA, Andreas Troge, fordert die künftige Bundesregierung auf, die Einführung von Tempo 100 oder 120 km/h auf Autobahnen „ernsthaft zu prüfen“. Ein Tempolimit könne die Zahl der Unfallopfer auf Autobahnen um 25 bis 50 Prozent verringern, Tempo 100 km/h reduziere außerdem den Ausstoß von Kohlendioxid um 19 Prozent.

Der ADAC und der Automobilclub von Deutschland (AvD) wenden sich wie üblich gegen ein generelles Tempolimit auf Autobahnen. Auch die Chefs der großen deutschen Autofirmen warnen SPD und Grüne davor. Der Vorstandsvorsitzende der Volkswagen AG, Ferdinand Piëch, sagt: „Das Tempolimit ist ein grüner Schildbürgerstreich, weil es wirtschaftlich desaströs wirkt und ökologisch nichts bringt." Tempolimits in Deutschland würden nur Arbeitsplätze in Italien, Frankreich und Südkorea schaffen. Nach Ansicht von Porsche-Chef Wendelin Wiedeking würde eine generelle Geschwindigkeitsbegrenzung „die internationale Wettbewerbsfähigkeit der deutschen Automobilindustrie beeinträchtigen". Auch der Pkw-Vorstand von Daimler-Benz, Jürgen Hubbert, warnt entschieden davor. Für BMW-Vorstandschef Bernd Pischetsrieder ist ein Tempolimit in Zeiten flexibler elektronischer Verkehrsregelung „eine Maßnahme aus der Steinzeit". Die äußerst kostspielige elektronische Verkehrsregelung wird, wie schon beschrieben, von allen Steuerzahlern bezahlt, damit einige Steuerzahler rasen können.

Eine Umfrage des Bundesministeriums für Umwelt über eine allgemeine Geschwindigkeitsbegrenzung auf deutschen Autobahnen im Jahr 1998 ergibt 55 Prozent Zustimmung der Deutschen in West und Ost. In den alten Bundesländern sprechen sich 51 Prozent, in den neuen Bundesländern 68 Prozent dafür aus.[189] Hermann Spindler schreibt in seinem Leserbrief am 12. Oktober an die *Süddeutsche Zeitung* „Raserei wird munter weitergehen":

> „Seit Jahren haben SPD und Grüne für drastische Geschwindigkeitsbegrenzungen auf unseren Autobahnen plädiert. Jetzt nach dem Wechsel heißt es von seiten der SPD, dass zurzeit kein Handlungsbedarf bestehe, da es Wichtigeres gäbe. Wirklich? … Die Raserei und das Sterben auf unseren Straßen werden also munter weitergehen. Rot-Grün macht sich schon von Anfang an unglaubwürdig. Es war halt leicht, von der Oppositionsbank aus Forderungen nach Tempolimits zu stellen …"

Heinrich Praxenthaler urteilt in weiser Voraussicht: „Beim Regierungswechsel im Herbst 1998 verfolgten Vorkämpfer wie Gegner mit Spannung, ob und wie die früheren lautstarken Bekenntnisse der nunmehr regierenden Parteien im Schmelztiegel der Koalitionsverhandlungen bestehen würden … Aber wieder stand da ein Kanzlerwort im Raum – schon Helmut Kohl hatte bekanntlich ‚Kein Tempolimit für die Autobahn' zur geschwindigkeitspolitischen Linie seiner Kanzlerschaft gemacht …" Am 27. Oktober 1998 wird Gerhard Schröder zum Bundeskanzler einer rot-grünen Koalition gewählt. Wenige Tage danach, am 9. November, schließt der neue Bundesverkehrsminister Franz Müntefering (SPD) ein generelles Tempolimit aus. Er sagt: „Dafür gibt es weder eine Notwendigkeit noch einen Auftrag." Nur falls europaweit eine einheitliche Geschwindigkeitsbegrenzung komme, schließe sich Deutschland an.

Die deutsche Raserei kann also weitergehen …

Im Frühsommer 1999 listet das UBA in der Schrift „Umweltauswirkungen von Geschwindigkeitsbeschränkungen“ zahlreiche Argumente für ein Tempolimit auf, wie etwa deutlich weniger Verkehrstote und einen Rückgang der CO_2-Emissionen um mindestens 20 Prozent. Trotz dieser und anderer Fakten denkt der neue Bundesverkehrsminister auch jetzt nicht daran, ein Tempolimit auf Autobahnen zu empfehlen. Ein Sprecher des Verkehrsministeriums äußert lapidar, im Koalitionsvertrag sei keine Begrenzung vorgesehen. Nach Müntefering spricht sich auch Bayerns Innenminister Günther Beckstein (CSU) strikt gegen die Forderung des UBA nach Tempo 100 auf den Autobahnen aus. Er erklärt, mit einem bedarfsgerechten Ausbau der Autobahnen sei der Umwelt mehr gedient, weil damit der staubedingte Sprit-Mehrverbrauch von jährlich etwa 12 Milliarden Litern reduziert werden könne. Ein Sprecher von Bundesumweltminister Jürgen Trittin (Bündnis 90/Die Grünen) verweist auf die Beschlusslage im Koalitionsvertrag, begrüßt aber, dass die Studie die Diskussion über ein Tempolimit versachlichen könne. Trittin bringt im Lauf des Jahres 1999 Tempolimits zur Verhinderung des gesundheitsschädlichen Sommersmogs ins Gespräch. Ein Diskussionspapier sieht vor, dazu an einigen Tagen im Jahr Tempolimits zu verordnen.

Trittin schlägt dann Ende April 2000 flächendeckende Tempolimits vor, um hohe Ozonkonzentrationen zu vermeiden. Sofort spricht sich der neue Bundesverkehrsminister Reinhard Klimmt (SPD) dagegen aus. Er sagt: „Ich bin gegen ein starres Tempolimit. Wir haben Tempo 130 als Richtgeschwindigkeit und damit fahren wir nach meiner Auffassung gut.“ Zur Verringerung der CO_2-Belastung schlägt Klimmt den verstärkten Einsatz intelligenter Verkehrsleitsysteme und eine bessere Verzahnung der Verkehrsmittel vor, ganz im Sinne der Industrie. Außerdem, so Klimmt, gebe es auf 98,5 Prozent der Straßen und auf vielen Autobahnen bereits Geschwindigkeitsbegrenzungen. Einen Tag später äußert der ADAC anlässlich des Vorstoßes von Trittin, dass die Tempolimit-Diskussion völlig überflüssig sei, da doch ohnehin der Großteil des deutschen Autobahnnetzes bereits tempobegrenzt sei. Hier ist es wieder, das Standardargument aller Verkehrsminister und -politiker, der Autoindustrie und der Autolobbyisten, gebetsmühlenartig vorgetragen: Fast alles ist begrenzt, und es besteht sowieso kein Handlungsbedarf. In der *Süddeutschen Zeitung* wird Trittins Vorstoß so kommentiert:

> „In erster Linie will er vorbeugen, sodass es gar nicht zu hohen Ozonkonzentrationen kommt. Wenn das trotzdem an ein paar Tagen im Jahr passiert, wollte Trittin die Deutschen langsamer fahren lassen. Das wäre keine große Einschränkung und den Autofahrern sicher lieber als ein allgemei-

nes Fahrverbot. Doch beim Wort Tempolimit ist Schröder empfindlich … Da macht es keinen Spaß, Umweltminister zu sein."[190]

Auf der Jahreshauptversammlung des ADAC im Mai 2000 in Dresden spricht sich Bundesverkehrsminister Klimmt erneut gegen ein Tempolimit auf Autobahnen aus und weiß, dass es ein „überholtes und ungeeignetes Mittel" zur Senkung des Kohlendioxidausstoßes sei.

Klimmt musste dann im November 2000 als Bundesminister für Verkehr zurücktreten; er stolperte über Sponsoringverträge des 1. FC Saarbrücken und erhielt wegen Beihilfe zur Untreue einen Strafbefehl über 90 Tagessätzen, knapp unterhalb der Vorstrafengrenze.

Mitte Mai 2000 rückt Trittin von flächendeckenden Tempolimits ab. Die Forderung scheitert vermutlich endgültig an Bundeskanzler Gerhard Schröder. Die rotgrüne Bundesregierung verkündet einen Paradigmenwechsel: Sie setze im Kampf gegen den Sommersmog nicht mehr auf Sofortmaßnahmen wie Tempolimits und Fahrverbote, wie sie SPD und Grüne in Oppositionszeiten gefordert hatten. Die Bundesregierung wolle den Sommersmog jetzt nur noch durch dauerhaft wirkende Maßnahmen reduzieren.

„Ein Tempolimit auf deutschen Autobahnen wird immer unwahrscheinlicher", schreibt die *Süddeutsche Zeitung* dann im November 2000. Trittin erklärt, im Bereich Verkehr sollen 20 Millionen Tonnen Kohlendioxid eingespart werden – ob durch generelle Tempolimits oder intelligente Verkehrsleitsysteme, sei ihm letztlich gleichgültig. Ein Tempolimit würde zwar sechs Millionen Tonnen Kohlendioxid einsparen. „Aber ich habe es schon lange aufgegeben, an dieser Zwangsneurose des deutschen Volkes herumzudoktern … Mit dem Tempolimit ist es wie mit dem Jagdschein der Franzosen und dem nicht vorhandenen Waffenschein der Amerikaner." Hat das ganze deutsche Volk eine Zwangsneurose – oder lediglich eine allerdings sehr radikale Minderheit?

Der rot-grüne Rückzug findet seine Fortsetzung in einer Abstimmung im Verkehrsausschuss des Deutschen Bundestages im Dezember 2000:

> „Auf den Autobahnen soll keine Geschwindigkeitsbegrenzung von 130 Stundenkilometern eingeführt werden. Dies beschloss der Verkehrsausschuss am 6. Dezember mit den Stimmen aller anderen Fraktionen (also auch mit den Stimmen der rot-grünen Abgeordneten; W. Z.), indem er einen entsprechenden Antrag der PDS zurückwies. Nach Meinung der Antragsteller würde ein Tempolimit die Unfallgefahr verringern, zur Lärmminderung beitragen, den Mineralölverbrauch drosseln und den Schutz der Umwelt erhöhen."[191]

Schließlich teilt der neue Bundesverkehrsminister Kurt Bodewig (SPD) Mitte November 2000 *Bild am Sonntag* mit, dass er gegen ein generelles

Tempolimit auf Autobahnen ist, da dies ein Thema von gestern sei – fast scheint es ein Tempolimit-Verweigerungsgen für Bundesverkehrsminister zu geben …

Im Bundestag stellt dann Christine Ostrowski (PDS) am 25. 1. 2001 erneut den Antrag auf ein Tempolimit von 130 km/h auf Autobahnen und begründet diesen mit: 1) Rückgang der Verkehrstoten, 2) Senkung der Schadstoffemissionen, 3) Senkung des Lärmpegels, 4) Reduzierung des Flächenverbrauchs, 5) Erhöhung der Durchlassfähigkeit der Autobahnen.

Der Parlamentarische Staatssekretär beim BMV, Stephan Hilsberg (SPD), antwortet ihr: 1. „Wir haben bereits Tempolimits auf deutschen Autobahnen." 2. „Natürlich gibt es bei Geschwindigkeitsbeschränkungen eine Senkung von Kohlendioxidemissionen, aber in einem sehr geringen Maße." 3. „Auch die Unfallbilanz auf unseren Autobahnen ist kein Argument für ein generelles Tempolimit. Es mag andere Argumente geben, aber die Unfallbilanz ist keines. Ich komme ja auch aus der ehemaligen DDR und war aktiver und bekennender Trabifahrer." Und nach dem Hinweis auf die Deviseneinnahmen durch Tempo 100 km/h des ehemaligen SED-Regimes folgt eine weitere unfaire Attacke gegen den PDS-Antrag: „Das mag der Grund dafür sein, dass Sie daran heute noch festhalten. Ein guter Ratschlag ist das auf keinen Fall." Was soll man davon halten, wenn der Parlamentarische Staatssekretär der SPD eine abgasentlastende und unfallsenkende Wirkung des Tempolimits genauso leugnet wie jahrzehntelang die Kollegen von CSU, CDU und FDP? (Um falschen Zuordnungen vorzubeugen: Der Autor ist nie in einer politischen Partei gewesen.)

Im Bundestagsprotokoll heißt es dann, dass „SPD und Bündnisgrüne eine gewisse Sympathie erkennen lassen, sehen aber derzeit keine Möglichkeit, die generelle Geschwindigkeitsbegrenzung gesellschaftlich durchzusetzen". Und somit lehnen alle anderen Fraktionen (also wiederum auch Bündnis 90/Die Grünen) den Antrag der PDS ab. Die Grünen forderten selbst lange Zeit eine Höchstgeschwindigkeit auf den Autobahnen und konnten sich dann in den Koalitionsverhandlungen nicht gegen die SPD durchsetzen.

Anlässlich des Unfalls durch den Karlsruher Autobahnraser (siehe weiter unten) übt der verkehrspolitische Sprecher der Stuttgarter Landtagsfraktion von Bündnis 90/Die Grünen, Boris Palmer, im August 2003 angesichts „der Passivität der Berliner Parlamentarier" scharfe Kritik an der eigenen Partei und sagt: „Die Weichspülerei, die unsere Bundestagsfraktion betreibt, ist schwer erträglich." Der Verkehrsexperte vermutet als Grund für die „Gefügigkeit" der grünen Regierungsfraktion in Sachen Tempolimit „ein Machtwort des Kanzlers". Der verkehrspolitische Sprecher der Grünen, Albert

Schmidt, sagt resigniert im Februar 2004: „Also besteht keine Chance, dies in der bis 2006 laufenden Legislaturperiode zu erreichen."

Aufhebung der hessischen Tempolimits
Hessens Ministerpräsident Roland Koch (CDU) sagt Ende Juli 2000 den Geschwindigkeitsbeschränkungen auf Deutschlands Autobahnen mit folgendem prägnanten Satz den Kampf an: „Die Beschilderung muss der tatsächlich gefahrenen Geschwindigkeit angepasst werden."[192] Das ist eine aparte Argumentation aus dem Mund eines Juristen! Koch kündigt weiter an, bis 2005 in Hessen ein Drittel aller Tempolimits aufheben zu wollen, und fordert: „Tempolimits müssen nicht nur in Hessen, sondern in ganz Deutschland aufgehoben werden, wenn es keine sachliche Grundlage dafür gibt." Gleichzeitig warnt er Rot-Grün vor „politischen Totschlagargumenten". Der Begriff „politisches Totschlagargument" entbehrt angesichts einer bewusst in Kauf genommenen Steigerung der Unfallzahlen staatlicherseits nicht eines gewissen Zynismus.

Der hessische Verkehrsminister Dieter Posch (FDP) betont: „Autobahnen werden für den schnellen und weiträumigen Verkehr gebaut und sollen dieser Funktion dienen." Er spricht von einem „Vertrauensvorschuss für Verkehrsteilnehmer" und davon, ein Zeichen für „mehr Freiheit und Eigenverantwortung" zu setzen.

Experten befürchten dadurch eine Unfallzunahme um bis zu 20 Prozent. Zu den bisherigen rund 4800 jährlichen hessischen Autobahnunfällen kämen nach dieser Rechnung noch einmal 960 hinzu, statt der 93 Toten im Jahr 1999 wären entsprechend mehr Opfer zu beklagen. Posch und Koch relativieren dies: Erst wenn die Unfallzahlen um mehr als ein Fünftel steigen würden, könne man von einer „erheblichen Überschreitung der Unfallhäufigkeit" sprechen. Der Chef der hessischen Polizeigewerkschaft (GdP), Jörg C. Stein, empört sich: „Jedem Stammtischbruder würde ich bei so einem unglaublichen Vorschlag über den Mund fahren. Und das sind sogar unsere gewählten Repräsentanten, die so reden."

Anfang Januar 2004 meldet dann der neue hessische Verkehrsminister Alois Rhiel (CDU), dass die Zahl der Unfälle zwischen Krifteler Dreieck und Wiesbadener Kreuz vom Jahr 2000 auf 2003 um 53 Prozent gestiegen sei; auf dem Teilstück, wo das Tempolimit von 100 auf 120 km/h angehoben wurde, gab es 40 Prozent mehr Unfälle.

Autobahn-Unfallbericht III: Der Karlsruher Autobahnraser
Ende August 2003 wird bekannt, dass ein Raser am Steuer eines Mercedes CL 600 zwischen Karlsruhe und Bruchsal auf der Autobahn A 5 durch mas-

sives Drängeln einen tödlichen Verkehrsunfall verursacht hat. Nach wochenlanger Suche einer 42 Mann starken Sonderkommission „Raser“ der Kripo Böblingen wird der mutmaßliche Drängler ermittelt, ein 34 Jahre alter Testfahrer von DaimlerChrysler, der jede Beteiligung an dem Unfall bestreitet. Laut Zeugenaussagen hat er seine Raserei ungerührt fortgesetzt. Das Amtsgericht Karlsruhe entzieht ihm wegen Verdachts auf fahrlässige Tötung, Gefährdung des Straßenverkehrs und Fahrerflucht die Fahrerlaubnis.

„Turbo-Rolf“ ist sein Spitzname, weil er „auf solchen Motoren stand“, wie sein Vorgesetzter ausführt. Ein DaimlerChrysler-Sprecher bestätigt, dass es bei Testwagenfahrten durchaus üblich sei, schon auf der Autobahn die „Alltagstauglichkeit der Fahrzeuge“ zu erproben. Der Fall löst eine neue Diskussion um ein allgemeines Tempolimit aus. Die Grünen in Baden-Württemberg fordern eine generelle Geschwindigkeitsbegrenzung von 130 km/h. Mitte Februar 2004 wird der Autobahnraser von Karlsruhe wegen fahrlässiger Tötung zu 18 Monaten Haft ohne Bewährung verurteilt.

> Das Gericht sah es als erwiesen an, dass der DaimlerChrysler-Mitarbeiter durch Drängelei den Unfalltod einer 21 Jahre alten Mutter und ihrer zweijährigen Tochter verursacht hat. Er überholte mit 230 bis 250 km/h zunächst zwei Zeugen, die immerhin mit 200 und 220 bis 230 Stundenkilometern unterwegs gewesen seien. Vor ihm überholte ein Kleinwagen mit 130 bis 150 km/h einen Ford Transit auf der linken Spur, dem sich der Angeklagte mit immenser Geschwindigkeit auf 20 Meter genähert hatte. Als die Fahrerin des Kleinwagens plötzlich das große bedrohliche Fahrzeug hinter sich gesehen habe, sei sie ruckartig nach rechts ausgewichen, ins Schleudern gekommen und gegen einen Baum geprallt.[193]

Das Urteil stößt auf breite Zustimmung und gilt als spektakulär, weil es der erste Fall ist, in dem ein Raser wegen Drängelei mit Todesfolge ins Gefängnis muss. Nach einer *Focus*-Umfrage zum Raserurteil von Karlsruhe im Februar 2004 sind 61 Prozent der Deutschen für ein Tempolimit auf Autobahnen. Der Verteidiger kündigt an, in Berufung zu gehen, da „der Medienrummel und der Verlust des Arbeitsplatzes“ für den DaimlerChrysler-Ingenieur Strafe genug seien. (Diese Argumentation ist angesichts der getöteten jungen Mutter und ihres Kindes ein Hohn! W. Z.) Nach dem Urteil gegen den Autobahnraser von Karlsruhe lehnt das Bundesverkehrsministerium unter Manfred Stolpe (SPD) wieder einmal ein generelles Tempolimit auf Autobahnen ab. Sprecher Felix Stenschke äußert dazu: „Wir setzen auf die Vernunft des Menschen … Wir sprechen uns gegen ein generelles Tempolimit aus.“ Es reiche aus, die Geschwindigkeit dort zu begrenzen, wo es angebracht sei. Geschwindigkeitsbeschränkungen gäbe es bereits auf einem Drittel des deutschen Autobahnnetzes und im Übrigen seien die Autobahnen die sichersten Verkehrswege.

ADAC-Sprecher Dieter Wirsich sagt im Februar 2004: „Wir sind der Meinung, dass Tempolimits auch unter dem Eindruck des jüngsten drastischen und tragischen Falles nicht geeignet sind, rücksichtsloses Verhalten auf Straßen zu bekämpfen." Der CSU-Bundestagsabgeordnete und Vorsitzender des Verkehrsausschusses, Eduard Oswald, erklärt, das Problem der Raser und Drängler werde man mit einem Tempolimit nicht in den Griff bekommen. Von einem generellen Tempolimit auf Autobahnen halte er nichts: „Die deutschen Autobahnen gehören im europäischen Vergleich zu den sichersten Straßen. Im Verhältnis zum hohen Verkehrsaufkommen haben sie eine geringere Unfallhäufigkeit als die Bundesstraßen. Außerdem sind die Autobahnen heute schon zu einem großen Teil geschwindigkeitsbegrenzt." Auch nicht gerade taufrische Argumente ...

Der CDU-Verkehrsexperte Gero Storjohann, Mitglied im Ausschuss für Verkehr, Bau und Stadtentwicklung, erklärt, dass der erwähnte „Autobahnraser-Prozess" die Forderung nach einem generellen Tempolimit auf Autobahnen nicht begründen könne. Die Zahl der Unfalltoten sei im vergangenen Jahr stark gesunken, deshalb verwundere dieses Verlangen, denn weder Aspekte der Verkehrssicherheit noch des Umweltschutzes gäben hierzu Anlass.[194] Auch der stellvertretende CDU-Vorsitzende und seit 2005 Vorsitzende des Ausschusses für Verkehr, Bau und Stadtentwicklung, Klaus Lippold, lehnt ein Tempolimit strikt ab: Der Unfall mit dem Autobahnraser sei ein bedauerlicher Einzelfall und ein Tempolimit ein Instrument aus der ideologischen Mottenkiste (! W. Z.) von Rot-Grün und nicht geeignet, die Sicherheit auf deutschen Straßen zu erhöhen. Hier ist er wieder, der Ideologievorwurf, diesmal sogar verpackt in eine Mottenkiste. Und wiederum wundert sich der Beobachter, wer so alles „Verkehrsexperte" ist und im Verkehrsausschuss sitzt!

Für Reinhard Weis, verkehrspolitischer Sprecher der SPD-Bundestagsfraktion, wird derzeit nicht nur wegen des „Dränglers von Karlsruhe" über die Einführung eines allgemeinen Tempolimits zu sprechen sein. Die Automobilindustrie selbst habe diese Diskussion mit heraufbeschworen: „Serienlimousinen mit über 500 PS und Spitzengeschwindigkeiten von über 300 km/h sind nicht mehr für den Alltagsverkehr ausgerichtet." Dr. Ulrich Friedel schreibt dazu in einem Leserbrief an die *Süddeutsche Zeitung*: „Nachdem gleich zwei Bundeskanzler die Entscheidung über ein Tempolimit auf deutschen Autobahnen zur Chefsache, also sogar in den eigenen Parteien als nicht diskussionswürdig erklärt haben, grenzt es in Deutschland nahezu an Landfriedensbruch, eine Geschwindigkeitsbegrenzung zu fordern." Und Wolf-Rüdiger Marunde schreibt: „Ein großer Teil der deutschen Autofahrer, Autodesigner und Autofabrikanten, Autojournalisten und nicht zuletzt Verkehrspolitiker ist offensichtlich emotional gestört. Und wirtschaftlich gesehen steigert nicht nur der Autowahn, sondern auch jeder Unfall das Bruttosozialprodukt. Deshalb wird aus dem Tempolimit auch nichts werden."

Anfang Juni weist auch der AvD die Forderung nach einem Tempolimit zurück, da die Durchschnittsgeschwindigkeit auf deutschen Autobahnen unter 120 km/h läge. Noch einmal: Bereits 1995 lag die Durchschnittsgeschwindigkeit bei 134 km/h! Ernst Ulrich von Weizsäcker (SPD), der Vorsitzende des Umweltausschusses im Bundestag, sagt zur selben Zeit: „Ich halte eine Geschwindigkeitsbegrenzung auf Autobahnen von 130 km/h auch in Deutschland für sinnvoll." Ebenso äußern sich der Fraktions-Vize von Bündnis 90/Die Grünen, Christian Ströbele, und der CSU-Bundestagsabgeordnete Josef Göppel.

Im Revisionsprozess des Autobahnrasers plädiert der Verteidiger auf Freispruch. Der Oberstaatsanwalt und die Nebenkläger-Anwälte verlangen eine Bestätigung der Freiheitsstrafe von 18 Monaten ohne Bewährung. Im Juli verurteilt dann das Landgericht Karlsruhe den Versuchsingenieur Rolf F. zu einer Freiheitsstrafe von einem Jahr auf Bewährung sowie einer Geldbuße von 12 000 Euro und zwölf Monaten Führerscheinentzug. Auch dieses Gericht hat keine Zweifel, dass der 35-jährige Angeklagte am 14. Juli 2003 der Unfallfahrer war. Der Richter weist auf die in Karlsruhe übliche Strafzumessungspraxis hin, bei fahrlässiger Tötung häufig Geldstrafen und nur bei tödlichen Unfällen durch schwer alkoholisierte Fahrer Freiheitsstrafen ohne Bewährung zu verhängen. (! W.Z.) Heribert Prantl schreibt dazu in seinem Kommentar „Rasendes Unrecht":

> „Das Gericht hätte, der Schuld angemessen, ein Signal setzen können – dafür, dass Tötung im Straßenverkehr künftig nicht mehr so lässig behandelt wird, als handele es sich dabei um die Realisierung des allgemeinen Lebensrisikos. Diese Wende findet nicht statt … Der Gesetzgeber hat nichts, gar nichts getan, er hat kein Tempolimit eingeführt, keine Sanktionen, verschärft, und an der Praxis der laschen Bestrafung von Raserei hat sich nichts geändert. Man tut so, als gäbe es, gleichrangig mit dem Grundrecht auf Leben, ein Grundrecht auf Höchstgeschwindigkeit. Tötung durch Raserei heißt rechtstechnisch ‚fahrlässige Tötung', belegt mit Haft bis zu fünf Jahren. Sie wird aber hierzulande überwiegend nur mit einer moderaten Geldstrafe geahndet. Die liegt in der Höhe zumeist bei einem Bruchteil der Kosten des neuen Autos, das sich der fahrlässige Totschläger zu diesem Zeitpunkt schon wieder zugelegt hat. Bei jedem Taschendieb wird härter zugelangt … Geldstrafe, Bewährungsstrafe – das war und ist die Kapitulation vor dem Zeitgeist in einem Land, in dem ‚Rasen

eine nationale Besessenheit' ist, wie die *International Herald Tribune* schrieb ... Ist es Schicksal, wenn von 24 625 Unfällen mit Personenschäden, die sich im Jahr 2002 auf deutschen Autobahnen ereignet haben, 11 899 auf das Konto von Rasern und 6274 auf das Konto von Dränglern gehen? ... Es mag Fetischisten geben, die das Recht auf Rasen als Standortvorteil preisen und auf die Systeme aktiver und passiver Sicherheit verweisen, die Schnellfahren erlauben ... Standortvorteil? Seine Folgen findet man in der Verkehrsunfallstatistik – 476 413 Opfer – und in den Unfall- und Reha-Kliniken."[195]

SZ-Leser Peter Billinger mahnt: „Wie müssen sich nach diesem ‚grandiosen' Richterspruch wohl all jene fühlen, die selbst Opfer eines hirnlosen Dränglers wurden und deshalb vielleicht zeitlebens auf den Rollstuhl oder auf Fremdhilfe angewiesen sind?" Wolfgang Peters schreibt dagegen in der *Frankfurter Allgemeinen Sonntagszeitung* in seinem Kommentar „Kein Weckruf":

> „Schlafende Hunde soll man nicht wecken ... Verdächtig ruhig ist es um die Forderung nach einem allgemeinen Tempolimit auf deutschen Autobahnen geworden. Etwas auf Flamme gebracht wurde das Thema im Zusammenhang mit den unglücklichen Vorgängen um einen Unfall, den ein Testfahrer auf der Autobahn A 5 verursacht haben soll. Und die ewig um Heil und Hilfe für den Autofahrer bedachten Prominenten und Politiker holten auch wie erwartet die Rute mit der Geschwindigkeitsbegrenzung aus dem Sack. Dabei kann es schon seit Jahren keinen Zweifel an der relativen Wirkungslosigkeit eines Tempolimits auf den Autobahnen geben ..."[196]

2004 bis März 2007: Raserei, Energieprobleme und Klimaerwärmung

In den USA sind im Jahr 2002 bereits *Low Emission Vehicle* (LEV) und *Ultra Low Emission Vehicle* (ULEV) sowie *Super Ultra Low Emission Vehicle* (SULEV) und *Zero Emission Vehicle* in der Diskussion. Auf die Frage, warum Autos mit Emissionswerten nahe der Null-Grenze nicht auch hierzulande angeboten werden, antwortet Johannes Liebl, Leiter des Bereichs Ottomotoren bei BMW: Die Technologie sei momentan enorm kostspielig; ein SULEV-Motor würde den Kaufpreis theoretisch um 5000 Euro erhöhen, was in Deutschland kein Käufer akzeptieren würde. Für BMW sei die Gesetzeslage in Deutschland der Maßstab. Auch VW und Mercedes halten diese Modelle für zu teuer und sehen keine Nachfrage. Es ist wie damals beim Katalysator oder dann beim Diesel-Rußfilter oder 2007 beim Hybridauto ...

Unfallbilanz IV
Überproportional viele jüngere Autofahrer werden im Verkehr getötet und verletzt. Im Jahr 2003 sterben 1150 junge Menschen zwischen 18 und 24 Jahren im Auto; 17 900 werden leicht, 78 700 schwer verletzt. Sie stellen 21 Prozent aller Verkehrsopfer; ihr Anteil an der Bevölkerung beträgt aber nur acht Prozent. Die häufigsten Unfallursachen: zu hohe Geschwindigkeit, zu geringer Abstand und Fahren unter Alkoholeinfluss. Bei 64 Prozent aller Unfälle mit Personenschaden, an denen diese Altersgruppe beteiligt ist, sind sie auch alleiniger Auslöser. Im Jahr 2005 gibt es 5361 Verkehrstote in Deutschland, immer noch die Einwohnerzahl einer Kleinstadt, darunter 1076 junge Männer und Frauen zwischen 18 und 24 Jahren. Vor allem bei den jungen Fahrern nimmt Deutschland im internationalen Vergleich eine negative Spitzenstellung ein. Ein 18- bis 20-jähriger Fahrer hat in Deutschland ein doppelt so hohes Risiko, bei einem Autounfall tödlich zu verunglücken, wie etwa in Schweden oder Frankreich.[197] Warum die jungen Autofahrer so stark in Unfälle verwickelt sind? Weil sie keine ausreichende Erfahrung haben, weil sie nicht von einem Tempolimit eingebremst und geschützt werden und weil die PS-starken Gefährte irgendwann über den Gebrauchtwagenmarkt in die Hände der Jungen geraten, die von deren Power fasziniert sind und entsprechend Gebrauch davon machen.

Von insgesamt 5862 im Jahr 2004 im Straßenverkehr Getöteten stirbt fast jeder neunte Verkehrstote auf der Autobahn. Im Jahr 2005 sterben dort bei insgesamt rund 20 900 Autobahnunfällen mit Personenschaden 662 Menschen. Im Jahr 2006 sank die Zahl der Verkehrstoten zwar weiter auf 5094.[198] Der Rückgang der Verkehrstoten könnte mit einem Tempolimit aber noch wesentlich stärker ausfallen und ist ein zwiespältiger Erfolg, der nur mit enormer technischer Sicherheitsaufrüstung der Fahrzeuge, einem immensen Rettungswesen, extrem kostspieliger Krankenhaus- und Rehabilitationstechnik ermöglicht wurde. Außerdem spielt beim Rückgang der Unfälle sicher auch der erhöhte Kraftstoffpreis eine Rolle.

Die Bundesanstalt für Straßenwesen (BASt) gibt für das Jahr 2004 folgende volkswirtschaftliche Kosten der Verkehrsunfälle an: Sachschaden 15,7 Mrd. Euro, Personenschäden 15,2 Mrd. Euro, zusammen 30,9 Mrd. Euro. Der Rückgang der Kosten bei den Personenschäden ist vor allem auf die spürbare Verringerung der Zahl der Unfallopfer zurückzuführen, wobei diese Reduzierung der hohen Ausrüstungsquote bei Neufahrzeugen mit „sicherheitsrelevanter Technik" zu verdanken ist, die wiederum das Gewicht und damit den Kraftstoffverbrauch erhöht. Es geht besser und anders: In Schweden (Tempolimit 110 km/h) sterben 2005 im Verkehr 440 Menschen; dort soll bis zum Jahr 2015 die „Vision Zero" verwirklicht werden: keine Todesopfer mehr im Verkehr.

In Deutschland entwickelt sich die Zahl der Todesopfer bei Unfällen mit Kleinlastwagen dramatisch und ist von 1996 bis 2002 um 140 Prozent nach oben geschnellt. Im Jahr 2002 sterben deswegen 120 Menschen. Im Jahr 2004 sind etwa 1,8 Millionen solcher Kleintransporter bis 3,5 Tonnen Gewicht in Deutschland unterwegs, die 170 km/h und mehr erreichen. Mangelnde Ladungssicherung und hohe Unfallbeteiligung verleihen diesen Transportern den Ruf rasender Zeitbomben. Der in überdurchschnittlich viele Unfälle verwickelte Kleinlaster Mercedes-Sprinter wird mit bis zu 190 kW (258 PS) geliefert. Trotz der hohen Unfallbeteiligung dürfen aber auch die Fahrer dieser Kleinlaster weiterhin ohne Begrenzung rasen: Der Verkehrsgerichtstag lehnt im Januar 2004 selbst für solche Fahrzeuge ein Tempolimit ab.

Im Februar 2006 stellt EU-Verkehrskommissar Jacques Barrot anlässlich der Halbzeitbilanz des „Europäischen Aktionsprogramms für die Straßenverkehrssicherheit" eine keineswegs positive Bilanz auf und fordert ein generelles Tempolimits auf allen Straßen Europas. Die EU strebe diese Tempolimits an, da noch immer zu viele Menschen im Straßenverkehr sterben. 2005 werden 41 600 Verkehrstote in der EU gezählt – 115 Opfer pro Tag. Ein Mittel dagegen seien Geschwindigkeitsbegrenzungen. Barrot ist überzeugt, „dass wir zu einer Angleichung in der ganzen Union kommen müssen".

Universitätsprofessoren für Tempolimit

Im September 2004 unterzeichnen 20 Professoren (mehr als drei Viertel aller aktiven Professoren des Straßenverkehrswesens an deutschen Universitäten) das Memorandum „Geschwindigkeitsbegrenzung auf Bundesautobahnen". Da die Kommission der Europäischen Union eine drastische Erhöhung der Verkehrssicherheit fordert, sind Maßnahmen für alle Straßenkategorien und Verkehrsteilnehmer nötig, auch für Bundesautobahnen. Die Einführung eines allgemeinen Tempolimits auf Bundesautobahnen ist ein kurzfristig umsetzbarer und wirksamer Beitrag zu einem leistungsfähigen und sicheren Verkehrssystem in Deutschland. Die Verfasser ziehen folgendes Fazit:

> „Ein allgemeines Tempolimit auf Bundesautobahnen baut aggressives Verhalten ab, unterstützt einen gleichmäßigeren Verkehrsfluss und ermöglicht stressfreieres Fahren für alle Verkehrsteilnehmer.
> – Ein allgemeines Tempolimit auf Bundesautobahnen ist bei einem steigenden Lkw-Anteil ein wichtiger Beitrag zur Harmonisierung der Verkehrsabwicklung und damit zur Reduktion der Verkehrsunfälle.
> – Ein allgemeines Tempolimit auf Bundesautobahnen erhöht die Verkehrssicherheit, reduziert den Kraftstoffverbrauch und die CO_2-Emissionen.

– Ein allgemeines Tempolimit auf Bundesautobahnen unterstützt bei einem zunehmenden Anteil älterer Autofahrer deren Teilnahme am Straßenverkehr und trägt so zur Mobilitätssicherung älterer Menschen bei.
– Ein allgemeines Tempolimit auf Bundesautobahnen wird bei steigenden internationalen Verflechtungen als Angleichung der Verkehrsregelungen immer wichtiger.
– Ein allgemeines Tempolimit auf Bundesautobahnen setzt Impulse für eine verträglichere Fahrzeugtechnik und führt damit zu mehr Sicherheit und Umweltschutz.
Daher unterstützt die Gruppe der unterzeichnenden Hochschullehrer die Einführung einer moderaten allgemeinen Geschwindigkeitsbegrenzung auf Autobahnen auf 140 oder 130 km/h … Diese sollte ergänzt werden durch restriktivere Begrenzung auf 120 bzw. 110 km/h für Lkw mit zulässigem Gesamtgewicht unter 2,8 Tonnen sowie bei Nässe für alle Fahrzeuge, sofern sie nicht durch andere Regelungen ohnehin langsamer fahren müssen. Eine gleichzeitige Absenkung der Höchstgeschwindigkeiten auf Landstraßen von 100 auf 90 km/h wäre separat zu erwägen.“[199]

Für Tempolimits, gegen Tempolimits
Mitte Februar 2004 spricht sich der nordrhein-westfälische Innenminister Fritz Behrens (SPD) für ein Tempolimit von 130 km/h aus, betont aber gleichzeitig, dass er es in Deutschland nicht für umsetzbar halte, weil die politische Mehrheit fehle. CDU und FDP sind strikt dagegen. Der BUND favorisiert ein Tempolimit, weil es „zu einer Klima- und Lärmentlastung und zum Abbau von Staus“ führe. Der Grünen-Verkehrsexperte Reinhard Loske spricht sich ebenfalls für Tempo 130 km/h aus.

Anfang September 2006 präsentieren auf einem Berliner Kongress von Bündnis 90/Die Grünen einige Abgeordnete ihre Vorstellungen zur künftigen Verkehrspolitik: Sie halten einen Zielwert von 70 g CO_2 je km im Jahr 2020 für notwendig und machbar und schlagen ein allgemeines Tempolimit von 130 km/h auf Autobahnen vor.[200] Ebenfalls im September 2006 sprechen sich 22 Abgeordnete der SPD-Bundestagsfraktion für ein Tempolimit von 120/130 km/h auf Bundesautobahnen aus. Der von Heidi Wright, der Berichterstatterin für Verkehrssicherheit im Verkehrsausschuss, formulierte Appell wird am 11. September 2006 an Bundesverkehrsminister Wolfgang Tiefensee (SPD) übersandt. Begründet wird dies mit der schlechten europäischen Unfallbilanz im Jahr 2005 mit 41 600 Verkehrstoten; das entspreche 115 Toten pro Tag, also so vielen Opfern, wie beim Absturz eines mittleren Verkehrsflugzeugs ums Leben kommen.[201] Das Europäische Parlament beabsichtigt zur gleichen Zeit, die Steuern für Pkw am CO_2-Ausstoß der Autos zu orientieren, da fast ein Viertel aller CO_2-Emissionen in der Europäischen Union im Verkehrssektor entstehen.

Im Februar 2005 gibt der österreichische Verkehrsminister Hubert Gorbach (FPÖ) erstmals bekannt, dass das österreichische Tempolimit auf einigen dreispurigen Autobahnstrecken probeweise von 130 auf 160 km/h angehoben werden soll. Österreichs Kommentatoren zufolge geschieht das mit Blick auf die Nationalratswahlen 2006: Die automobilen Wählerstimmen sollen vor allem der FPÖ zugute kommen. Nach dem ersten Test will Gorbach auf weiteren Autobahnteilstrecken das Tempolimit von 130 auf 160 km/h anheben; die neue österreichische Regierung macht jedoch im Februar 2007 die Anhebung wieder rückgängig

Es gibt auch in Deutschland einige Versuche, bereits bestehende Tempolimits aufzuheben. So klagt 2006 ein Ingenieur aus Mittelfranken gegen das Tempolimit von 120 km/h auf der A 93 bei Weiden. Die Autobahndirektion Nordbayern hatte es eingeführt, um herauszufinden, ob die Unfallzahlen sinken. Seitdem sind auf der kurvigen, auf und ab führenden Strecke deutlich weniger Autofahrer verunglückt. Der Richter teilt mit, er sei selbst zweimal auf der A 93 bei Weiden unterwegs gewesen, einer „nicht besonders übersichtlichen Strecke" mit fünf Anschlussstellen und hohem Verkehrsaufkommen, auf der viele „wie die Wahnsinnigen" gefahren seien. Mitte November weist das Regensburger Verwaltungsgericht die Klage des Ingenieurs ab. Er will aber mit weiteren Klagen gegen Geschwindigkeitsbegrenzungen auf der A 3 und der A 93 im Raum Regensburg, auf der A 7 bei Dinkelsbühl und auf der A 9 bei Allersberg vorgehen. K. will gern „fahren, was die Strecke hergibt".

Energieverschwender auf Halde

Auf japanischen Straßen fahren Autos, die per Gesetz nicht mehr als fünf Liter pro 100 Kilometer verbrauchen dürfen … Wir können noch nicht einmal in den USA produzierte Autos nach China verkaufen, weil sie die dortigen Umweltstandards nicht erfüllen. Al Gore, *Eine unbequeme Wahrheit*

Das letzte Gutachten des Sachverständigenrates für Umweltfragen unter Bundeskanzler Schröder wird Anfang Juni 2005 veröffentlicht und beschäftigt sich ausschließlich mit dem Straßenverkehr. Es fordert unter anderem Tempolimits (120 km/h auf Autobahnen, 30 km/h innerstädtisch).

Im August 2005 äußert Angela Merkel in *auto, motor und sport*: „Weder ein generelles Tempolimit auf Autobahnen noch eine Maut für Pkw sind mit der Union zu machen." Damit knüpft sie nahtlos an Helmut Kohls Aussage von 1984 an: „Unter meiner Regierung wird es kein Tempolimit geben" –

und natürlich auch an den „Automann“ Gerhard Schröder. Da liegt die Frage nahe, wer Deutschland eigentlich regiert.

Der ADAC-Standpunkt *Autobahn-Temporegelung* vom September 2005 bringt noch einmal die Position der Autolobby auf den Punkt:

„Der ADAC steht Entwicklungen wie beispielsweise in Hessen positiv gegenüber, wo nach sorgfältiger Prüfung der Unfallsituation bestehende Tempolimits wieder aufgehoben wurden … Auch für den Umweltschutz würde ein generelles Tempolimit auf Autobahnen keine erkennbaren Verbesserungen bringen. Nur verhältnismäßig wenige Pkw fahren mit so hohen Geschwindigkeiten, dass sich eine solche Begrenzung bei der Schadstoffemission bemerkbar machen würde.“

Anlässlich der IAA im September 2005 kritisiert der VCD die PS-starke Modellpalette als nicht zukunftsfähig: Sportfahrzeuge, Luxuslimousinen und Geländewagen mit bis zu 510 PS seien nicht die Modelle der Zukunft. Für den VCD-Autoexperten Gerd Lottsiepen lautet die Devise deutscher Hersteller weiterhin „PS-Rekorde statt Spritspartechnik“. Erschwerend kommt hinzu, dass der Verbrauch heute gängiger Klimaanlagen bei den Verbrauchsangaben ebenso wenig berücksichtigt wird wie der zusätzliche Verbrauch durch elektrische Verbraucher, Breitreifen etc. Die Deutsche Umwelthilfe (DUH) stellt fest: „Tatsächlich fließen deshalb 10 bis 15 Prozent mehr Sprit durch die Benzinpumpen als offiziell angegeben. In Deutschland, man kann es gar nicht oft genug wiederholen, werden zurzeit immer mehr Autos gebaut, die die Welt nicht braucht.“[202] Durch die erwähnten unrealistischen Fahrzyklus-Tests fällt der reale CO_2-Ausstoß noch viel katastrophaler aus, als die offiziellen Zahlen ausweisen.

In den USA kündigt DaimlerChrysler für 2006 einen Verlust von über einer Milliarde Euro an, weil die amerikanischen Kunden angesichts der hohen Benzinpreise trotz einer beispiellosen Rabattschlacht der amerikanischen Autohersteller lieber sparsamere Fahrzeuge kaufen: Mehr als 70 Prozent der Chrysler-Modellpalette hat aber einen hohen Spritverbrauch. Chrysler reagiert auf die schwindende Nachfrage nach Kleinlastern (Pick-ups) und Geländewagen (SUVs) zu langsam und bleibt deshalb 2006 in den USA auf 50 000 Autos sitzen. Auch Ford meldet 2006 einen Rekordverlust durch die hohen Benzinpreise. Amerikanische Autokäufer wechseln zu den Mittelklassewagen von Toyota, Mazda und Honda, und die beliebten spritschluckenden SUVs und Pick-ups bleiben weitgehend unverkäuflich.

Eine Studie des britischen Institute for European Environmental Policy (IEEP), London mit dem Titel „How Clean is Your Car Brand?“ vom Oktober 2006 zeigt die Rangliste bei der Reduktion des durchschnittlichen Spritverbrauchs der zugelassenen Neufahrzeuge in Europa 2005, gewichtet nach dem erreichten Anteil des Zielwerts: 1. Fiat; 2. Citroën; 3. Renault; 4. Ford; 5. Peugeot. Deutsche Autohersteller belegen ausschließlich schlechte Plätze, nämlich 12. Mercedes-Benz; 14. Volkswagen; 15. BMW und 17. Audi. Weiter heißt es dort:

„Kohlendioxid (CO_2) ist das wichtigste Treibhausgas … Durch das Verbrennen von einem Kilogramm Benzin, Diesel, Kerosin oder ähnlichem in einem Pkw, Lieferwagen, Lkw, Flugzeug oder Schiff entstehen rund 3,15 kg CO_2-Emission. Der Verkehr ist der schlechteste Bereich unter ‚Kyoto'-Gesichtspunkten und gefährdet ernsthaft das Erreichen der Kyoto-Ziele. Zwischen 1990 und 2004 sind die CO_2-Emissionen des Verkehrssektors um 32 Prozent gestiegen. Deren Anteil am Gesamt-CO_2 lag 1990 bei 21 Prozent, aber 2004 schon bei 28 Prozent."[203]

DUH-Bundesgeschäftsführer Jürgen Resch prognostiziert: „Diese Ergebnisse sind ein Gradmesser für die Zukunftsfähigkeit der deutschen Automobilindustrie. Die Absatzkrise für Spritfresser in Amerika und das wirtschaftliche Debakel bei Ford, General Motors und Chrysler wird in den nächsten Jahren auch den europäischen Markt erreichen."[204] Auch der VCD moniert, dass drei Viertel der 20 größten Hersteller die zugesagten Klimaziele nicht schaffen, und kritisiert „die verfehlte Modellpolitik insbesondere der großen deutschen Hersteller Mercedes, Volkswagen, Audi und BMW". Deutliche Fortschritte beim Flottenverbrauch seien machbar, wie die Erfolge der großen französischen Hersteller zeigen, die den CO_2-Ausstoß ihrer Neufahrzeuge seit 1997 im Vergleich zu VW oder Audi um mehr als das Doppelte gesenkt haben.

VW als größter europäischer Autohersteller hatte 1997 noch um drei Gramm besser abgeschnitten als Renault, der zweitgrößte. Inzwischen liegt VW um zehn Gramm CO_2 hinter dem französischen Konkurrenten. VCD-Experte Lottsiepen fordert politische Konsequenzen aus dem Versagen der Autoindustrie, einen CO_2-Grenzwert und eine CO_2-basierte Kfz-Steuer. Er äußert sich zur Rangliste von T&E: „Die Studie zeigt schonungslos, wo ein Konzern wie Volkswagen im internationalen Vergleich landet, wenn er wertvolle Ressourcen mit der Entwicklung des 1001-PS-Monsters Bugatti Veyron vergeudet und gleichzeitig die Produktion des Drei-Liter-Autos einstellt."[205] Ökologie und Ökonomie hängen hier wieder eng zusammen: Denn der Bugatti fällt ja nicht nur aus der ökologischen Bilanz, sondern auch aus der ökonomischen. Die Käufer von VW Polo, Golf, Sharan, Passat und Touran werden den Preis zahlen müssen für die extreme Subventionierung der geplante Serie von 300 Bugatti. Und bei VW fehlt dann das Geld für Zukunftstechnologien, wodurch wiederum Arbeitsplätze gefährdet sind.

Auch beim Test der „Ökomodelle" des VCD im August 2006 bekommen die deutschen Automodelle schlechte Noten: Als einziges Fahrzeug schafft es der VW Polo BlueMotion in die VCD-Top-Ten-Liste der umweltverträglichsten Autos. Sieben der zehn „Öko-Modelle" stammen aus Japan. Der Kraftstoffverbrauch im Straßenverkehr in Deutschland bleibt insgesamt relativ hoch und konstant: Er liegt 2005 bei 23 Millionen Tonnen Benzin, der Dieselverbrauch bei 26 Millionen Tonnen.[206]

Fritz Vorholz stellt in der *Zeit* fest:

„Bei Lichte besehen, ist die Verbrauchsminimierung sogar eine Chance für die Industrie – und zwar die einzige. Nicht nur wegen der wachsenden Klimagefahren, sondern auch, weil die weltweite Verkehrsexpansion angesichts begrenzter Ölvorräte an ihr Limit stößt ... Die Autoindustrie hat den Fortschritt schon oft verzögert: bei der Einführung bleifreien Benzins, des Katalysators, des Rußfilters. Sollte sie auch jetzt siegreich sein, fährt sie uns alle in eine Sackgasse."[207]

Aus vielen Gründen ist ein niedrigerer Energieverbrauch auch im Verkehrssektor wichtig – und hier mit am leichtesten zu erreichen! Klimatische, ökonomische und ökologische Gründe sprechen dafür, aber auch solche der Ressourcenschonung: Womit werden spätere Generationen einmal rechnen können, wenn die Erdöl-Vorratskammer leer ist? Deshalb ist es gerade jetzt so wichtig, bei den Automodellen Energie zu sparen.

Der Präsident des UBA fordert ein Tempolimit

Anfang Dezember 2006 steht in den Beschlüssen des Parteitags von Bündnis 90/Die Grünen in Köln auch die Forderung nach Tempo 130 km/h auf Autobahnen. Diese Forderung scheint einfacher zu sein, wenn man nicht in der Regierung sitzt. Umgehend weist Bundesverkehrsminister Tiefensee die Forderungen der Grünen nach einem Tempolimit auf Autobahnen von 130 km/h zurück. „Der überwiegende Teil der Bevölkerung verhält sich bereits ohne Tempolimit vernünftig und braucht daher keine generelle Bevormundung", teilt Tiefensee der *Bild*-Zeitung mit. Claudia Ehrenstein schreibt daraufhin in *welt.de* den Kommentar „Letzte Freiheit der Deutschen: Rauchen und Rasen": „Die Bundesregierung aber weist die Forderung nach einem Tempolimit mit der Begründung zurück, der größte Teil der Autofahrer verhalte sich vernünftig und müsse nicht bevormundet werden. Im Widerspruch dazu steht aber, dass immer mehr Autos zugelassen werden, die 200 Stundenkilometer und mehr fahren können."[208]

Ende Dezember 2006 wiederholt der Präsident des UBA, Andreas Troge, seine Forderung nach einer Geschwindigkeitsbegrenzung von 120 km/h auf allen Autobahnen. Sie sei ein wichtiger Beitrag für den Umweltschutz: „Bei einer Höchstgeschwindigkeit von 120 km/h lässt sich der Kohlendioxidausstoß um 10 bis 30 Prozent reduzieren." Die SPD-Bundestagsabgeordnete Heidi Wright erklärt zum Vorschlag Troges: „Ich halte ein Tempolimit für sinnvoll, auch aus Gründen des Klimaschutzes". Ähnlich äußert sich ihre SPD-Kollegin Gabriele Hiller-Ohm. Auch Josef Göppel (CSU) unterstützt den Vorstoß, „weil wir wegen des sich verschärfenden Klimawandels keine Maßnahme auslassen dürfen".

Umgehend spricht sich Bundesverkehrsminister Tiefensee wieder gegen ein generelles Tempolimit aus. In einer Pressemitteilung seines Bundesministeriums für Verkehr, Bau und Stadtentwicklung (BMVBS) erklärt er am gleichen Tag zur Erklärung Troges (man musste anscheinend nur die vorgefertigte Erklärung aus der EDV-Schublade holen):

> „Ich bin gegen ein generelles Tempolimit. Wir haben auf einem Drittel unserer Autobahnen bereits heute dauerhafte Tempobeschränkungen ... Ich setze mich für eine Reduktion der Schadstoffe ein, eine generelle Geschwindigkeitsbegrenzung auf freier Strecke ist aber nicht sinnvoll. Statt eines generellen Tempolimits setzen wir auf weitere Innovationen bei Kraftstoffen und neuen Antrieben. Wir brauchen moderne, sparsame und umweltfreundliche Motoren."[209]

Der ADAC ist so begeistert, dass er die gesamte Pressemitteilung in der *Motorwelt* nachdruckt.[210] Und am 21. 2. 2007 äußert Tiefensee: Das UBA habe untersucht, dass ein Tempolimit 120 km/h lediglich zu einer Reduktion von 0,3 Prozent führe. Meine Nachfrage beim UBA ergab, dass sich der Bundesverkehrsminister auf Zahlen von 1994 und noch früher bezog, die von völlig anderen Voraussetzungen und einer Durchschnittsgeschwindigkeit von 120 km/h ausgingen. Diese absolut unrealistische Zahl von 0,3 Prozent verwendet Tiefensee, um weiter auszuführen: „Ein allgemeines Tempolimit hat praktisch keine Wirkungen für den Klimaschutz"; wer ein allgemeines Tempolimit fordere, führe die Klimadiskussion auf ein falsches Feld. Diese Argumentation suggeriert, dass ein Tempolimit quasi fast noch zur Klimaerwärmung beiträgt. Das angeblich falsche Feld führt immerhin zu der Fehlentwicklung der „modernen" Motoren der deutschen Autoindustrie mit 200, 300, 500 PS und dem entsprechenden Spritverbrauch: Reale Innovationen finden woanders statt und sehen anders aus.

Der Verband der Autoindustrie verweist zur gleichen Zeit auf nicht näher bezeichnete Studien, die belegen würden, dass der Gesamtkraftstoffverbrauch mit einem Tempolimit kaum gesenkt werden könnte. (Diese Studien würden mich auch sehr interessieren, vor allem im Hinblick auf die Testergebnisse in *AutoBild* vom Mai 2006.) Außerdem sei der durchschnittliche

Kraftstoffverbrauch von Neufahrzeugen in den vergangenen Jahren bereits um 25 Prozent gesenkt worden. (Auch das stimmt so nicht: Der Wert liegt derzeit etwa bei 13 Prozent, siehe weiter unten.)

Die Automobilclubs ADAC und AvD nennen das von Troge vorgeschlagene Tempolimit sogleich nutzlos. ADAC-Präsident Peter Meyer sagt der *Bild*-Zeitung: „Tempo 120 ist ein alberner Vorschlag aus der ideologischen (! W. Z.) Klamottenkiste." Meyer weiter: Schon heute liege die Durchschnittsgeschwindigkeit auf deutschen Autobahnen deutlich unter 120 km/h: „Für die Sicherheit und die Umwelt bringt ein Tempolimit also überhaupt nichts." Das wiederum ist die wohl bewusst gewählte falsche Durchschnittsgeschwindigkeit, von der auch Tiefensee ausgeht: Der Bundesverkehrsminister und ADAC wie immer Hand in Hand. Wie mehrfach erwähnt, lag bereits 1995 die mittlere Durchschnittsgeschwindigkeit auf den Bundesautobahnen bei 134 km/h und ist zwölf Jahre später aufgrund der leistungsstärkeren Pkw sicher noch gestiegen.

Der AvD erklärt dazu, dass eine Verlangsamung des Verkehrs die Unfall- und Staugefahr erhöhe und sich damit auch negativ auf die Abgasbilanz auswirke. Es ist schwer zu entscheiden, ob der ADAC oder der AvD den Preis für die dünnste Argumentation erhalten sollte – oder doch eher Torsten Fricke für den folgenden Kommentar in der *Abendzeitung*:

> „Alle Jahre wieder der gleiche Unsinn: der Ruf nach einem Tempolimit auf Deutschlands Autobahnen, untermauert mit der Standardfloskel ‚bessere Luft' und ‚mehr Sicherheit'. Das mag zwar politisch hoch korrekt sein, ist aber auch scheinheilig. Deutsche Autobahnen sind die sichersten Verkehrswege der Welt, weitaus sichererer übrigens als unsere auf 100 km/h beschränkten Landstraßen … Wer also wirklich was für die Umwelt tun will, der kauft sich ein neues Auto samt schadstoffarmen Motor."[211]

Das ist nun wirklich ein toller Kommentar mit den so altbekannten wie unschlagbaren Argumenten der Achtzigerjahre. Bleibt die Frage, was man sich als modernes neues Auto nun kaufen soll: den A3 S mit 265 PS oder lieber den RS 4 mit 420 PS oder doch lieber den Q 7 mit 500 PS? Wolfgang Roth schreibt dagegen in seinem Kommentar „Mit Vollgas in den Stau":

> „Die Bundesanstalt für Straßenwesen schätzte schon vor 20 Jahren, dass bei Tempo 130 immerhin noch um 20 Prozent mehr Menschen überleben würden. Dagegen wird angeführt, dass Autobahnen vergleichsweise die sichersten Fahrbahnen sind – kein Wunder, wenn der Gegenverkehr fehlt. Aber was spricht dagegen, sie noch sicherer zu machen?"[212]

Die „Selbstverpflichtung" der Autoindustrie für 2008

Die Vorgeschichte dieser Selbstverpflichtung beginnt in den Neunzigerjahren. Der Verband der europäischen Automobilhersteller (ACEA) bietet Anfang Juni 1998 der EU-Kommission eine freiwillige Selbstverpflichtung an. Zu der Zeit liegen die CO_2-Emissionen bei 186 Gramm pro Kilometer. Als Ziel wolle man bis 2008 den CO_2-Ausstoß der Neuwagenflotte auf 140 Gramm pro Kilometer verringern; dazu müsste der Verbrauch bei Benzinfahrzeugen bis 2008 auf sechs Liter, bei Dieselautos auf 5,3 Liter pro 100 Kilometer sinken. In der Selbstverpflichtung wollen die Dachverbände der europäischen und japanischen Autohersteller (ACEA und JAMA) die Möglichkeit zusätzlicher CO_2-Verringerungen prüfen, um das weitere von der EU-Kommission bis 2012 anvisierte Ziel von 120 g CO_2/km zu erreichen, das die EU im Zusammenhang mit dem Kyoto-Protokoll plant: Dies entspräche dann einem Kraftstoffverbrauch von fünf Litern Benzin oder 4,5 Litern Diesel pro 100 km.

Der ACEA-Selbstverpflichtung gingen mehrjährige Verhandlungen voraus. Ende Juli 1998 akzeptiert die EU-Kommission das Angebot als ausreichend, um den Kohlendioxidausstoß deutlich zu verringern. EU-Umweltkommissarin Ritt Bjerregaard nennt die Vereinbarung einen wichtigen Beitrag zur Einhaltung der Klimaschutzziele der EU.

Bereits im April 2001 sieht das Deutsche Institut für Wirtschaftsforschung (DIW) keine Chance mehr, das selbst gesteckte deutsche Klimaschutzziel bis 2005 noch zu erreichen, den CO_2-Ausstoß um 25 Prozent unter den Wert von 1990 zu senken. Bis 2005 würden die Belastungen aus dem Verkehrssektor nicht wie erwartet um 15 bis 20 Millionen Tonnen zurückgehen, sondern sogar noch steigen. Das DIW kritisiert in diesem Zusammenhang auch den Verzicht auf ein Tempolimit.

Falls ACEA das Emissionsziel für 2008 nicht einhalten sollte oder keine hinreichenden Fortschritte bei der Annäherung an das Ziel erreicht werden, behält sich die EU-Kommission verbindliche rechtliche Schritte vor. Schon früh ist klar, dass es dazu kommt, denn vom 140-g-Ziel des europäischen Automobilverbandes ACEA sind gerade die Fahrzeuge der deutschen Hersteller im Jahr 2006 um einiges entfernt. In einem Interview im September 2005 sagt Jürgen Trittin:

> „Ich bin daran interessiert, dass die deutsche Autoindustrie wettbewerbsfähig bleibt. Das kann sie nur, wenn sie nicht mit Spritfressermodellen am Markt vorbei produziert, sondern wenn sie spritarme Autos baut … Die deutsche Autoindustrie hat sich verpflichtet, bis 2008 den Flottenverbrauch neuer Fahrzeuge auf umgerechnet 5,5 Liter zu reduzieren. Das wird spannend, denn im Durchschnitt brauchen Neufahrzeuge jetzt 6,8 Liter. Die Frage ist: wo bleibt der Beitrag der Autoindustrie zum Klimaschutz? … Gerade angesichts explodierender Spritpreise wird deutlich, dass wir unsere Abhängigkeit vom Öl senken müssen. Benzin wird nie wieder so billig sein, wie es einmal war.“[213]

Im April 2005 regt EU-Energiekommissar Andris Piebalgs an, das Tempolimit wieder auf die EU-Agenda zu setzen: „Wenn Autos in Deutschland mit 200 Stundenkilometern über die Straßen rasen, verbrauchen sie natürlich viel Benzin.“ Den von der Internationalen Energieagentur (IEA) veröffentlichten Vorschlag eines europaweiten Tempolimits hält der EU-Umweltkommissar Stavros Dimas für eine „gute Idee“, betont jedoch, dass Geschwindigkeitsbeschränkungen den Mitgliedsländern oblägen. Im letzten Land der EU ohne Tempolimit weist der damalige Bundesverkehrsminister Stolpe diesen Vorschlag umgehend ohne Begründung zurück und betont, er halte ein allgemeines EU-Tempolimit in Deutschland für „wenig sinnvoll“. Für den ADAC ist die Idee „völlig daneben und unausgegoren“. Die Deutsche Umwelthilfe (DUH) stellt ihre Pressekonferenz Ende Oktober 2005 unter das Motto „Autobauer im Rückwärtsgang“:

> „Die deutschen Autohersteller haben ihre gegenüber der EU für das Jahr 2008 eingegangene Selbstverpflichtung beim Klimaschutz faktisch aufgegeben … Nach den Untersuchungen der Deutschen Umwelthilfe unterschreiten unter allen deutschen Benzin-Pkw des Modelljahres nur zwei den von der europäischen Autoindustrie für das Jahr 2008 gegenüber der EU zugesagten Flottenwert von 140 g CO_2/km (entsprechend 5,8 l Benzin/100 km).“[214]

Schon 2005 war also klar: Wenn die deutsche Autoindustrie nicht schleunigst umstellt, verliert sie ihre Wettbewerbsfähigkeit gegenüber sparsameren Modellen aus fernöstlichen Ländern und es werden ihr über kurz oder lang aufgrund der hoch bleibenden Kraftstoffpreise ohnehin die nationalen wie die internationalen Märkte wegbrechen.

Für die EU-Kommission ist die Begrenzung der klimaschädlichen Autoabgase auch im Jahr 2006 ein dringendes Anliegen. Die Emissionen des Straßenverkehrs sind seit 1990 wegen der Zunahme der Pkw und der Fahrdauer um mehr als ein Fünftel gestiegen. Allerdings gibt es nach wie vor keine gesetzlichen Vorschriften. Der EU-Kommission liegt lediglich die Selbstverpflichtung des Verbands der europäischen Autohersteller (ACEA) mit 140 Gramm CO_2 pro Kilometer vor. Dies würde einer Reduktion um 25 Prozent entsprechen. Im Jahr 2005 liegt der Wert immer noch bei 161 Gramm, das entspricht nur einer Reduktion von 13 Prozent.

Um das Ziel von 140 g CO_2 doch noch zu erreichen, müssten die Emissionen der Fahrzeugflotten bis 2008 drastisch sinken. Bereits im August 2006 äußert ein Sprecher von BMW angesichts der sich abzeichnenden Verfehlung der „Selbstverpflichtung“: „Wir sehen nicht, dass es einen Grund für Rechtsvorschriften seitens der EU geben sollte“ – denn der Abbau von CO_2-Emissionen werde kurz vor 2008 einen kräftigen Schub erleben. Der

„Schub" geht dann in die andere Richtung: eine Verschiebung und Aufweichung der ganzen Vereinbarung – für und durch die deutsche Autoindustrie.

Offiziell gibt diese die Ziele für 2008 noch nicht auf. Aber sie hat Modelle mit mehreren hundert PS in den lukrativen Markt der Luxusautos gedrückt – plus Geländewagen plus ebenfalls übermotorisierte Kleinwagen. Mit denen lässt sich zwar am besten Geld verdienen, aber sie machen die Einhaltung des Klimaziels unmöglich. Und angesichts von Dieselmodellen mit mehreren hundert PS brauchen inzwischen auch diese Diesel-Pkw zu viel Kraftstoff. Die deutschen Hersteller geben dabei den Verbrauchern die Schuld, die angeblich größere und sicherere Autos verlangen. Dass die tonnenschweren Gefährte der deutschen Autohersteller die Vorgabe gar nicht erfüllen können, räumt der neue Audi-Chef Rupert Stadler im März 2007 ein: „Sie können die Physik nicht betrügen." Ein Zwei-Tonnen-Auto kann man nicht mit 200 km/h und fünf Litern 100 Kilometer weit über die Autobahn jagen. (Und auch beim ICE und beim französischen TGV steigt der Energieverbrauch von 160 km/h auf 250 km/h nach den Gesetzen der Physik um das Doppelte.[215])

Da die Autobranche ihrer Verpflichtung offensichtlich nicht nachkommt, kündigt die EU-Kommission im August 2006 an, die europäischen Autohersteller notfalls per Gesetz zu mehr Klimaschutz zu zwingen. Der deutsche Industriekommissar Günter Verheugen äußert: „Wir verlangen, dass die Industrie ihre Zusagen einhält." Andernfalls erwägen Verheugen und Umweltkommissar Stavros Dimas Zwangsmaßnahmen. So könnten beispielsweise über eine EU-Richtlinie die Emissionswerte festgelegt werden. Der Verband der europäische Autohersteller legt umgehend Protest ein. ACEA-Generalsekretär Ivan Hodac lehnt die Brüsseler Vorgaben ab: „Es ist nicht angebracht, zurzeit über gesetzliche Vorgaben zu reden."

Anfang Dezember sagt Bundesumweltminister Sigmar Gabriel (SPD): „Wir müssen die Energieeffizienz stärken und die Autoindustrie stärker in die Pflicht nehmen. Wir müssen massiv den CO_2-Ausstoß im Verkehr senken. Dazu muss die Selbstverpflichtung der Industrie notfalls gesetzlich verankert werden. Wir müssen zunächst auf 140, dann auf 120 Gramm Kohlendioxid je 100 Kilometer kommen, und das wird längst nicht der letzte Schritt sein." Wenn Gabriel den verbindlichen Weg dahin bezeichnen könnte, würde er kein Papiertiger bleiben!

Im Januar 2007 wird die EU wieder aktiv. Verheugen spricht sich für eine Beteiligung der europäischen Autohersteller am Handel mit Emissionsrechten aus: Eine zweite Selbstverpflichtung werde die EU nicht akzeptieren. Umweltkommissar Stavros Dimas beabsichtigt einen gesetzlichen Grenzwert von 120 Gramm.

Bernd Gottschalk, Präsident des VDA, versucht im Januar 2007 die von der Autoindustrie 1998 selbst vorgeschlagene Vereinbarung wie folgt zu unterlaufen: „Eine Kohlendioxid-Obergrenze für jeden Fahrzeughersteller wäre so logisch wie eine Energieverbrauchsvorgabe, die für das Einfamilienhaus genauso groß ist wie für eine Einzimmerwohnung." VW-Chef Martin Winterkorn äußert Anfang Februar 2007 in der *Süddeutschen Zeitung*: „Gleichmacherei über einen Einheitswert halte ich für unsinnig. Das wäre so, als würden Sie einem Hausbesitzer sagen: Hier hast du 1500 Liter Heizöl, damit musst du das ganze Jahr auskommen, egal ob du in einem Ein-Zimmer-Apartment wohnst oder mit vier Kindern eine Sechs-Zimmer-Wohnung brauchst." Porsche-Chef Wiedeking sagt Anfang März in der *Frankfurter Allgemeinen Sonntagszeitung*: „Sie vergleichen ja auch nicht den Energiehaushalt eines Einfamilienhauses mit dem einer Einzimmerwohnung." Das dicke Auto soll vermutlich das Einfamilienhaus mit den vier Kindern darstellen, der Kleinwagen das Apartment … Hier hatte wohl ein eher unbegabter Rhetoriker beim VDA Vorarbeit geleistet.

Gottschalk sagt weiter, wer wie die deutschen Hersteller Mercedes-Benz, BMW, Audi und Porsche im anspruchsvollsten aller Segmente tätig sei, dürfe nicht benachteiligt werden. Die deutschen Hersteller hätten den Verbrauch überproportional gesenkt, so Gottschalk. Fritz Vorholz schreibt dazu:

> „Dürfen die europäischen Umweltpolitiker dermaßen ins Alltagsleben der Europäer hineinregieren? Sie müssen es sogar, wenn sie das Klima wirklich schützen wollen. Die Emissionen des Verkehrssektors sind die am schnellsten wachsende Quelle von klimaschädlichem CO_2. Sie stiegen seit 1990 um 26 Prozent – während die Stromwirtschaft nur um sechs Prozent zulegte, die Haushalte ihren CO_2-Ausstoß immerhin fast konstant hielten und die Industrie ihre Emissionen sogar um neun Prozent senken konnten. Daraus folgt: Wenn es den Aufwärtstrend im Transportbereich nicht bricht, wird Europa seine Klimaschutzziele verfehlen."[216]

Anfang März 2007 tritt VDA-Präsident Gottschalk zurück, dem ein schlechtes Krisenmanagement in der Klimadebatte vorgeworfen wird. Nachfolger wird der ehemalige Bundesverkehrsminister Matthias Wissmann (CDU), der schon zu seiner Amtszeit (1993 bis 1998) beste Kontakte zum VDA hatte.

Die Bundesregierung Merkel und das Tempolimit

Das Ritual ist eine motorische Aktivität, bei der sich die Beteiligten symbolisch zu einer gemeinsamen Unternehmung zusammenfinden. Murray Edelman, *Politik als Ritual*

Die deutsche Autoindustrie hintertreibt also erfolgreich die EU-Klimapolitik. Sie wird tatkräftig unterstützt von Bundeskanzlerin Angela Merkel und den Bundesministern für Verkehr Tiefensee (SPD) und für Wirtschaft Michael Glos (CSU). Auch EU-Industriekommissar Verheugen knickt im Januar 2007 vor der deutschen Autoindustrie ein. Er warnt vor „hysterischem Aktionismus" und betont den „außerordentlich kleinen Anteil" der Pkw an den CO_2-Emissionen. EU-Kommissionspräsident José Manuel Barroso setzt daraufhin die Pläne zum Klimaschutz in der Automobilindustrie von der Tagesordnung der EU-Kabinettssitzung ab. „Die vollmundige Ankündigung der Bundeskanzlerin, Fortschritte im Klimaschutz zum Schwerpunkt sowohl der deutschen EU-Ratspräsidentschaft als auch ihres G8-Vorsitzes zu machen, endet nach drei Wochen als Rohrkrepierer", schreibt die DUH in einer Pressemitteilung vom 23. 1. 2007. Zur Erinnerung: Die deutschen Hersteller BMW, Volkswagen, DaimlerChrysler und Porsche klagen in den USA mit den amerikanischen Autoherstellern gegen die Begrenzungen des Spritverbrauchs von Neuwagen in Kalifornien. Ihr Argument vor Gericht, Kohlendioxid sei nicht als Luftschadstoff einzustufen, ist übrigens identisch mit der Position der Bush-Regierung zur Klimadebatte im Gefolge von Kyoto.

Bundesverkehrsminister Tiefensee lehnt im Januar den sogenannten Flottenverbrauch, der den maximalen Durchschnittswert eines Herstellers vorschreibt, ganz ab und fordert die Einteilung in verschiedene Fahrzeugklassen. Der deutsche Bundesumweltminister Sigmar Gabriel (SPD) zeigt sich erstaunt über seinen Parteikollegen Günter Verheugen, der sich gegen eine gesetzliche Regelung ausgesprochen hat: „Wir brauchen eine gesetzliche Regelung. Jeder weiß, dass die Autoindustrie ihre Selbstverpflichtung nicht erreichen wird."

Bundeskanzlerin Merkel äußert in *Bild am Sonntag* Anfang Februar 2007 eloquent: „Die Diskussion über ein generelles Tempolimit sehe ich nicht." Sie wolle „mit aller Kraft" für eine nach Autoklassen gestaffelte Verminderung des Kohlendioxidausstoßes eintreten. Wirtschaftsminister Glos wettert: „Die Pläne, die Dimas und Umweltminister Sigmar Gabriel gegen die deutsche Autoindustrie verfolgen, müssen dringend gestoppt werden." Die geplanten Grenzwerte seien „für uns unannehmbar." (Glos sollte – Pech für das Klima – letztlich erfolgreich bleiben.) Der Wirtschaftspolitiker Laurenz Meyer (CDU) sieht „einen Anschlag auf die Arbeitsplätze der deutschen Autoindustrie"; das Ganze sei „wirtschaftspolitischer Wahnsinn". In einem Brief vom 26. 1. 2007 an den Präsidenten, die Vizepräsidenten und alle Mitglieder der Europäischen Kommission schreiben dann die deutschen Autohersteller u. a. an die EU:

„Stattdessen soll die Last einseitig auf die Schultern der Automobilindustrie gelegt werden, indem ab dem Jahr 2012 ein Grenzwert von 120 g CO_2 pro Kilometer gelten soll … dass Auto-Exporte leiden und -Importe steigen, der Absatz von Ober- und Mittelklassewagen dramatisch zurückgehen würden und Arbeitsplätze aus der EU verlagert würden … Ein alleine auf die Automobilindustrie bezogener Grenzwert von 120 g CO_2/km für 2012 ist nicht zielführend und innerhalb eines 5-Jahres-Zeitraums technisch nicht erfüllbar. Mit freundlichen Grüßen: Norbert Reithofer, BMW Group; Bernhard Mattes, Ford-Werke GmbH; Hans Demant, Adam Opel GmbH; Martin Winterkorn, Volkswagen AG; Dieter Zetsche, DaimlerChrysler".

Es überrascht wohl nicht mehr sonderlich, dass die Autolobbyisten damit Erfolg haben. Der Ausstoß von CO_2 der europäischen Autohersteller soll nur noch pro forma von heute 160 auf 120 Gramm im Jahr 2012 sinken; 10 Gramm sollen allerdings mit Biosprit, effizienteren Klimaanlagen, optimalem Reifendruck und anderen Placebos verrechnet werden können. Außerdem soll diese Marge auf alle europäischen Autohersteller umgerechnet werden. Der Verteilungsschlüssel ist bislang unklar, außer dass sehr wahrscheinlich die deutsche Autoindustrie mit ihren schweren Modellen davon profitieren wird. Dazu kündigt die Kommission an, bis 2020 einen Ausstoß von 95 Gramm pro Kilometer zu erreichen. Von den 140 g CO_2 im Jahr 2008 ist schon gar keine Rede mehr.

Im Übrigen wird auch der Biosprit das Energieproblem nicht wirklich lösen. Ende Januar 2007 protestieren Zehntausende Menschen gegen den Preisanstieg der Tortillas in Mexiko: Das Grundnahrungsmittel Maismehl hat sich wegen der wachsenden US-amerikanischen Nachfrage nach Ethanol aus Mais dramatisch verteuert. Die Auswirkungen auf die weltweite Landwirtschaft mit Monokulturen etc. sind absehbar. Auch die Rodung tropischer Urwälder gehört dazu – eine der Folgen der boomenden Palmölplantagen in Südostasien. Christian Wüst schreibt im *Spiegel*: „Arme Länder liefern zunehmend Pflanzenöle zur Biodieselverarbeitung an den Hauptabnehmer Europa … Ungebremst steuern die Ökopioniere auf ein Szenario zu, in dem Menschen hungern, damit andere fahren können: Erntedank im Autotank als Totalschaden der mobilen Gesellschaft?"[217] Also: Wie viele Hektar braucht die Mercedes S-Klasse, der Audi Q 7, ein 7er BMW, ein Porsche Cayenne – und wie viele Menschen müssen dafür hungern, wie viel Urwald wird dafür gerodet?

Wolfgang Roth schreibt Ende Januar in der *Süddeutschen Zeitung* in seinem Kommentar „Automobile Kraftmeier": „Die deutsche Autoindustrie hat sich in eine Sackgasse manövriert. Es fährt sich noch recht zügig in dieser Sackgasse, weil der Wendepunkt ein Stück weit entfernt ist." Die Autoindustrie hatte seit 1998 ihre Chance. Sie hat sie nicht nur nicht genutzt, sondern noch draufgesattelt. Es war ja eine *freiwillige* Selbstverpflichtung der Europäischen Autohersteller gewesen, um sich vor verbindlichen Gesetzen zu schützen. Aber 1998 bis 2008, also zehn Jahre, haben den deutschen Herstellern nicht gereicht. Nun liegt die edle deutsche Autoflotte 2007 weit über den vereinbarten Grenzwerten. Woher wissen wir, dass die deutschen Autohersteller bis 2012 die neuen Grenzwerte einhalten werden oder wiederum nur sagen: Oh pardon, das war nicht zu machen, die Frist zu kurz, unsere Autos sind zu dick und zu schnell. „Deutschland entwickelt sich zum größten Bremsklotz im Klimaschutz", sagt Wolfgang Lohbeck von Greenpeace. Daran wird auch die euphorisch von Bundesverkehrsminister Tiefensee angekündigte CO_2-basierte Kfz-Steuer nur wenig ändern: Es ist ein moderner Ablasshandel. Reichere kaufen sich frei und rasen, Ärmere leiden darunter.

Am 3. März 2007 äußert Umweltminister Gabriel, ein Tempolimit von 130 km/h sei vor allem deshalb interessant „weil damit schwere Unfälle und die Zahl der Toten und Schwerverletzten reduziert werden kann" – aber es sei kein Durchbruch in der Klimaschutzpolitik. Am 11. März erneuert EU-Kommissar Dimas seine Forderung nach einem deutschen Tempolimit. Am 12. März lehnen Tiefensee und inzwischen auch Gabriel diese Forderung ab. Gabriel nennt das Tempolimit nun einen „Nebenkriegsschauplatz" und will den Bürgern attraktive Autos nicht vermiesen: „Ich bin nicht die Spaßbremse vom Dienst." Ein Sprecher von Tiefensee beziffert nun die CO_2-Reduzierung durch ein Tempolimit von sogar 100 km/h mit lächerlichen 0,6 Prozent. (Wieso eigentlich nicht gleich 0,6 *Promille* – da es sich doch sowieso nicht mehr um realistische Werte handelt?) EU-Industriekommissar Günter Verheugen und SPD-Fraktionsvorsitzender Peter Struck sprechen von „Klimahysterie".

Unentschlossen zeigt sich vorerst der SPD-Vorsitzende Kurt Beck: Mitte Februar 2007 lehnt er ein Tempolimit auf Autobahnen mit der Begründung ab, dass es auf mehr als 90 Prozent der deutschen Straßen bereits Geschwindigkeitsbegrenzungen gebe und „Symbolpolitik" nicht weiterhelfe. Mitte März 2007 sagt er *Bild*: „Für ein Tempolimit bin ich offen, wenn es eingebettet ist in ein Gesamtkonzept."

Seit Ende 2006 weist Tiefensee permanent darauf hin, dass nur auf zwei bis drei Prozent des Straßennetzes kein Tempolimit besteht, die Durchschnittsgeschwindigkeit auf Autobahnen ohnehin nur bei 120 km/h liege, der CO_2-Ausstoß durch ein Tempolimit nur um 0,6 Prozent verringert würde und durch Staus höher sei und deshalb die Verkehrsleitsysteme ausgebaut werden müssten. Das sind exakt die Argumente der Bundesminister Dollinger, Warnke, Zimmermann, Wissmann, Krause, Müntefering, Klimmt, Bodewig, Stolpe … Kann denn in dem riesigen Bau- und Verkehrsministerium dem armen Mann niemand einen neuen EDV-Satzbaustein eintippen, eine neue Worthülse finden oder eine andere Sprechblase ausdenken? Das ist nicht nur peinlich, sondern auch langweilig für den Chronisten und das Publikum.

Das Merkwürdige an diesem Rückblick auf das Frühjahr 2007 mit den Argumenten aus der Achtzigerjahren: Eine neue Generation Redenschreiber muß die alten „Argument" von damals aus Datenbeständen übernommen haben. Das Denken des 19. Jahrhunderts mit der Überheblichkeit des 20. Jahrhunderts verhindert jede Lösung der Probleme des 21. Jahrhunderts.

Mitte März 2007 scheint alles auf einen ökologischen Kuhhandel hinauszulaufen. Umweltminister Gabriel spricht nicht mehr vom Tempolimit, sondern von völlig neuartigen Technologien der Autokonzerne. Dafür steht ihm Bundeskanzlerin Merkel beim Ausstieg aus der Atomenergie zur Seite: also kein Tempolimit gegen den Ausstieg aus der Atomkraft? Historisch und politisch wahrscheinlicher ist: kein Tempolimit *und* kein Ausstieg aus der Atomenergie …

Die deutsche Regierung fährt es ja vor: An der Spitze liegt nach dem Ranking der Deutschen Umwelthilfe Finanzminister Peer Steinbrück (SPD) mit einem Mercedes S 600 und 517 PS (340 g CO_2 pro km), dicht gefolgt von Gesundheitsministerin Ulla Schmidt (SPD) im Mercedes S 500 und dem Rest des Kabinetts. Und im Gefolge von EU-Präsidentschaft und Klimadebatte produzieren die deutsche Bundeskanzlerin und ihre Politikkollegen so viel heiße Luft, dass man damit ganze Trabantenstädte hätte heizen können.

Anfang Februar 2007 stellt der *Spiegel* die Frage: „Sind Sie für ein generelles Tempolimit auf deutschen Autobahnen, um den Ausstoß von klimaschädlichen Treibhausgasen zu verringern?" Mit Ja antworten 60 Prozent – 51 Prozent Männer, 68 Prozent Frauen; mit Nein 39 Prozent – 48 Prozent Männer, 31 Prozent Frauen. Ende Februar ruft der Vorsitzende der Katholischen Bischofskonferenz, Kardinal Karl Lehmann, als „persönlicher Beitrag zur Verbesserung des Klimas" zum österlichen „Autofasten" auf. Eine Gruppeninitiative von Bundestagsabgeordneten aller Fraktionen zur schnellen Einführung eines Tempolimits wird Mitte März 2007 zunächst nicht weiterverfolgt.

Die Autoindustrie erweist sich auch im Frühjahr 2007 als nicht lernfähig. VW-Chef Winterkorn erklärt im *Spiegel*-Interview Anfang März 2007 zu seinem Lieblingsprojekt, dem neuen Zwölfzylinder-Diesel mit 500 PS: „Dieser Motor verbraucht ... im Durchschnitt 11,9 Liter auf 100 Kilometer. Ist das eine Katastrophe? Sollen wir künftig alle Trabi fahren?“ (11,9 Liter Diesel sind reichlich über 300 g CO_2 pro km!)

Porsche-Chef Wendelin Wiedeking bleibt in einem Interview mit der *Frankfurter Allgemeinen Sonntagszeitung* Anfang März im Bild: „Die Trabi-Dominanz hatten wir schon einmal in einem Teil Deutschlands; der Sozialismus würde dann auf unseren Straßen wieder fröhliche Urständ feiern.“ (Porsche „führt“ beim CO_2-Ausstoß mit 297 Gramm CO_2 pro Kilometer. Also: Porsche statt Sozialismus!)

Und der neue Audi-Vorstandsvorsitzende Rupert Stadler poltert Ende Februar triumphierend: „Wir sind keine Sozialhilfestation, wir sind ein Wirtschaftsunternehmen ... Das Thema CO_2 ist nun hinreichend plattgetreten in der Öffentlichkeit, die Gesellschaft wird in einigen Wochen wieder auf den Boden der Realität zurückkehren.“

Damit soll diese Chronologie beendet werden.

Auto-Vision 2015: I

– Audi, BMW, VW und Mercedes bieten ihre Spitzenmodelle jeweils von 300 bis 700 PS an, ebenso ihre großen Geländewagen, die inzwischen 2600 Kilogramm wiegen.

– Die schwächsten deutschen Kleinwagenmodelle beginnen bei 150 PS. Sie wiegen 1400 Kilogramm und verbrauchen nicht unter sieben Liter Superbenzin (220 g CO_2 pro Kilometer).

– Der Liter Kraftstoff kostet 3,80 Euro.

– Toyota ist mit sparsamen Modellvarianten zwischen drei und fünf Litern die Nummer eins in Europa und in Deutschland geworden.

– Der VW-Konzern importiert seine Kleinwagenmodelle aus China; die Verkäufe der großen Modelle stagnieren im In- und Ausland. Die Belegschaft muss halbiert werden.

– Die deutsche Autoindustrie hat Kurzarbeit eingeführt und produziert auf Halde. Inzwischen arbeitet noch jeder 15. in der Autoindustrie.

– Die deutsche Autoindustrie protestiert vehement gegen das EU-Limit von 130 g CO_2 pro Kilometer, das eigens für die Deutschen bis 2015 verlängert wurde: Es sei so kurzfristig nicht einzuhalten und eine Diskriminierung der deutschen Autotradition. Derzeit liegt ihr Flottenverbrauch unverändert bei 183 Gramm.

– Der CO_2-Gehalt in der Atmosphäre ist auf 455 ppm gestiegen. Der letzte deutsche Gletscher auf der Zugspitze ist verschwunden. Versicherer versichern nicht mehr gegen Sturmschäden.
– Der neue Bundesverkehrsminister spricht sich auf der ADAC-Jahresversammlung gegen ein Tempolimit aus.

Auto-Vision 2015: II
– Die Kapazität des Straßensystems hat sich durch das Tempolimit auf den Autobahnen, aber auch durch Tempo 80 km/h auf Landstraßen stark verbessert: Neubauten wurden kaum mehr benötigt.
– In ganz Europa gilt in Übereinkunft mit allen Regierungen ein Tempolimit von 100 km/h. Die Fahrtzeiten haben sich überraschenderweise kaum verlängert, weil Unfälle und Staus stark zurückgingen.
– Die Europäische Gemeinschaft hat das „Top-Runner-Model" von Japan übernommen: Nur die jeweils besten Fahrzeugtypen bleiben langfristig auf dem Markt. Die Produktion aller Modelle über 200 g CO_2 pro Kilometer muss eingestellt werden.
– Auf dem deutschen Automarkt werden vor allem leichte, komfortable Fahrzeuge und Kombis abgesetzt, die systematisch nur bis maximal 140 km/h ausgelegt sind.
– Die deutschen Kleinwagenmodelle mit Leichtbauweise beginnen bei 30 PS. Sie wiegen unter 600 Kilogramm und verbrauchen weniger als zwei Liter Kraftstoff. Die Durchschnittsemission aller Modelle liegt unter 80 Gramm CO_2 pro Kilometer.
– Neue Modelle von Mitfahrsystemen, Carsharing und sozialer Mobilität werden vom Staat gefördert, von der Bevölkerung angenommen und von Universitäten, Initiativen und Industrie weiterentwickelt.
– Die Kosten im Gesundheitswesen sind durch den Rückgang der Verkehrsunfälle weiter gesunken.
– Der Liter Kraftstoff kostet 3,80 Euro; von den Steuereinnahmen fließt ein großer Teil in Umweltprojekte. Der Durchschnittsverbrauch des Gesamtbestands sinkt kontinuierlich.
– Der CO_2-Gehalt in der Atmosphäre hat sich durch die weltweiten Maßnahmen zum Klimaschutz vor allem auch im Verkehrs- und Kraftwerkssektor stabilisiert. Bis 2050 will man durch diese und eine Vielzahl anderer Maßnahmen eine positive Wende erreichen.
– Die Kosten im Gesundheitswesen durch den Verkehrssektor sind merklich gesunken.

– Der komplette Fuhrpark der Bundesregierung ist mit den neuen Prestigemodellen unter 70 g CO_2 pro Kilometer ausgestattet worden – für den Fall, dass keine öffentlichen Verkehrsmittel benutzt werden können.
– Die neue Bundesverkehrsministerin spricht sich auf der ADAC-Jahresversammlung für den Primat des öffentlichen Verkehrs nach Schweizer Vorbild aus.

4. Kapitel: Einige Argumente für ein Tempolimit (Kurzfassung)

Warum 80 km/h auf Landstraßen

Wie schon in der Diskussion der Achtzigerjahre deutlich wurde, bringt ein Autobahn-Tempolimit große Vorteile auf vielen Gebieten. Gleichzeitig ist auch ein niedrigeres Tempolimit von 80 km/h auf den Landstraßen sinnvoll und nötig: Zum einen gibt es dann keine Verlagerung des Verkehrs von der Autobahn auf Landstraßen. Zudem werden dort wiederum in hohem Maß Unfälle vermieden, aber auch entsprechend weniger Kraftstoff verbraucht und damit Luftschadstoffe emittiert.

Emissionen

– Rückgang der CO_2-Emissionen im zweistelligen Prozentbereich und Vermeidung anderer primärer und sekundärer Emissionen; – Vermeidung der sogenannten Volllastanreicherung – Rückgang des Erdölverbrauchs, Rückgang der Kraftstofftransporte und der Kraftstoffverluste.

Unfallentwicklung

– Verbesserung der Verkehrssicherheit für Pkw und Motorräder (wichtig!), Kleinlaster und Lkw; – Rückgang der Verkehrsunfälle auf den Autobahnen; – Rückgang der Verkehrsunfälle auf den Landstraßen; – Rückgang der Verkehrsopfer bei Getöteten, Schwerverletzten, Leichtverletzten und Langzeitgeschädigten; – Rückgang von Rehabilitationsmaßnahmen und dadurch Entlastung des gesamten Gesundheitswesens.

Änderung der Fahrzeugmodelle

– Unterstützung des *downsizing*, einer Umschichtung im Fahrzeugbestand; – Pkw können bei konsequenter Auslegung auf z. B. 120 km/h bei besserer Sicherheit wesentlich leichter werden; – dies reduziert den Materialeinsatz und den Energieverbrauch; – der Ersatz von großen Pkw durch kleine, leichtere Pkw reduziert den gesamten Kraftstoffverbrauch; – die Lärmemissionen werden stark abgesenkt; – Einsparung der Ressourcen.

Fahrzeugtechnik

– Verbilligung der Fahrzeuge bei Erhöhung der Umweltfreundlichkeit; – hohe Einsparung beim Kraftstoffverbrauch; – geringere Betriebskosten; – geringere Abnützung der Autoreifen; – längere Haltbarkeit des Motoröls für mehr Kilometer Fahrleistung; – geringere Abnutzung; – erhöhte Haltbarkeit von Motor und Getriebe.

Vorteile für Autofahrer
– Beeinflussung eines sozialeren Verkehrsverhaltens auf lange Sicht; – Abbau von Stress und eine insgesamt entspanntere Fahrweise; – Vermeidung von Konfliktsituationen, Aggressionsabbau, höhere Sicherheit; – Befreiung vom Druck aggressiv auffahrender Schnellfahrer; – geringere Gefahr von Kolonnenbildungen oder Staus; – geringere Gefahrensituationen durch gleichmäßigen Verkehrsfluss und Verstetigung der Geschwindigkeit; – die Entschleunigung eröffnet ein neues Lebensgefühl; – die automobile Mobilität der immer zahlreicheren älteren Verkehrsteilnehmer wird ermöglicht und gesichert; – weniger Kraftstoffverbrauch = weniger Kosten.

Verkehrsfluss
– Erhöhung der Gesamtkapazitäten im System Straßenverkehr; – dadurch weitgehende Einsparung von Straßenneubauten; – Harmonisierung des Verkehrsflusses; – Reduzierung der Geschwindigkeitsdifferenzen; – weniger Staubildung, weniger Unfälle; – dadurch zügige Reisegeschwindigkeiten möglich; – Reisezeitvorteile der Bahn gegenüber dem Pkw; – neue teure Bahn-Hochgeschwindigkeitsstrecken können entfallen; – Harmonisierung der europaweiten Verkehrsverhältnisse.

Straßenbau
– Flächeneinsparungen beim Straßenbau durch reduzierte Straßenquerschnitte; – Einsparungen beim Lärmschutz und bei der Trassierung neuer Strecken; – Senkung der Investitionskosten des Straßenverkehrs; – extrem kostspielige und energieaufwendige flexible Verkehrsleitsysteme können entfallen; – Einsparung von Betriebs-, Wartungs- und Energiekosten für derartige Anlagen; – Abbau des Schilderwaldes; – Einsparung von Lärmschutzmaßnahmen.

Autoindustrie
– Ein Tempolimit beschleunigt den dringend erforderlichen Anpassungsprozess der deutschen Autoindustrie an die längst eingetretenen ökologischen (Klima!) und ökonomischen (Energiepreis!) Realitäten; – negative Einflüsse auf die Beschäftigungssituation in der Automobilindustrie können nur über diesen Anpassungsprozess vermieden werden; – die Hochgeschwindigkeitstechnologie der deutschen Autoindustrie ist kein wirklicher technischer Fortschritt, sondern geht in die falsche Richtung; – ein Tempolimit fördert den echten technischen Fortschritt: Japanische und europäische Fahrzeughersteller haben beim Publikum inzwischen großen Erfolg; – dieser Anpassungsprozess wird in jedem Fall kommen, siehe USA, wo die Spritfresser auf Halde stehen.

Tempolimit: Ein Vorschlag des Autors zur simplen Kontrolle

Beim Nichtanlegen des Gurtes ertönt bei modernen Pkw ein akustisches Warnsignal, das immer lauter wird. Genauso kann europaweit ein Tempolimit von (zum Beispiel) 120 km/h gehandhabt werden: Ein Warnsignal ertönt ab diesem Tempo. Keine weiteren Kontrollen sind nötig, keine Armada von Polizisten, keine Radarfallen. Die Kosten sind marginal. Und der Spuk hat ein Ende.

5. Kapitel: In Zukunft – Aufruf zum Umdenken

Exkurs: Auf dem Weg zur Osterinsel

Jared Diamond beschreibt in seinem Buch *Kollaps – Warum Gesellschaften überleben oder untergehen* das Schicksal der Osterinsel. Sie ist einer der entlegensten Orte der Erde und besteht aus drei Vulkanen, deren Ausbrüche vor langer Zeit mit großen Lavamengen für fruchtbaren Boden gesorgt haben. Sie wurde etwa um 900 n. Chr. von Polynesiern besiedelt und hatte eine geschätzte Höchstbesiedelung zwischen 6000 und 30 000 Menschen. Die Gesellschaft der Osterinsel war nach ihrer Gründung bis zu ihrer Wiederentdeckung 1722 weitgehend isoliert, ihre Entwicklung wurde weder durch Feinde oder Freunde von außen beeinflusst noch durch Klimaveränderungen. Wegen ihrer isolierten Lage gilt die Osterinsel als eindeutiges Beispiel für eine Gesellschaft, die sich durch übermäßige Ausbeutung ihrer eigenen Ressourcen selbst zerstört hat.

Die Osterinsel ist vor allem wegen ihrer 887 Steinstatuen berühmt, die jeweils meist vier Meter hoch und zehn Tonnen schwer sind. In einem Steinbruch fand man noch größere, unvollendete Statuen. Die verschiedenen Häuptlinge versuchten sich gegenseitig im Bau von Plattformen und Statuen zu übertreffen; das lässt auf erbitterte Konkurrenz schließen. Nachdem die Gesellschaft der Osterinsel im Hinblick auf Bevölkerungszahl, Bau von Denkmälern und Eingriffe in die Umwelt ihren Höhepunkt erreicht hatte, folgte sehr schnell der Zusammenbruch. Jetzt gingen die konkurrierenden Sippen dazu über, nicht immer größere Statuen zu errichten, sondern die Statuen der anderen umzuwerfen; man kippte sie nach vorn, damit sie auf den Steinplatten zerbrachen. 1868 stand einem Bericht zufolge keine einzige Statue mehr. Heute sieht man überall auf der Insel Geröllhaufen mit zerbrochenen Statuen.

Die Osterinsel war ursprünglich ein Paradies mit einem subtropischen Wald. Dort wuchs eine Palmenart mit einer Höhe von 20 Metern, die vielfältig genutzt werden konnte. Die Abholzung der wertvollen Wälder begann kurz nach dem Eintreffen der ersten Menschen, erreichte um 1400 ihren Höhepunkt und war zwischen dem 15. und 17. Jahrhundert abgeschlossen. Als 1722 die ersten Europäer kamen, gab es auf der Osterinsel nur sehr wenige Bäume, die höchstens drei Meter hoch waren. Was war mit den Bäumen geschehen?

Der Bau, Transport und Aufbau der Statuen erforderte viele dicke Seile aus Baumrinde, dazu dicke Baumstämme für Schlitten, Leitern und Hebel. Der Wald wurde auch für Holzkohle verfeuert und für das Anlegen von Feldern gefällt. Die Errichtung der Statuen und Plattformen erforderte einen ungeheuren Aufwand an Lebensmitteln, Vorratshaltung, Transport und Verteilung, für den die Häuptlinge sorgen mussten. Die anfangs sehr üppigen Nahrungsquellen wurden knapp. Vögel, Delfine und Fische in Inselnähe wurden fast ausgerottet. Durch den Raubbau und die Abholzungen verschwanden schließlich die Pollen der letzten Palmen und anderer kostbarer Bäume; somit konnten auch keine Boote mehr gebaut werden. Der ehemals fruchtbare Boden wurde ins Meer geschwemmt. Heute ist die Osterinsel baumlos und karg: einer Wüste ähnlich.

Für den Zusammenbruch gab es zwei Hauptkomplexe: die ökologischen Eingriffe des Menschen, insbesondere die Abholzung der Wälder und die Vernichtung der Vogel- und Fischbestände, andererseits die Fixierung auf den Bau von Statuen und die Konkurrenz zwischen Sippen und Häuptlingen um den Bau immer größerer Statuen. Gleichzeitig blieben die Häuptlinge bis zum Schluss untätig angesichts der echten, großen Gefahren, die ihre jeweiligen Gesellschaften bedrohten. Autor Jared Diamond stellt die nahe liegenden Fragen: Warum sieht eine Gesellschaft die offenkundigen Gefahren nicht? Wie konnte sie die offenkundig katastrophale Entscheidung treffen, alle Bäume zu fällen, auf die sie angewiesen war? Und was dachte sich der Bewohner der Osterinsel, der gerade dabei war, die letzte Palme zu fällen? Diamond kommt zu dem Resümee:

> „Die Parallelen zwischen der Osterinsel und der ganzen heutigen Welt liegen beängstigend klar auf der Hand. Durch Globalisierung, internationalen Handel, Flugverkehr und Internet teilen sich heute alle Staaten der Erde die Ressourcen, und alle beeinflussen einander genau wie die zwölf Sippen auf der Osterinsel. Die Osterinsel war im Pazifik ebenso isoliert wie die Erde im Weltraum. Wenn ihre Bewohner in Schwierigkeiten gerieten, konnten sie nirgendwohin flüchten, und sie konnten niemanden um Hilfe bitten; ebenso können wir modernen Erdbewohner nirgendwo Unterschlupf finden, wenn unsere Probleme zunehmen …"

Zurück ins 21. Jahrhundert: Woher wissen *wir* so genau, dass *wir* klüger sind als die Bewohner der Osterinsel? Und was werden unsere Nachkommen über uns denken? Es besteht wahrlich kein Grund, sich über die Menschen der Osterinsel zu mokieren. Wir plündern unsere Erde gnadenlos aus, bis auch unsere in Jahrmillionen gebildeten Vorräte verschwunden sind. Und wir haben unsere eigenen Götzen und Fetische und Statuen. Der neue Airbus A 380 tankt 310 000 Liter Flugbenzin, die nach einem Langstreckenflug zum Großteil in einer klimatisch fragilen Höhe von 10 000 bis 12 000 Meter verbrannt werden; ähnlich bestürzend sind die Zuwachsraten im globalen Flugverkehr. In Dubai kann man bei plus 50° C Außentemperatur in einer Halle skilaufen und so weiter. Und nicht zuletzt gibt es die hier geschilderte deutsche Raserei mit irrwitzig hochmotorisierten Automodellen.

Die globalisierte Industriegesellschaft ist zur Pyromanenwelt geworden: verbrennen, verheizen, verbrauchen – und zwar möglicht viel, möglichst umfassend, möglichst schnell. Das ist keine neue Erkenntnis. Wir denken in der Ideologie des 19. Jahrhunderts und praktizieren die veralteten und pyromanen Techniken des 20. Jahrhunderts: Reichtum und Macht, grenzenloses Wachstum und generelle Machbarkeit. Das ist ein schlechtes Rüstzeug für das jetzige Jahrhundert im Zeichen des globalen Klimawandels.

Einfach aussteigen – Fragen an die Zuständigen

Wenn wir wollen, dass alles bleibt, wie es ist, dann ist nötig, dass sich alles verändert. Giuseppe Tomaso di Lampedusa

Fragen an die Herren der Autoindustrie

Wie die letzten Jahrzehnte und die Ereignisse zu Beginn des Jahres 2007 gezeigt haben, setzen Sie Ihre Ziele immer noch mit aller Härte durch. Wieso maßen Sie sich an, das künftige Erdklima negativ und irreparabel zu beeinflussen? Können Sie das verantworten, was Sie da treiben – auch im Hinblick auf das Leben Ihrer eigenen Nachkommen und der kommenden Generationen? Warum denken Sie nur in Kategorien von Umsatz und Gewinn und nicht auch in Kategorien der Zukunft: Ökologie und Ökonomie sind Parallelwelten.

Warum lassen Sie nicht zukunftsfähige und sinnvolle mobile Produkte entwickeln? Es kann doch keinen Spaß mehr machen, solche Bodenraketen zu entwickeln. Sie spüren doch selbst eine moralische Verantwortung angesichts der Klimaerwärmung, der zur Neige gehenden Rohstoffe, der endlichen Energien. Warum machen Sie Ihren Einfluss nicht geltend, um die permanente weitere Autoaufrüstung zu beenden? Es muss doch wesentlich mehr Spaß bereiten, sinnvolle und moderne Fahrzeuge und soziale Verkehrsmöglichkeiten zu entwickeln.

Stellen Sie sich einmal vor, welche immense technologische Energie, welches Wissen, welche Ingenieursintelligenz frei werden, wenn nicht weiter ein *Upgrading* der Modelle betrieben werden muss, sondern ein *Downgrading* einsetzen kann: Wenn das technische Wissen und die Forschung eingesetzt werden, um den Energieverbrauch zu senken, die Abgaswerte weiter zu reduzieren. Ihre Ingenieure und Ökonomen könnten doch angesichts der ökologischen Bedrohung der Welt Sinnvolleres in ihrer Arbeitszeit erschaffen als den neuen RSGTISLX. Oder den 12-Zylinder-Biturbo von 430 auf

460 PS zu liften. Ihre Techniker könnten Produkte schaffen, die nicht der Zerstörung dienen, sondern der Bewahrung der Natur und dem Überleben helfen. Um das Wort „Schwerter zu Pflugscharen“ umzumünzen: Rüsten Sie Ihre Autogeschosse und Geländepanzer wieder zu Fahrzeugen ab.

Das Automobil ist überhaupt nur zu retten, indem es ökologisch verändert und sozial transformiert wird. Sonst können sich die Enkel der heutigen Ingenieure und Automanager die Autos nur noch im Museum ansehen: weil es keine mehr geben wird. Und Ihre Kinder und deren Kinder werden mit Sicherheit unter den Folgen der heutigen Vorfahren zu leiden haben: unter Ihrer Verantwortungslosigkeit!

Fragen an die zuständigen Politiker

Es gibt viele vernünftige Politiker, und es gibt die, die gegen Tempolimits sind: Sie. Warum wehren Sie sich – inzwischen seit so vielen Jahrzehnten – gegen die Einführung eines Tempolimits? Wie können Sie damit leben, für jährlich zusätzlich Hunderte Tote und Tausende Verletzte im Straßenverkehr verantwortlich zu sein? Ist es Ihre eigene vermeintliche Wichtigkeit, der Termindruck, das dicke Dienstauto mit Chauffeur, die Ihnen vorgaukeln, es gehe nicht anders? Und Sie seien das Maß aller Dinge? Glauben Sie wirklich selbst an das, was Sie anderen zu diesem Thema erzählen? Außerdem hätten Polizei, Feuerwehren, Technisches Hilfswerk, Ärzte, Sanitäter wahrlich Besseres zu tun, als die Fahrbahnen abzusperren und die Unfallorte zu sichern, Blutkonserven und Bahren herbeizuschaffen und den Schrott zu beseitigen, die Scherben zusammenzukehren und die Stauauflösungen zu organisieren, wo oft Tausende von Autofahrern auf ein Weiterfahren warten.

Die Raserwünsche weniger Unverbesserlicher konnten und können nicht über eine erhöhte Kfz-Steuer oder eine angehobene Mineralölsteuer finanziert werden: Sie werden von der Mehrheit der Bürger bezahlt. Und die Altlasten werden von künftigen Generationen finanziert – angesichts der desolaten ökonomischen, sozialen und ökologischen Situation ist dies schlicht nicht mehr machbar: Auch Deutschland kann sich die Raserei nicht mehr leisten.

Deutsche Politiker brauchen auch gar nicht mit dem Finger auf den Energieverbrauch der US-Amerikaner zu zeigen: Die staatlich geförderte Raserei ist keinen Deut besser. Leider haben die deutschen Regierenden ähnliche Verhaltensmuster wie die amerikanischen: weiter so bis zum Schluss, ignorieren, leugnen, sich dumm stellen. Die Zukunft des Weltklimas und die Entwicklung der menschlichen Gesellschaft sind zu wichtig, um sie von den Interessen der Automobilindustrie bestimmen zu lassen. Denken Sie nicht nur in Wahlperioden und an eine Minderheit von Wählern, die rasen: Sie sollten an die Mehrheit der Bevölkerung und an die Überlebensbedingungen künftiger Generationen denken! Also handeln Sie endlich verantwortungsvoll!

Fragen an die Autoverbände
Gegen Tempo 50 km/ innerorts, gegen 100 km/h auf Landstraßen, gegen Gurtpflicht, gegen Tempolimit auf Autobahnen überhaupt: Wessen Interessen vertreten Sie eigentlich – das sind doch nicht die der Autofahrer? So votierten die ADAC-Mitglieder schon 1992 zu 50 Prozent für ein Tempolimit auf Autobahnen. Aber noch im Dezember 2006 nennt der ADAC-Präsident Tempo 120 km/h „einen albernen Vorschlag aus der ideologischen Klamottenkiste". Jetzt fallen alberne Ideologie und Klamottenkiste auf *Sie* zurück.

Fragen an vornehmlich männliche Autofahrer
Saurierfähige PS-Boliden, lastwagenähnliche Geländewagen mit der Beschleunigung von Sportwagen, Männer, die sich und ihre Familien für das neueste, noch höher motorisierte Modell bis zum Hals verschulden: Sind das alles Fälle für den Psychiater? Wenn es jemand nicht aushält, nicht zu rasen, sollte er sich schleunigst in Behandlung begeben.

Wenn wir jetzt auf dem automobilen Sektor nichts gegen die Klimakatastrophe unternehmen, werden wir demnächst nichts mehr unternehmen können. Brauchen Sie wirklich für Ihr Ego ein Hoch-PS-Geschoss, eine repräsentative Endzeitschaukel, einen automobilen Dino? Besteht ein besseres Leben darin, vom BMW 1er zum 3er zum 5er zum 7er aufzusteigen oder in 30 Jahren Berufsleben von der Mercedes C-Klasse zur S-Klasse oder vom Audi A 3 zum A 8? Sie können doch Ihr Geld in Wichtigeres, Schöneres, Sozialeres investieren, als es in die automobile Aufrüstung zu stecken, wo es nach wenigen Jahren ohnehin seinen Wert verloren hat.

Also, deutsche Raser: Der automobile Sandkasten war früher. Benehmen Sie sich endlich wie Erwachsene! Setzen Sie ein Signal und hören Sie sofort auf, *solche* Autos zu kaufen. Und wenn Sie ein Auto brauchen, kaufen Sie ein sinnvolles und sparsames Fahrzeug. *Small is beautiful.* Lassen Sie die Autoindustrie auf den Halden ihrer PS-Boliden sitzen. Es ist die einzige Sprache, die sie versteht. Außerdem ist es ganz einfach, aus diesen Autos auszusteigen.

Und niemand zwingt Sie, schnell zu fahren oder gar zu rasen. Entdecken Sie die Langsamkeit. Wie Sten Nadolny schrieb: „Was schnell kommt, ist schnell wieder vorbei."[218]

Epilog

Wenn man im *Terminus technicus* bleiben will: Es gibt gute Gründe, die industrielle Globalisierung als einen *Zu-Spät-Kapitalismus* zu bezeichnen, der mit Verspätung auf alles reagiert, alles zu spät erkennt, der alles verzögert und verhindert – nur zu seinem eigenen Untergang wird er notgedrungen rechtzeitig kommen. Das System erkennt zu spät die Folgen seines Handelns. Es steuert zu spät um. Es gibt zu spät seine Prämissen auf: Gewinne, Umsätze, Wachstum, Globalisierung. Einige ältere und jüngere Herren werden noch in ihren bewachten Arealen sitzen und das Wegbrechen der Gewinne, das Einbrechen des Umsatzes, den Niedergang der Märkte, den Ruin des ökologischen Systems beobachten können …

Kommende Generationen werden nicht nur den Kopf schütteln, sondern uns verfluchen, wenn sie sich vorstellen, dass einige wenige Generationen in der Jahrtausende zählenden Geschichte der Menschheit sich einbildeten, ihre Fortbewegung, ihren Lebensstil, ihre Konsumwut rasend und ineffizient bewerkstelligen zu müssen und damit das sich in Millionen Jahren gebildete Energiereservoir zu verfeuern, bis nichts mehr vorhanden ist. Und diese Generationen haben selbst nichts geschaffen und nur eines vollbracht: die Speisekammern zu leeren, die Energievorräte zu verbrennen und die Lebensgrundlagen der künftigen Generationen verdammt fragil zu machen. Schade, dass die wenigsten der heute dafür Verantwortlichen die Auswirkungen noch am eigenen Leib erleben oder zur Rechenschaft gezogen werden können.

Wollen wir wirklich die nachkommenden Generationen zu *lost generations* machen, zu verlorenen Generationen? Weil sie im schlimmsten Fall nicht einmal mehr heizen und kochen, kein Verkehrssystem mehr aufrechterhalten können? Weil wir sinnlos und gedankenlos alles verfeuert, verbrannt, verfahren, verflogen, verbraucht haben? Weil einige Generationen von Verwöhnten, die sich nicht bescheiden wollen, für die das Wort Verzicht ein Fremdwort ist, die immer auf das Extremste konsumieren möchten, die Zukunft der nachfolgenden Generationen verhindern?

Ein Tempolimit *allein* wird weder das System Autoverkehr zukunftsfähig machen noch vor der Klimakatastrophe retten können: Das reicht schon alles nicht mehr. Es ist eine notwendige, aber keine hinreichende Bedingung, wie es in der Mathematik heißt, eine Weichenstellung in die richtige Richtung, ein gerade für Deutschland wichtiger Schritt.

Grundsätzlich muss Verkehr vermindert, verlagert, vermieden werden. Was sonst noch nötig ist zur Rettung des Blauen Planeten: eine weitgehende Reduzierung des Flugverkehrs, ein Tempolimit auch für die Hochgeschwindigkeitsbahn, eine Umstrukturierung der Kraftwerke und eine Reduzierung des Stromverbrauchs, dazu die Einstellung aller Kriegshandlungen und der Rüstungsproduktion, um mit den frei werdenden Mittel die nötigen Programme zum Klimaschutz und zum Überleben zu ermöglichen. Die globalisierte Industrie wird nicht nur die ökologischen Grundlagen zerstören, sondern auch nicht mehr über die dazu nötigen ökonomischen Mittel verfügen, wenn sie so weitermacht. Wir haben längst den Weg der Osterinsel beschritten. Und jede Zeitverzögerung schränkt den Möglichkeitsspielraum kommender Generationen ein. Also lernen wir dazu – und lernen wir schnell! Sonst ist es für die nächsten Generationen zu spät.

★

Falls Sie mich fragen wollen, wie es mir mit der ganzen Geschichte geht: nun ja. Hoffnung ist eine Sklaventugend, schrieb der rumänische Denker E. M. Cioran. Als Soziologe hoffe ich nicht, sondern halte es ausnahmsweise mit Niklas Luhmann: dass man enttäuschungsfeste Erwartungen ausbilden muss.

München, im April 2007

Anhang:

Dank

Bedanken möchte ich mich zuallererst bei Daniela Grosse, Sylvia Hamberger und York von Wittern von der Gesellschaft für ökologische Forschung in München, sowie bei Monika Deischl, Mannheimer Versicherung, München; Axel Friedrich, Umweltbundesamt, Dessau; Hartmut Böttcher, München; Wolfgang Gartmann, München; Bernhard Henselmann, München; Ullrich Höpfner, Institut für Energie- und Umweltforschung (IFEU), Heidelberg; Stefan Huonder, Bereichsleiter, Eidgenössisches Department für Umwelt, Verkehr, Energie und Kommunikation UVEK, Schweiz; Harald Jenk, UVEK, Bundesamt für Umwelt (BAFU), Schweiz; Wolfgang Lohbeck, Greenpeace Hamburg; Gerd Lottsiepen, Verkehrsclub Deutschland (VCD), Berlin; Götz Michelmann, TÜV Nord, Essen; Shin Motoori, Japan Automobile Federation, International Affairs, Japan; Jürgen Resch, Deutsche Umwelthilfe (DUH), Berlin; Dieter Ridder, Bundesanstalt für Straßenwesen (BASt), Bergisch-Gladbach; Karsten Smid, Greenpeace Hamburg; Daniela Sommer, Deutsches Informationszentrum DIZ, München, Hubert Weinzierl, Präsident Deutscher Naturschutzring, Bonn; Marion Zellner, Süddeutsche Zeitung, München.

Ausgewählte Fachliteratur

Aktion umweltschonendes Fahren AUF: Nicht diese Schilder werden den Wald retten …, München, o. J.

Audi, Prospekte S3, RS4, A8, Q7, Ingolstadt 2006

Bode, Peter M., Hamberger, Sylvia, Zängl, Wolfgang, Alptraum Auto, Eine hundertjährige Erfindung und ihre Folgen, München 1986

Bundesanstalt für Straßenwesen:

– Abschätzung der Auswirkung einer Senkung der Höchstgeschwindigkeit auf das Unfallgeschehen im Straßenverkehr, Bergisch Gladbach 1984

– Aggressionen im Straßenverkehr (Christian Maag, Hans-Peter Krüger), Bergisch Gladbach 2003

Brief an den Präsidenten, die Vizepräsidenten und alle Mitglieder der Europäischen Kommission von Norbert Reithofer, BMW Group, Bernhard Mattes, Ford-Werke GmbH, Hans Demant, Adam Opel GmbH, Martin Winterkorn, Volkswagen AG, Dieter Zetsche, DaimlerChrysler AG, 26. 1. 2007

Bundesministerium für Verkehr, Bau- und Wohnungswesen, Verkehr in Zahlen, verschiedene Jahrgänge bis 2006/2007, Hamburg 2006

Burkhardt, Michael, Die gesellschaftlichen Kosten des Autoverkehrs, Freiburg 1980

Busse, Michael, Die Auto-Dämmerung, Frankfurt a. M. 1980

Dahl, Jürgen, Der Anfang vom Ende des Autos, Ebenhausen 1972

DaimlerChrysler 360 Grad – Umweltbericht 2005, Alles, was uns bewegt, Stuttgart 2005

DAT Deutsche Automobil Treuhand, Ostfildern (Hrsg.), „Leitfaden zu Kraftstoffverbrauch und CO_2-Emissionen aller neuen Personenkraftwagenmodelle, die in Deutschland angeboten werden“, Ausgabe 2006, 2007. Erstellt im Auftrag des VDA
Deutsche Renault AG, Katalysatoren und schadstoffarme Autos, Brühl 1984
Deutsche Umwelthilfe,
– Pressekonferenz 26. 10. 2005: Autobauer im Rückwärtsgang
– Presseerklärung 25. 10. 2006: Trauriger Rekord für deutsche Autohersteller …
– Pressemitteilung 23. 1. 2007: Deutsche Autoindustrie hintertreibt Klimapolitik,
– Pressemitteilung 28. 1. 2007: Glos kämpft gemeinsam mit Autobauern gegen den Klimaschutz und für mehr Spritfresser aus deutscher Fertigung,
– Pressemitteilung 30. 1. 2007:Einzigartige Chance im Klimaschutz nicht verspielen,
– Pressemitteilung 2. 2. 2007: Deutsche Umwelthilfe fordert Werbeverbot für Klimakiller,
– Pressemitteilung 5. 2. 2007: Kanzlerin Angela Merkel – die Schutzheilige der deutschen Autobauer,
Deutscher Bundestag
– Drucksache 13/6703 vom 14. 1. 1997: Antwort der Bundesregierung
– Drucksache 146. Sitzung vom 25. 1. 2001: Sitzungsprotokolle
Diamond, Jared
– Arm und Reich. Die Schicksale menschlicher Gesellschaften, Frankfurt a. M. 1998
– Kollaps. Warum Gesellschaften überleben oder untergehen, Frankfurt a. M. 2005
Didzoleit, Winfried, „Den Kuchen essen und aufbewahren, Bonner Eiertänze um Katalysator und Tempolimits“, in: *Vahrenholt, Fritz (Hrsg.),* Tempo 100 – Soforthilfe für den Wald, Reinbek 1984
Die Entwicklung der Straßenverkehrsunfälle in der Bundesrepublik Deutschland und in Berlin (West). Zusammenfassender Bericht (Heller-Bericht), Köln 1973; auch: Schriftenreihe Unfall- und Sicherheitsforschung Straßenverkehr, Heft 1, Bundesanstalt für Straßenwesen, Köln 1974
Dollinger, Hans, Die totale Autogesellschaft, München 1972
Durth, W. et al.: Fahrverhalten und Unfallentwicklung auf hessischen Autobahnen, Untersuchung im Auftrag des Hessischen Ministers für Wirtschaft und Technik, Schlussbericht, November 1989

Edelman, Murray, Politik als Ritual, Frankfurt a. M. 1976
Enquete-Kommission Schutz der Erdatmosphäre des Deutschen Bundestages (Hrsg.), Mobilität und Klima, Bonn 1994
European Federation for Transport and Environment, How Clean is Your Car Brand? October 2006

Gaßner, Robert, Kreibich, Rolf, Nolte, Roland, Zukunftsfähiger Verkehr – Neue Verkehrssysteme und telematisches Management, Weinheim und Basel 1997
Gore, Al, Eine unbequeme Wahrheit, München 2006

Hamberger, Sylvia, Baumeister, Oswald, Zängl, Wolfgang, Kein schöner Wald, München 1993
Heidemann, D., Hotop, R., Verteilung der Pkw-Geschwindigkeiten im Netz der Bundesautobahnen – Modellmodifikation und Aktualisierung, „Straße und Autobahn" 3/1990
Hiess, Helmut, Koch, Helmut, Niederle, Werner, Reiter, Helmut, Sonne, Jasna, Wie lange fahren wir noch? Wien 1984
Hilgers, Micha, Total abgefahren, Psychoanalyse des Autofahrens, Freiburg 1992
Höpfner, Ullrich
– „Langsamer fahren – Schadstoffe sparen; Was bringt ein Tempolimit für den Wald?", in: *Vahrenholt, Fritz (Hrsg.),* Tempo 100 – Soforthilfe für den Wald, Reinbek 1984
– „Spiel auf Zeit – Der Großversuch der Regierung", in: *Vahrenholt, Fritz (Hrsg.),* Tempo 100 – Soforthilfe für den Wald, Reinbek 1984
Holz, Hans-Christian, Traube, Klaus, Reduktion der Schadstoffemissionen der Pkw bei Begrenzung der zulässigen Geschwindigkeiten auf 100 km/h beziehungsweise 80 km/h auf Bundesautobahnen beziehungsweise Landstraßen. Schriftenreihe Energie und Gesellschaft, 23/1984, TU Berlin
Holzapfel, Helmut, Traube, Klaus, Ulrich, Otto, Autoverkehr 2000, Wege zu einem ökologisch und sozial verträglichen Straßenverkehr, Karlsruhe 1985

IFEU-Institut für Energie- und Umweltforschung, Heidelberg:
– *Dieter Teufel*, Materialien zum Waldsterben: Wirksamkeitsanalyse emissionsmindernder Maßnahmen im Verkehr, Bericht Nr. 35, Heidelberg, Oktober 1984
– *Dieter Teufel*, Materialien zum Waldsterben: Wirksamkeitsanalyse emissionsmindernder Maßnahmen – Schwefeldioxid, Stickoxide –, Bericht Nr. 40, erweiterte und aktualisierte Auflage, Heidelberg, Januar 1986
– *Höpfner, Ullrich, Schmidt, Mario, Sontheimer, Jürgen, Stotz, Eberhard, Teufel, Dieter, Bittner, Hans-Peter,* Die Entwicklung der Schadstoffemissionen aus dem Kfz-Verkehr, Eine Bilanz der Auswirkungen der EG-Beschlüsse und der steuerlichen Anreize zum schadstoffarmen Pkw, Heidelberg, 1985

Institute for European Environmental Policy (IEEP), London, im Auftrag des Europäischen Verbandes für Verkehr und Umwelt (European Federation for Transport & Environment, T & E, Brüssel), „How Clean is Your Car Brand?" Oktober 2006

Jörns, Klaus-Peter, Krieg auf unseren Straßen, Gütersloh 1992

Katalyse-Gruppe (Hrsg.), Der Auto-Knigge, Reinbek 1987
Kellermann, G., Geschwindigkeitsverhalten im Autobahnnetz 1992, in: „Straße + Verkehr" 5/1995
Klenke, Dietmar, „Freier Stau für freie Bürger", Die Geschichte der bundesdeutschen Verkehrspolitik 1949–1994, Darmstadt 1995

Kolbert, Elisabeth, Vor uns die Sintflut, Berlin 2006
Kraus, Jobst, Sackstetter, Horst, Wentsch, Willy (Hrsg.), Auto, Auto über alles? Freiburg 1987
Kuenheim, Eberhard von, „Das Mittelmaß wird Trumpf – Argumente gegen das Tempolimit“, in: *Vahrenholt, Fritz (Hrsg.),* Tempo 100 – Soforthilfe für den Wald, Reinbek 1984
Kreibich, Rolf, „Zukunftsfähiger Verkehr durch nachhaltige Mobilität“, in: *Gaßner, Robert, Kreibich, Rolf, Nolte, Roland*, Zukunftsfähiger Verkehr – Neue Verkehrssysteme und telematisches Management, Weinheim und Basel 1997

Lampedusa, Giuseppe Tommasi di, Der Leopard, München 1999
Langwieder, K., Sporner, A., Hell, W., Struktur der Unfälle mit Getöteten auf Autobahnen im Freistaat Bayern im Jahr 1991, HUK-Verband, Büro für Kfz-Technik, München 1994
Leber, Georg, Vom Frieden, Stuttgart 1979
Loske, Reinhard, Haass, Jörg, Müller-Kraenner, Sascha, Nestle, Ingrid, Ott, Hermann, Palmer, Boris, Schaeffer, Roland, Für einen neuen Realismus in der Ökologiepolitik, Papier zum Berliner Kongress der Grünen/Bündnis 90, 1. – 3. 9. 2006

Max-Planck-Institut für Meteorologie, (mit Umweltbundesamt), Künftige Klimaänderungen in Deutschland – Regionale Projekte für das 21. Jahrhundert, Hintergrundpapier, April 2006, aktualisiert im September 2006
Monheim, Heiner, Monheim-Dandorfer, Rita, Straßen für alle, Hamburg 1990

Nadolny, Sten, Die Entdeckung der Langsamkeit, München, Zürich 1983

Paul, Rainer, „„Entsprechend erzogen,, Erfahrungen in den USA mit Tempo 88“, in: *Vahrenholt, Fritz (Hrsg.),* Tempo 100 – Soforthilfe für den Wald, Reinbek 1984
Petersen, Rudolf, „Ein wirksamer, aber langwieriger Weg – Abgasverminderung durch Katalysatoren“, in: *Vahrenholt, Fritz (Hrsg.),* Tempo 100 – Soforthilfe für den Wald, Reinbek 1984
Porsche AG, Cayenne – Der dritte Porsche, Stuttgart 2003
Praxenthaler, Heinrich, Die Sache mit der Geschwindigkeit. Geschichte der Tempobeschränkungen im Für und Wider, Bonn 1999
Projektgruppe Tempo 100: Auswirkungen von Tempo 100 auf Verkehrsablauf und Unfallgeschehen, Bundesanstalt für Straßenwesen, Köln 1975
Projektgruppe Tempo 130: Auswirkungen einer Richtgeschwindigkeit im Vergleich zu einer Höchstgeschwindigkeit von 130 km/h auf Autobahnen. Bundesanstalt für Straßenwesen, Köln 1977

Reh, Werner, BUND (Hrsg.), Halbierung der CO_2-Emissionen der Pkw bis 2020, Berlin, o. J.

Sachs, Wolfgang
– Die Liebe zum Automobil: ein Rückblick in die Geschichte unserer Wünsche, Reinbek 1990
– „Ein Auto ist mehr als ein Auto – Der schwere Abschied von der unbegrenzten Geschwindigkeit", in: *Vahrenholt, Fritz (Hrsg.),* Tempo 100 – Soforthilfe für den Wald, Reinbek 1984
Schneider, Hans-Jürgen, Autofahren umweltfreundlich, München, Wien, Zürich 1985
Schöppner, Klaus-Peter, „‚Dem Wald zuliebe' – Meinungsumschwung bei den deutschen Autofahrern", in: *Vahrenholt, Fritz (Hrsg.),* Tempo 100 – Soforthilfe für den Wald, Reinbek 1984
Schramm, Gerhard, Wie hängt die Leistungsfähigkeit einer Straße von der Fahrgeschwindigkeit ab? Straßenverkehrstechnik, in: „Straße und Autobahn", Bielefeld, Juli 1959
Schroer, A. (Audi), „Der individuelle Einfluss des Fahrers auf das Emissionsverhalten des Fahrzeuges", in: Emissionsminderung Automobilabgase – Ottomotoren, Tagung der VDI-Kommission Reinhaltung der Luft, Nürnberg, 25. – 27. 9. 1984
Schweizer Werkbund SWB (Leonhard Fünfschilling, Hermann Huber, Hrsg.), Risse im Lack – Auf den Spuren der Autokultur, Zürich 1985
Seifried, Dieter, Gute Argumente: Verkehr, München 1990

Tafel, Hans Jörg, Kumm, Wido, Verkehrsbeeinflussung in einem rasterförmig verdichteten Autobahnnetz (Land Nordrhein-Westfalen), Opladen 1978
Traube, Klaus, „Viel Gewinn mit wenig Aufwand – Auswirkungen eines Tempolimits auf den Menschen", in: *Vahrenholt, Fritz (Hrsg.),* Tempo 100 – Soforthilfe für den Wald, Reinbek 1984
Typklassenverzeichnis Pkw, Kraftfahrzeughaftpflichtversicherung, Stand 1. 1. 2007

Umweltbundesamt Berlin (Hrsg.):
– Was Sie schon immer über Auto und Umwelt wissen wollten, Stuttgart, Berlin, Köln, Mainz 1983
– *Döldissen, Alice, Gorißen, Norbert, Zarske, Maja*, Umweltauswirkungen von Tempolimits, Berlin, Januar 1992
– *Gohlisch, Gunnar, Malow, Marion*, Umweltauswirkungen von Geschwindigkeitsbeschränkungen, Berlin 1999
– *Rodt, Stefan,* GRPE Off-Cycle Working Group, Off-Cycle.Emissions, Windsor/Canada, 11. 9. 2003
– Umweltauswirkungen von Geschwindigkeitsbeschränkungen, 5. 1. 2000
– CO_2-Minderung im Verkehr, September 2003
– Schmidt, Helge (RWTÜV), Feldüberwachung von Otto- und Diesel-Pkw der Grenzwertstufen EURO3, EURO3D4 und EURO4 unter Einbeziehung der im Betrieb befindlichen On Board Diagnose Systeme, der Volllastanreicherung und der Aktualisierung der Emissionsfaktoren für Kfz-Emissionsberechnungen (Feldüberwachung 5), Abschlussbericht/Entwurf, Stand 2. 10. 2006

Universitätsprofessoren des Verkehrswesens, Geschwindigkeitsbegrenzungen auf Bundesautobahnen, September 2004

Vahrenholt, Fritz, „Tempo 100 – Zeichen einer ökologischen Wende“, in: *Vahrenholt, Fritz (Hrsg.),* Tempo 100 – Soforthilfe für den Wald, Reinbek 1984
Vahrenholt, Fritz (Hrsg.), Tempo 100 – Soforthilfe für den Wald, Reinbek 1984
VDA Auto Jahresbericht 2003, Flexible Vorgaben statt starrer Tempolimits
VDA Auto Jahresbericht 2004
Verkehrsclub Deutschland, Kreisverband München, Mehr Lebensqualität durch weniger Auto, München 1992
Virilio, Paul
– Fahren, fahren, fahren ..., Berlin 1978
– Rasender Stillstand, München, Wien 1992
– Geschwindigkeit und Politik, Berlin 1980

Wille, Joachim, Die Tempomacher – Freie Fahrt ins Chaos, München 1988
Wolf, Winfried, Eisenbahn und Autowahn, Hamburg, Zürich 1992
Wright, Heidi, MdB, Positionspapier für ein allgemeines Tempolimit auf Autobahnen, 11. 9. 2006

Zängl, Wolfgang Auto-Bahn und Auto-Wahn, in : Bode, Peter M., Hamberger, Sylvia, Zängl, Wolfgang, Alptraum Auto, München 1986
Elektro-Autos: Nein danke! München 1992
– ICE – Die Geisterbahn. Das Dilemma der Hochgeschwindigkeitszüge, München 1993
– Der Telematik-Trick – Elektronischer Autobahngebühren, Verkehrsleitsysteme und andere Milliardengeschäfte, München 1995
Zängl, Wolfgang, Hamberger, Sylvia, Gletscher im Treibhaus – Eine fotografische Zeitreise in die alpine Eiswelt, Steinfurt 2004

Abkürzungsverzeichnis

A. a. O.	Am angegebenen Ort
ACEA	Verband der europäischen Automobilhersteller (Association des Constructeurs Européens d'Automobiles)
ADAC	Allgemeiner Deutscher Automobilclub
AKU	Arbeitskreis Umweltsicherung und Landesentwicklung (CSU)
AvD	Automobilclub von Deutschland
BAB	Bundesautobahnen
BASt	Bundesanstalt für Straßenwesen
BBU	Bundesverband Bürgerinitiativen Umweltschutz
BGH	Bundesgerichtshof
BMV	Bundesministerium für Verkehr

BMVBS	Bundesministerium für Verkehr, Bau und Stadtentwicklung
BN	Bund Naturschutz
BUND	Bund für Umwelt und Naturschutz Deutschland
BUS	Bundesamt für Umweltschutz (Schweiz; heute BAFU)
BZÖ	Bündnis Zukunft Österreich
CEMT	Konferenz der europäischen Verkehrsminister
CO	Kohlenmonoxid
CO_2	Kohlendioxid
DAG	Deutsche Angestellten-Gewerkschaft
DAV	Deutsche Alpenverein
DIZ	Deutsches Informationszentrum München
DIW	Deutsches Institut für Wirtschaftsforschung, Berlin
DNR	Deutscher Naturschutzring
DRIVE	Dedicated Road Infrastructure for Vehicle Safety in Europe
DUH	Deutsche Umwelthilfe
DVR	Deutsche Verkehrssicherheitsrat
Ebd.	Ebenda
EG	Europäische Gemeinschaft
EU	Europäische Union (ab 8. 11. 1993)
FPÖ	Freiheitliche Partei Österreichs
FR	Frankfurter Rundschau
FTD	Financial Times Deutschland
FTP 75	Federal Test Procedure 75, amerikanischer Fahrzyklus
GdED	Gewerkschaft der Eisenbahner Deutschlands
GdP	Gewerkschaft der Polizei
GDV	Gesamtverband der Deutschen Versicherungswirtschaft
GHK	Gewerkschaft Holz und Kunststoff
GUVU	Gesellschaft für Ursachenforschung bei Verkehrsunfällen
HC	Kohlenwasserstoffe
HUK	Fachverband Haftpflicht, Unfall und KFZ (heute: GDV)
IAA	Internationale Automobilausstellung (Frankfurt a. M.)
IEA	International Energy Agency
IEEP	Institute for European Environmental Policy
IFEU	Institut für Energie- und Umweltforschung Heidelberg
IGUMED	Interdisziplinäre Gesellschaft für Umweltmedizin
IPCC	International Panel on Climate Change
IPOS	Institut für praxisorientierte Sozialforschung
JAMA	Japan Automobile Manufacturers Association
KBA	Kraftfahrtbundesamt
Kfz	Kraftfahrzeug
KGRE	Ständige Konferenz der Gemeinden und Regionen Europas
km/h	Kilometer pro Stunde
KVDB	Kraftfahrzeugvereinigung Deutscher Beamter

LBV	Landesbund für Vogelschutz
mph	miles per hour
NEFZ	Neuer Europäischer Fahrzyklus gemäß Richtl. 91/441/EWG
Nm	Newtonmeter (Drehmoment)
NO_x	Stickoxide
NRW	Nordrhein-Westfalen
NABU	Naturschutzbund Deutschland
PDS	Partei des Demokratischen Sozialismus
ppm	parts per million
PROMETHEUS	PROgraMme for a European Traffic with Highest Efficiency and Unprecedented Safety
SO_2	Schwefeldioxid
StBA	Statistisches Bundesamt
StVO	Straßenverkehrsordnung
SUV	Sports Utility Vehicle
SZ	Süddeutsche Zeitung
t/a	Tonnen pro Jahr
TÜV	Technischer Überwachungsverein
UBA	Umweltbundesamt
UPI	Umwelt- und Prognoseinstitut Heidelberg
VCD	Verkehrsclub Deutschland
VCÖ	Verkehrsclub Österreich
VDA	Verband der Automobilindustrie
VDS	Verband der Schadensversicherer
VdTÜV	Vereinigung der Technischen Überwachungsvereine
VOC	volatile organic compounds, flüchtige organische Substanzen

Anmerkungen

1 International Panel on Climate Change 2007: The Physical Science Basis, Summary for Policymakers, Bericht 2. 2. 2007; Illinger, Patrick, „Der Wandel der Zahlen", in: SZ, 1. 2. 2007.

2 Diamond, Jared, *Kollaps – Warum Gesellschaften überleben oder untergehen,* Frankfurt a. M. 2005, S. 519.

3 *Verkehr in Zahlen 2006/2007,* S. 286.

4 *Verkehr in Zahlen 1993, 1997, 2006/2007,* S. 282f.

5 Kolbert, Elisabeth, *Vor uns die Sintflut, Berlin 2006, S. 13*

6 Boehringer, Simone, „Ölpreis von 200 Dollar ist realistisch", in: SZ, 8. 12. 2006.

7 *Verkehr in Zahlen 2006/2007,* S. 283.

8 *Verkehr in Zahlen 2006/2007,* S.136; S.167.

9 Bundesanstalt für Straßenwesen, *Aggressionen im Straßenverkehr* (Christian Maag, Hans-Peter Krüger), Bergisch Gladbach 2003, S. 36f.; S. 150ff.

[10] Schramm, Gerhard, „Wie hängt die Leistungsfähigkeit einer Straße von der Fahrgeschwindigkeit ab? Straßenverkehrstechnik", in: *Straße und Autobahn,* Bielefeld, Juli 1959; ich verdanke diesen Hinweis dem Verkehrswissenschaftler Jakob Kandler. Zusammenstellung aus: Zängl, Wolfgang, *Der Telematik-Trick,* München 1995, S. 31f.

[11] Zängl, a. a. O., S. 182ff.

[12] SZ, 25. 7. 1994: „EU fordert elektronische Verkehrsleitsysteme"; Zängl, a. a. O., S. 122.

[13] Holzapfel, Helmut, Traube, Klaus, Ulrich, Otto, *Autoverkehr 2000, Wege zu einem ökologisch und sozial verträglichen Straßenverkehr,* Karlsruhe 1985, S. 58f.

[14] Rodatz, Dieter, Klipp, Henning, Möller-Sonntag, Dierk, „Was kostet Vollgas?", in: *AutoBild* 19/2006.

[15] Holzapfel u. a., S. 52; Praxenthaler, Heinrich, *Die Sache mit der Geschwindigkeit. Geschichte der Tempobeschränkungen im Für und Wider,* Bonn 1999. Heinrich Praxenthaler hat hier eine sehr anschauliche Zusammenfassung über das Tempolimit bis 1998 mit dezenter Kritik an der Entwicklung geschrieben; er war zwei Jahrzehnte Präsident der Bundesanstalt für Straßenwesen (BASt).

[16] A. a. O., S. 12.

[17] Vgl. Zängl, Wolfgang, „Auto-Bahn und Auto-Wahn", in: Bode, Peter M., Hamberger, Sylvia, Zängl, Wolfgang, *Alptraum Auto, Eine hundertjährige Erfindung und ihre Folgen,* München 1986.

[18] Zitiert nach: Praxenthaler, a. a. O., S. 13.

[19] A. a. O., S. 18.

[20] Sachs, Wolfgang, „Ein Auto ist mehr als ein Auto – Der schwere Abschied von der unbegrenzten Geschwindigkeit", in: Vahrenholt, Fritz, *Tempo 100 – Soforthilfe für den Wald,* Reinbek 1984, S. 163.

[21] Praxenthaler, a. a. O., S. 19.

[22] Klenke, Dietmar, *„Freier Stau für freie Bürger", Die Geschichte der bundesdeutschen Verkehrspolitik 1949 – 1994,* Darmstadt 1995, S. 48ff.

[23] *Verkehr in Zahlen 1985,* S. 137.

[24] Leber, Georg, *Vom Frieden,* zitiert nach: Praxenthaler, a. a. O., S. 26.

[25] Klenke, a. a. O., S. 50; S. 91f.

[26] Praxenthaler, a. a. O., S. 33ff.

[27] Didzoleit, Winfried, „Den Kuchen essen und aufbewahren, Bonner Eiertänze um Katalysator und Tempolimits", in: Vahrenholt, Fritz, *Tempo 100 – Soforthilfe für den Wald,* Reinbek 1984, S. 129.

[28] Praxenthaler, a. a. O., S. 36.

[29] A. a. O., S. 39; vgl. auch Blüthmann, Heinz, Vorholz, Fritz, „Endzeit für Raser", in: *Die Zeit,* 19. 7. 1991.

[30] A. a. O., S. 40; Stellungnahme der Automobilindustrie für die Projektgruppe „Autobahngeschwindigkeiten" der BASt, 3. 5. 1977; unveröffentlicht.

[31] Cornelsen, Dirk, „Einen Verkehrstoten setzt das Ministerium mit 725 000 Mark an", in: FR, 23. 11. 1984.

[32] *Der Spiegel,* 8. 12. 1975: „Sicherheitsgurte – Furcht vor der Fessel".

[33] Zitiert nach: Zellner, Marion, „Oben ohne nur am Straßenrand", in: SZ, 24. 12. 2005.

[34] Tochtermann, Erwin, „Auf der Straße nur schwarzen Klotz gesehen", in: SZ, 20. 10. 1984.

[35] Tochtermann, Erwin, „Wahrscheinlich 1,99 Promille Alkohol im Blut", in: SZ, 24. 10. 1984; Henkel, Rolf, „Vier Gutachter erschüttern Wiesheus Unfalltheorie", in: *Abendzeitung,* 24. 10. 1984; SZ, 5. 11. 1983: „Wiesheu droht Schadenersatz".

[36] Riehl-Heyse, Herbert, „Ein Prozess der zwiespältigen Gefühle", in: SZ, 27. 7. 1985.

[37] Schneider, Christian, „Auf hartem Kurs gegen die Bosse", in: SZ, 19. 6. 1981.

[38] Meyer-Larsen, Werner, „Am Band der Industrie", *Der Spiegel,* 17. 9. 1984.

[39] Wille, Joachim, *Die Tempomacher – Freie Fahrt ins Chaos,* München 1988, S. 151; Arnsperger, Klaus, „Amerika bleibt bei den 55 Meilen", in: SZ, 4. 9. 1982.

[40] Schneider, Hans-Jürgen, a. a. O., S. 56f.; „Aktuelles Lexikon: US-Abgasgrenzwerte", in: SZ, 23. 3. 1985.

[41] IFEU-Institut für Energie- und Umweltforschung, Heidelberg, Dieter Teufel, „Materialien zum Waldsterben: Wirksamkeitsanalyse emissionsmindernder Maßnahmen – Schwefeldioxid, Stickoxide", Bericht Nr. 40, erweiterte und aktualisierte Auflage, Heidelberg, Januar 1986.

[42] Arnsperger, a. a. O.

[43] Schneider, Hans-Jürgen, a. a. O., S. 51.

[44] *Der Spiegel,* 11. 12. 1995: „Freie Fahrt nur in Montana"; SZ, 22. 2. 1997: „Höheres Tempolimit in den USA lässt Unfallzahlen steigen"; Urban, Martin, „Wir sind der Stau", in: SZ, 8. 7. 1998.

[45] Rossberg, Rudolf R., „Scharfe Schweizer", in: *Stern,* 29/1982.

[46] Vgl. „Die Bundesversammlung – Das Schweizer Parlament, Curia Vista, 06.3189 – Interpellation: Tiefere Tempolimiten auf Autobahnen, Antwort des Bundesrates vom 22. 9. 2006; Botschaft über die Volksinitiative, ‚Pro Tempo 130/100' vom 1. Juli 1987", 59 Bundesblatt 139. Jahrgang, Bd. II, Schweiz.

[47] Urban, Martin, „Zeit zum Alleingang gegen das Blei", in: SZ, 21. 6. 1983.

[48] Urban, Martin, „Im Kampf gegen Abgase tut Eile Not", in: SZ, 16. 7. 1983.

[49] Schneider, Christian, „Die Umstellung von arm auf frei", in: SZ, 5. 8. 1983.

[50] SZ, 26. 8. 1983: „Automobilindustrie gegen Bonner Abgaspläne".

[51] Urban, Martin, „Noch ein Gift, das aus dem Auspuff kommt", in: SZ, 12. 10. 1984; Faulstich, Heinz, „Auspuffgift konzentriert sich im Gebirge", in: SZ, 17. 4. 1985.

[52] Didzoleit, a. a. O., S. 130.

[53] SZ, 28. 10. 1983: „Grüne fordern Tempo 100 auf Autobahnen".

[54] SZ, 7. 11. 1983: „FDP gegen Tempolimit auf Autobahnen".

[55] Zitiert nach: Schneider, Hans-Jürgen, a. a. O., S. 52.

[56] A. a. O., S. 53.

[57] *Der Spiegel,* 8. 10. 1984: „Tempolimit: Taktik statt Taten".

[58] Didzoleit, a. a. O., S. 131.
[59] Vgl. Traube, Klaus, „Viel Gewinn mit wenig Aufwand – Auswirkungen eines Tempolimits auf den Menschen“, in: Vahrenholt, Fritz, *Tempo 100 – Soforthilfe für den Wald,* Reinbek 1984, S. 70.
[60] Holzapfel u. a., S. 114; Didzoleit a. a. O., S. 132.
[61] *Der Spiegel,* 8. 10. 1984: „Tempolimit: Taktik statt Taten“.
[62] SZ, 13. 2. 1984: „Zimmermann gegen Tempolimit“.
[63] Lewandowski, Jürgen, „Werbung der Autoindustrie – Einladung zum Unfallrisiko“, in: SZ, 10. 5. 1984.
[64] *Der Spiegel,* 24. 9. 1984: „Umwelt-Autos: Alles gar nicht wahr?“
[65] SZ, 19. 9. 1984: „Katalysator für neue Autos soll erst von 1989 an vorgeschrieben werden“.
[66] Werner, Hans, Behse, Peter, „Was alles aus dem Auspuff kommt“, in: *Stern,* 31/1984.
[67] IFEU 1984, S. 35, Zusammenfassung S.1ff. und Höpfner, Ullrich, „Am Katalysator führt kein Weg vorbei“, in: SZ, 19. 9. 1984.
[68] Vgl. auch Schneider, Hans-Jürgen, a. a. O., S. 44.
[69] Bundesanstalt für Straßenwesen, Stellungnahme zur Anhörung des Innenausschusses des deutschen Bundestages zu Verkehrssicherheit und Geschwindigkeitsbegrenzungen am 19. 9. 1984; IFEU 1984, a. a. O., S. 4f.
[70] SZ, 30. 10. 1984: „‚Tempo-100'-Aufkleber für Polizeifahrzeuge“; SZ, 1. 11. 1984: „Werbung für Tempolimit auf Polizeiautos untersagt“.
[71] Göpfert, Claus-Jürgen, „Ozon und die Nazis“, in: *Frankfurter Rundschau,* 30. 9. 1984; „Unsäglich!“ in: *Frankfurter Rundschau,* 30. 9. 1984.
[72] Schütze, Christian, „Ferngesteuert in freier Fahrt“, in: SZ, 1. 10. 1984.
[73] *Frankfurter Rundschau,* 2. 10. 1984: „Zu rücksichtsvoll“.
[74] Mayer-List, Irene, „Tempo 100 auf Autobahnen?“, in: *Die Zeit,* 5. 10. 1984.
[75] Schneider, Hans-Jürgen, a. a. O., S. 42.
[76] Mayer-List, Irene, „Tempo 100 auf Autobahnen?“, in: *Die Zeit,* 5. 10. 1984.
[77] Cornelsen, Dirk, „Einen Verkehrstoten setzt das Ministerium mit 725 000 Mark an“, in: FR, 23. 11. 1984; Kommentar „Erbärmliche Antwort“, in: FR, 23. 11. 1984.
[78] Botschaft über die Volksinitiative „pro Tempo 130/100“ vom 1. Juli 1987, 59 Bundesblatt 139. Jahrgang Bd. II, S. 1428, S. 1430 (Schweiz).
[79] SZ, 8. 10. 1984: „Tempolimit weiter heftig umstritten“; *Der Spiegel,* 8. 10. 1984: „Tempolimit: Taktik statt Taten“; *Der Spiegel,* 15. 10. 1984: „Niemals Nie“.
[80] *Der Spiegel,* 8. 10. 1984: „Automobile: Ausatmen verbieten“.
[81] *Stern,* 45/1984, „Der Streit um den Auspuff“.
[82] Mayer-List, Irene, „Ich will mich nicht dem Druck beugen“, in: *Die Zeit,* 12. 10. 1984.
[83] Traube in: Vahrenholt, a. a. O., S. 69f.
[84] *Der Spiegel,* 5. 11. 1984: „Schlimmer Brocken“.
[85] Vahrenholt, Fritz, a. a. O., S. 17.

[86] Höpfner, Ullrich, „Langsamer fahren – Schadstoffe sparen; Was bringt ein Tempolimit für den Wald?“ in: Vahrenholt, Fritz (Hrsg.), *Tempo 100 – Soforthilfe für den Wald,* Reinbek 1984, S. 42.
[87] Höpfner, Ullrich, „Spiel auf Zeit“, in: Vahrenholt, a. a. O., S. 117.
[88] A. a. O., S. 118.
[89] Mayer-List, Irene, „Tempo 100 auf Autobahnen?“, in: *Die Zeit,* 5. 10. 1984.
[90] *Der Spiegel,* 5. 11. 1984: „Schlimmer Brocken“.
[91] Schütze, Christian, „Den Verstockten das Maul stopfen“, in: SZ, 12. 12. 1984.
[92] Behse, Peter, „Der Großversuch wird immer kleiner“, in: *Stern,* 51/1984.
[93] *Stern,* 21. 3. 1985: „Geheimsache ‚Kat'“.
[94] *Der Spiegel,* 3. 6. 1985, „Schlechte Karten“.
[95] Urban, Martin, „Verfahrene Wege zum Katalysator“, in: SZ, 6. 3. 1985.
[96] Wiede, Peter, „Bleibt nur Tempolimit“, in: AZ, 29. 3. 1985.
[97] Baron, Stefan, „Das Tempo der DDR“, in: *Der Spiegel,* 15. 4. 1985.
[98] Schütze, Christian, „Der Wald hat lange genug gewartet“ in: SZ, 16. 8. 1985.
[99] Schütze Christian, „Das große Zittern vor Tempo 100“, in: SZ, 17. 9. 1985.
[100] Vogel, Hans-Jochen, „Jetzt hilft nur noch Tempolimit“, in AZ, 13. 6. 1985.
[101] Urban, Martin, „Mit dem Auto im EG-Dschungel“, in SZ, 26. 6. 1985.
[102] Urban, Martin, „Europa sträubt sich gegen den Katalysator“, in: SZ, 29. 6. 1985.
[103] Schütze, Christian, „Das große Zittern vor Tempo 100“, in: SZ, 17. 9. 1985.
[104] Schütze, Christian, „Blauer Himmel, braune Wälder“, in: SZ, 6. 10. 2005.
[105] *Der Spiegel,* 5. 8. 1985: „In die Irre“.
[106] SZ, 28. 10. 1985: „Tempo 100 ist für die Union ‚tot'“.
[107] Petersen, Sönke, „Großversuch für die Katz“, in: AZ, 29. 10. 1985.
[108] Stiller, Michael, „Alter Sondermüll entzweit Bundesländer“, in: SZ, 9. 11. 1985.
[109] Henkel, Rolf, Petzold, Wulf, „Interview mit Bundesinnenminister Friedrich Zimmermann“, in: AZ, 11. 11. 1985.
[110] *Der Spiegel,* 25. 11. 1984: „Tempo 100: Ein paar Zahlen reichten“.
[111] Ebd.
[112] AZ, 21. 11. 1985: „Ein Akt schlimmster Kriminalität“.
[113] Schütze, Christian, „Unter dem Druck der Straße“, in: SZ, 21. 11. 1985.
[114] Praxenthaler, a. a. O., S. 47.
[115] IFEU-Institut für Energie- und Umweltforschung, Heidelberg, Dieter Teufel, „Materialien zum Waldsterben: Wirksamkeitsanalyse emissionsmindernder Maßnahmen – Schwefeldioxid, Stickoxide“, Bericht Nr. 40, erweiterte und aktualisierte Auflage, Heidelberg, Januar 1986.
[116] A. a. O., S. 47f.
[117] A. a. O., S. 48.
[118] Ebd.
[119] A. a. O., S. 49.
[120] Klenke, a. a. O., S. 118f.
[121] Urban, Martin, „Jenseits des Nebels – ein Tempolimit“, in: SZ, 29. 10. 1985.
[122] Vgl. dazu im Folgenden Praxenthaler, a. a. O., S. 59ff.

[123] Scotland, Egon, „Bayern lehnt Tempolimit strikt ab“, in: SZ, 30. 11. 1988.
[124] SZ, 25. 7. 1986: „Der Zynismus der Autogesellschaft“.
[125] *Der Spiegel,* 24. 11. 1986: „Ruß mit Rabatt“.
[126] Hawranek, Dieter in: *Der Spiegel,* 2. 2. 1987: „Die schöne neue Autowelt“.
[127] *Der Spiegel,* 24. 11. 1986: „Ruß mit Rabatt“.
[128] Vgl. zum Folgenden: *Der Spiegel,* 22. 12. 1986: „Diesel – Krebs aus dem Auspuff?“
[129] Ebd.
[130] *Der Spiegel,* 5. 1. 1987: „Sound von Wagner“.
[131] Schütze, Christian, „Der Krieg auf den Straßen“, in: SZ, 26. 5. 1987.
[132] Lewandowski, Jürgen, „Sicherheit ist eingebaut, Verstand nicht“, in: SZ, 6. 7. 1987.
[133] Die weiteren Zitate aus: *Der Spiegel,* 15. 6. 1987: „Da verstümmelt sich eine Generation“.
[134] Meyer, Werner, „Ja zum Tempolimit“, in: AZ, 27. 6. 1987.
[135] *Der Spiegel,* 15. 6. 1987: „Da verstümmelt sich eine Generation“.
[136] *Der Spiegel,* 29. 6. 1987: „Zu viel versprochen“.
[137] *Der Spiegel,* 10. 10. 1988: „Giftige Schwaden“.
[138] *Verkehr in Zahlen 2006/2007,* S. 285.
[139] SZ, 19. 11. 1987: „Chirurgen für Tempolimit“.
[140] Arnsperger, Klaus, „Tempolimit – kein Mythos“, in: SZ, 5. 9. 1988.
[141] Arnsperger, Klaus, „Weniger Tote, weniger Verletzte“, in: SZ, 5. 1. 1989.
[142] Schütze, Christian, „Ernte auf den Straßen“, in: SZ, 26. 8. 1988.
[143] Heuwagen, Marianne, „Das Gaspedal als letztes Stückchen Freiheit?“, in SZ, 5. 6. 1989.
[144] *Der Spiegel,* 29. 5. 1989: „Grips und Chips“.
[145] Lewandowski, Jürgen, „Das Tempolimit kommt“, in: SZ, 20. 9. 1989.
[146] Jörns, Klaus-Peter, *Krieg auf unseren Straßen,* Gütersloh 1992, S. 38f.
[147] *Verkehr in Zahlen 2006/2007,* S. 161; eigene Berechnungen.
[148] *Der Spiegel,* 7. 9. 1992: „Forsch ins Pedal“.
[149] Umweltbundesamt Berlin, Hrsg. Döldissen, Alice, Gorißen, Norbert, Zarske, Maja, „Umweltauswirkungen von Tempolimits“, Berlin, Januar 1992, S. 3.
[150] *Der Spiegel,* 5. 2. 1990: „Neues im Eiltempo“.
[151] *Bild,* 24. 2. 1990; zitiert nach: Praxenthaler, a. a. O., S. 58.
[152] SZ, 19. 3. 1990: „CSU-Politiker gegen Tempolimit in der DDR“.
[153] Klenke, a. a. O., 1995, S. 94.
[154] Enquete-Kommission Schutz der Erdatmosphäre des Deutschen Bundestages (Hrsg.), *Mobilität und Klima,* Bonn 1994, S. 16; 20.
[155] Fischer, Otto, „Schweikl verficht Tempolimit 120“, in: SZ, 21. 6. 1991.
[156] SZ, 25. 7. 1994: „EU fordert elektronische Verkehrsleitsysteme“; vgl. auch Zängl, Wolfgang, *Der Telematik-Trick,* München 1995, S.122.
[157] Ott, Klaus, „CSU entschärft ihr Umweltprogramm“, in: SZ, 25. 11. 1991; Schneider, Christian, 36 Millionen von der Industrie, in: SZ 25. 11. 1991

[158] Vgl. hierzu: Blüthmann, Heinz, Vorholz, Fritz, „Endzeit für Raser“, in: *Die Zeit,* 19. 7. 1991; Stelz, Herbert, „Bundesgerichtshof: Tempolimit durch die Hintertür“, in: *Die Zeit,* 20. 3. 1992.

[159] Blüthmann, Heinz, „Unmündige Autofahrer“, in: *Die Zeit,* 7. 2. 1992.

[160] Kerscher, Helmut, „Richtgeschwindigkeit – Pflichtgeschwindigkeit“, in: SZ, 18. 3. 1992.

[161] Vgl. Stelz, Manfred, „Tempolimit durch die Hintertür“, in: *Die Zeit,* 20. 3. 1992.

[162] Prantl, Heribert, „Versicherer plädieren für Tempolimit auf Autobahnen“, in: SZ, 19. 3. 1992.

[163] Blüthmann, Heinz, Vorholz, Fritz, „Endzeit für Raser“, in: *Die Zeit,* 19. 7. 1991.

[164] *Der Spiegel,* 17. 9. 1990: „Die Konkurrenz ist verfälscht“.

[165] Blüthmann, Heinz, Vorholz, Fritz, „Endzeit für Raser“, in: *Die Zeit,* 19. 7. 1991.

[166] Ebd.

[167] Praxenthaler, a. a. O., S. 62.

[168] *Der Spiegel,* 26. 8. 1991: „Die politische Bereitschaft ist da“.

[169] *Tagesspiegel,* 6. 9. 1991, zitiert nach: Jörns, a. a. O., S. 40.

[170] SZ, 18. 4. 1992: „Der ideale Mensch fährt 130“.

[171] Ott, Klaus, „Kein Argument für ein allgemeines Tempolimit“, in: SZ, 3. 3. 1993.

[172] Maier-Mannhart, Helmut, „Wissmann und das Automobil“, in: SZ, 14. 9. 1994.

[173] Diese Meinung hat nicht einmal die Elektrizitätswirtschaft so vertreten; siehe Zängl, Wolfgang, *Elektro-Autos: Nein danke!* München 1992.

[174] Alex, Ralph, „Druck-Fehler“, in: *auto, motor und sport,* 20/1994.

[175] Urban, Martin, „Rettung vor dem Sommersmog? Interview mit Karsten Smid von Greenpeace“, in: SZ, 6. 10. 1994.

[176] Bauchmüller, Michael, „Ein Hoch auf die Umwelt“, in: SZ, 7. 6. 2006.

[177] Hilgers, Micha, in: „Schlachtfeld Straße“, *Der Spiegel,* 20. 2. 1995.

[178] Fritscher, Otto, Zellner, Marion, „Von Dränglern und Rasern nicht verunsichern lassen, Expertengespräch des SZ-Verkehrsparlaments“, in: SZ, 4. 7. 1998.

[179] Zellner, Marion, Lewandowski, Jürgen, „Ein Tempolimit scheint überflüssig“, in: SZ, 6. 12. 1995.

[180] SZ, 25. 1. 1996: „Das Tempolimit bleibt Thema“

[181] Fisch, Ludwig, „Tempolimit reduziert Schadstoffe“, in: SZ, 30. 8. 1997; „Gefahrenlage rechtfertigt kein Tempolimit“, in: SZ, 14. 9. 1999.

[182] Deutscher Bundestag, Drucksache 13/6703 vom 14. 1. 1997.

[183] Langwieder, K., Sporner, A., Hell, W., *Struktur der Unfälle mit Getöteten auf Autobahnen im Freistaat Bayern im Jahr 1991,* HUK-Verband, Büro für Kfz-Technik, München 1994; zitiert nach: Praxenthaler, a. a. O., S. 64.

[184] Deutscher Bundestag, Drucksache 13/6703 vom 14. 1. 1997: Antwort der Bundesregierung.

[185] SZ, 24. 3. 1993: „Auf Tempolimit nicht generell verzichten“; SZ, 28. 4. 1994: „Risiken eines Wahlkämpfers“; SZ, 15. 5. 1994: „Schröder warnt SPD vor Tempolimit“.

[186] Zitiert nach: Wright, Heidi, MdB, „Positionspapier für ein allgemeines Tempolimit auf Autobahnen“, 11. 9. 2006.

[187] Klenke, a. a. O., S. 136.

[188] Urban, Martin, „Wir sind der Stau", in: SZ, 8. 7. 1998.

[189] Umweltbundesamt Berlin (Hrsg.): Gohlisch, Gunnar, Malow, Marion, Juni 1999, S. 5; Bevölkerungsbefragung des BMU (Hrsg.), „Umweltbewusstsein in Deutschland 1998".

[190] SZ, 6. 9. 2000: „Trittins kalter Sommer".

[191] Deutscher Bundestag, Ausdruck, 6. Dezember 2000: „Geschwindigkeitsbegrenzung auf Autobahnen abgelehnt".

[192] Zips, Martin, „Schilder werden Rasern angepasst", in: SZ, 1. 8. 2000.

[193] Vgl. Friedrichsen, Gisela: „Es passt halt alles so gut", in: *Der Spiegel,* 1. 3. 2004; SZ, 19. 2. 2004: „Autobahn-Raser muss ins Gefängnis"; Kerscher, Helmut, „Die Beweiskraft eines Scheinwerfers und korrigierte Zeitangaben", in: SZ, 19. 2. 2004.

[194] Koop, Volker, „Mit elektronischer Steuerung für mehr Sicherheit", in: *Das Parlament,* 15. 3. 2004.

[195] Prantl, Heribert, „Rasendes Unrecht", in: SZ, 30. 7. 2004.

[196] Peters, Wolfgang, „Kein Weckruf", in: *Frankfurter Allgemeine Sonntagszeitung,* 6. 9. 2004.

[197] Zellner, Marion, „Je jünger, desto größer das Risiko", in: SZ, 21. 7. 2004; „Die Prüfung nach der Prüfung", in: SZ, 21. 8. 2004; *Verkehr in Zahlen 2006/2007.*

[198] *Verkehr in Zahlen 2006/2007,* S. 161; SZ, 24. 2. 2007: „Zahl der Verkehrstoten so niedrig wie noch nie".

[199] Universitätsprofessoren des Verkehrswesens, „Geschwindigkeitsbegrenzungen auf Bundesautobahnen", September 2004; vgl. auch Zellner, Marion, „Langsam geht schneller", in: SZ, 2. 4. 2005.

[200] Loske, Reinhard, Haass, Jörg, Müller-Kraenner, Sascha, Nestle, Ingrid, Ott, Hermann, Palmer, Boris, Schaeffer, Roland, „Für einen neuen Realismus in der Ökologiepolitik, Papier zum Berliner Kongress von Bündnis 90/Die Grünen", 1.–3. 9. 2006.

[201] Wright, Heidi, MdB, „Positionspapier für ein allgemeines Tempolimit auf Autobahnen", 11. 9. 2006.

[202] Deutsche Umwelthilfe, Pressekonferenz 26. 10. 2005: „Autobauer im Rückwärtsgang".

[203] Institute for European Environmental Policy (IEEP), London im Auftrag des Europäischen Verbandes für Verkehr und Umwelt (European Federation for Transport & Environment, T&E, Brüssel), „How Clean is Your Car Brand?", Oktober 2006; S. 1; Übersetzung W. Z.

[204] DUH Presseerklärung, 25. 10. 2006: „Trauriger Rekord für deutsche Autohersteller".

[205] VCD-Pressemitteilung, 25. 10. 2006: Studie: „Deutsche Hersteller verfehlen Klimaziele".

[206] Verkehr in Zahlen 2006/2007, S. 281.

[207] Vorholz, Fritz, „Eine Branche voller Bremser", in: Die Zeit, 18. 1. 2007.

[208] welt.de, 6. 12. 2006.
[209] Pressemitteilung BMVBS, 28. 12. 2006.
[210] Motorwelt 2/2007, S. 12.
[211] Fricke, Torsten, „Scheinheilige Bremser“, in: AZ, 29. 12. 2006.
[212] Roth, Wolfgang, „Mit Vollgas in den Stau“, in: SZ, 29. 12. 2006.
[213] SZ, 13. 9. 2005: „VW kann nicht oder will nicht“.
[214] DUH Pressekonferenz, 26. 10. 2005: „Autobauer im Rückwärtsgang“.
[215] Zängl, Wolfgang, ICE – Die Geisterbahn, München 1993, S. 53.
[216] Vorholz, Fritz, „Eine Branche voller Bremser“, in: Die Zeit, 18. 1. 2007.
[217] Wüst, Christian, „Erntedank im Autotank“, in: Der Spiegel, 19. 2. 2007.
[218] Nadolny, Sten, Die Entdeckung der Langsamkeit, München, Zürich 1983, S. 234.

Personenregister

Gesellschaft für ökologische Forschung e.V.

1977 haben wir, einige Münchner Sozial- und NaturwissenschaftlerInnen, die GESELLSCHAFT FÜR ÖKOLOGISCHE FORSCHUNG gegründet. Wir setzen uns kritisch mit den ökologischen Auswirkungen der Industriegesellschaft und ihrer Technologien auseinander. Wir recherchieren und fotografieren, dokumentieren Zerstörungen der Umwelt und zeigen zukunftsfähige Lösungen auf.
Wir befassen uns mit politisch-kulturellen Zusammenhängen und veröffentlichen Ausstellungen, Bücher und aktuelle Dokumentationen.

Mit GRÜN KAPUTT (1983), ALPTRAUM AUTO (1986), SEIN ODER NICHTSEIN (1990), KEIN SCHÖNER WALD (1993), SCHÖNE NEUE ALPEN (1998) und GLETSCHER IM TREIBHAUS (2004) hat die GESELLSCHAFT FÜR ÖKOLOGISCHE FORSCHUNG sechs beispielhafte Ausstellungen mit ausführlichen Begleitbänden erarbeitet, die zu Klassikern einer fundierten und kritischen ökologischen Aufklärung geworden sind.
Wir sind ein gemeinnütziger Verein, der Forschung und Wissenschaft dient.

Falls Sie spenden möchten:
Gesellschaft für ökologische Forschung e.V.
Konto Nr.: 88 16 100
Bank für Sozialwirtschaft München, BLZ 700 205 00

Informationen über unsere Gesellschaft finden Sie unter:
www.oekologische-forschung.de
www.rasenindeutschland.de
www.alpenarchiv.de
Kontakt: e-mail: info@oekologische-forschung.de